高职高专工程管理类专业"十三五"规划教材

GAOZHIGAOZHUAN GONGCHENG GUANLILEI ZHUANYE SHISANWU GUIHUAJIAOCAI

U0747900

工程财务与会计

GONGCHENG CAIWU YU KUAIJI

主　编　朱再英　吴文辉　李慰之

副主编　张艳敏　吴璐希　叶　姝

马静怡

中南大学出版社

www.csupress.com.cn

内容简介

　　本书依据现行《企业会计准则》以及"营改增"的最新政策，以建筑施工企业的主要经济业务为对象，按照施工企业设立、准备、施工、竣工、财务成果分配、财务分析等实际业务过程进行内容编排，系统地介绍了建筑施工企业的基本业务以及财务工作的基本理论、核算方法和操作技能。主要内容包括：走进工程财务与会计、施工企业会计核算基础、施工企业设立环节会计处理、施工企业准备环节会计处理、施工企业施工环节会计处理、施工企业竣工环节会计处理、施工企业财务成果形成与分配环节会计处理、施工企业往来款项会计处理、施工企业财务报表分析等九个项目。

　　本书可作为高等职业技术学院、高等专科学校、成人高校及本科学校二级学院的工程造价、工程管理、建筑经济管理及相关专业作为教材使用，也可供建筑施工企业管理人员、财务人员学习及培训时参考。

高职高专土建类"十三五"规划"互联网＋"创新系列教材编审委员会

出版说明 INSTRUCTIONS

遵照《国务院关于加快发展现代职业教育的决定》(国发〔2014〕19号) 提出的"服务经济社会发展和人的全面发展,推动专业设置与产业需求对接,课程内容与职业标准对接,教学过程与生产过程对接,毕业证书与职业资格证书对接"的基本原则,为全面推进高等职业院校土建类专业教育教学改革,促进高端技术技能型人才的培养,依据国家高职高专教育土建类专业教学指导委员会高等职业教育土建类专业教学基本要求,通过充分的调研,在总结吸收国内优秀高职高专教材建设经验的基础上,我们组织编写和出版了这套高职高专土建类专业"十三五"规划教材。

高职高专教学改革不断深入,土建行业工程技术日新月异,相应国家标准、规范,行业、企业标准、规范不断更新,作为课程内容载体的教材也必然要顺应教学改革和新形式的变化,适应行业的发展变化。教材建设应该按照最新的职业教育教学改革理念构建教材体系,探索新的编写思路,编写出版一套全新的、高等职业院校普遍认同的、能引导土建专业教学改革的"十三五"规划系列教材。为此,我们成立了规划教材编审委员会。教材编审委员会由全国30多所高职院校的权威教授、专家、院长、教学负责人、专业带头人及企业专家组成。编审委员会通过推荐、遴选,聘请了一批学术水平高、教学经验丰富、工程实践能力强的骨干教师及企业专家组成编写队伍。

本套教材具有以下特色:

1. 教材依据国家高职高专教育土建类专业教学指导委员会《高职高专土建类专业教学基本要求》编写,体现科学性、创新性、应用性;体现土建类教材的综合性、实践性、区域性、时效性等特点。

2. 适应高职高专教学改革的要求,以职业能力为主线,采用行动导向、任务驱动、项目载体,教、学、做一体化模式编写,按实际岗位所需的知识能力来选取教材内容,实现教材与工程实际的零距离"无缝对接"。

3. 体现先进性特点。将土建学科的新成果、新技术、新工艺、新材料、新知识纳入教材,结合最新国家标准、行业标准、规范编写。

4. 教材内容与工程实际紧密联系。教材案例选择符合或接近真实工程实际，有利于培养学生的工程实践能力。

5. 以社会需求为基本依据，以就业为导向，融入建筑企业岗位(八大员)职业资格考试、国家职业技能鉴定标准的相关内容，实现学历教育与职业资格认证相衔接。

6. 教材体系立体化。为了方便老师教学和学生学习，本套教材建立了多媒体教学电子课件、电子图集、教学指导、教学大纲、案例素材等教学资源支持服务平台；部分教材采用了"互联网＋"的形式出版，读者扫描书中"二维码"，即可阅读丰富的工程图片、演示动画、操作视频、工程案例、拓展知识。

高职高专土建类专业规划教材

编 审 委 员 会

前 言 PREFACE

"业财融合"是全球企业管理发展的新趋势。企业经营决策，需要考虑信息、资源以及管理手段等多方面的因素，这些内容属于业务的范畴，也与财务管理有着密切的联系。在中国经济转型升级的背景下，"业财融合"成为企业创新发展的法宝。只有注重业务与财务的融合，才能帮助企业实现高效的资源配置。

当前建筑行业呈现工程项目日趋复杂化、建筑产品日益精益化、工程服务方式日益多样化的特点，对建筑施工企业的财务人员提出了更高的要求。财务人员不单单只是跟在业务部门后面进行核算和监督，而是要参与生产经营活动的分析，更要参与生产经营活动的决策，有效助力企业价值创造。

基于"业财融合"的理念，结合"营改增"政策的实施，我们编写了《工程财务与会计》一书。本书依据《企业会计准则》，以施工企业的基本业务、施工企业内部施工单位和工程项目部的财会工作主要内容为对象编写，涵盖了"基础会计""施工企业会计""施工企业财务管理"三门课程的主要内容，以工作中"必需""够用"为度的原则进行了课程整合和内容设计。

根据教育部对高职高专教学的基本要求，本着工作过程系统化的课程观及任务驱动式的设计理念，本书设置了走进工程财务与会计、施工企业会计核算基础、施工企业设立环节会计处理、施工企业准备环节会计处理、施工企业施工环节会计处理、施工企业竣工环节会计处理、施工企业财务成果形成与分配环节会计处理、施工企业往来款项会计处理、施工企业财务报表分析等九个教学项目，每个项目分为若干个任务，从实际工作情境入手，按照"项目导入—学有所获—任务描述—知识准备—任务实施—总结回顾—技能训练"七个环节进行设计，着力体现"教、学、做"一体化和"以学生为主体、以教师为主导、以训练为主线"的课程教学改革新思路。

本书的主要特色是：

一、理念先进，教学做一体

本书的编写紧扣高等职业教育教学基本要求和会计职业能力新要求，突出"教、学、做"一体化的思想，本着有理论、有案例、有分析、有应用的原则，精心整合业务与财务会计理论和实务，注重案例与技能训练的设计，强化学生实际操作能力和解决问题能力的培养，实用性强。

二、结构新颖，凸显行业特色

本书立足于建筑行业，内容编排以建筑施工企业的生产经营活动为对象，以建筑施工业务流程为主线，将施工企业基本业务、财务管理基础知识与会计核算基本原理与方法相融合，既凸显了行业特色，又具有综合性。

三、内容先进，体现最新政策变化

本书依据财政部最新企业会计准则及相关法律法规进行编写，内容丰富、系统全面、紧跟职业前沿，书中所用业务案例及其会计处理体现了最新变化，具有前瞻性。

四、定位准确，对接职场

密切联系行业、企业，以工作过程为导向，课程标准对接工作岗位，学习任务对应岗位工作任务，以企业实际工作过程为切入点，以项目教学为载体，以任务为引领，注重职业能力和职业素养的培养。

五、语言通俗，易学易懂

会计知识专业性强，比较枯燥难懂。本书编写力求语言通俗，易学易懂。在某些难以理解的知识点后都辅以案例，以便读者加深体会，在最短的时间内胜任建筑施工企业会计工作。

本书由湖南化工职业技术学院朱再英副教授担任第一主编，负责全书总体设计，拟订教材编写大纲及统稿、修改和定稿工作，并编写项目一、项目二、项目三；湖南城建职业技术学院吴文辉副教授担任第二主编，编写项目七、项目八；湖南城建职业技术学院财务处高级会计师李慰之担任第三主编，编写项目四、项目六；湖南城建职业技术学院张艳敏副教授任副主编，编写项目五；湖南城建职业技术学院吴璐希老师任副主编，编写项目九。湖南电子科技职业学院叶姝老师任副主编，参编项目四和项目六，甘肃建筑职业技术学院马静怡老师任副主编，参编项目八、项目九。

本书在编写的过程中得到了湖南建工集团的大力支持与协助，同时，本书的编写参阅了大量的书籍和资料，在此一并表示感谢！由于时间仓促和水平有限，难免出现疏漏和差错，恳请广大读者批评指正。

编　者

2017 年 6 月

目 录 CONTENTS

项目一　走进工程财务与会计

【项目导入】

会计职业

会计与医生两个职业有着异曲同工之妙。医生让病人药到病除，而会计则为企业诊脉问切，通过会计核算与财务分析，找出企业在生产经营中存在的问题，提出改进意见，使企业不断提高经济效益。

据调查，很多商界成功人士最早都是从事会计工作的，同时，很多大企业的财务总监都必须具有会计工作背景。会计是一个非常讲究实际经验和专业技巧的职业，越老越吃香，它的入职门槛相对比较低，难就难在以后的发展。想要得到好的发展，就要注意在工作中积累经验，不断提高专业素质和专业技巧，开拓自己的知识面。

随着社会经济的高速发展，会计行业已经开始和其他的专业慢慢融合从而产生了很多新职业，会计领域为从业者提供了不断变化并富有挑战性的工作。会计职业大致分为以下四大类：

第一类，"做会计的"，即狭义上的会计人员，主要从事会计核算、会计信息披露工作，全国大约有1200万人，其中总会计师或CFO级别的大约有3万人。

第二类，"查会计的"，包括注册会计师、政府和企事业单位审计部门的审计人员、资产清算评估人员，全国目前有大约8万名注册会计师以及30万名左右的单位内部审计人员。

第三类，"管会计的"，全国估计不少于20万人。

第四类，"研究会计的"，全国估计不超过3万人。

通过财务会计基础知识与技能的学习，你会获益很多。其中最重要的是，你可以了解施工企业到底是如何运作的。

【学有所获】

通过本项目的学习，你将收获：

➤理解企业的定义、功能及组织形式；

➤了解施工企业的类型、组织架构及业务特点；

➤熟悉施工企业的基本业务流程，懂得资金运动和财务关系；

➤理解会计的定义与特征；

➤了解施工企业会计的特点、会计信息的作用与表现形式；

➤熟悉会计机构、会计工作和会计法规；

➤了解会计岗位、会计人员与会计职业道德；

➤熟悉企业内部会计控制体系；

➤能够正确进行会计资料的归档与保管。

任务一　施工企业认知

【任务描述】

理解企业的定义与功能；熟悉企业组织形式；理解施工企业的概念；熟悉施工企业的类型及业务特点；了解施工企业的组织架构；对于施工企业具有初步认知，为后续财务与会计知识的学习奠定基础。

【知识准备】

一、企业的定义与功能

企业是从事生产、流通、服务等经济活动，以生产或服务满足社会需要，实行自主经营、独立核算、依法设立的一种营利性的经济组织。企业的目标是创造财富（或价值）。企业是市场经济活动的主要参与者，是社会生产和服务的主要承担者，在国民经济建设中发挥着重要功能。

二、企业的组织形式

典型的企业组织形式有三种：个人独资企业、合伙企业、公司制企业。

1. 个人独资企业

个人独资企业是由一个自然人投资，全部资产为投资人个人所有，全部债务由投资者个人承担的经营实体。个人独资企业是最古老、最简单的一种企业组织形式，其不具有法人资格，主要盛行于零售业、手工业、农业、林业、渔业、服务业和家庭作坊等。

个人独资企业具有创立容易、经营管理灵活自由、不需要交纳企业所得税等优点。

个人独资企业的缺点：①需要业主对企业债务承担无限责任，当企业的损失超过业主最初对企业的投资时，需要用业主个人的其他财产偿债；②难以从外部获得大量资金用于经营；③个人独资企业所有权的转移比较困难；④企业的生命有限，将随着业主的死亡而自动消失。

2. 合伙企业

合伙企业是指由两个或两个以上的自然人合伙经营的企业，通常由各合伙人订立合伙协议，共同出资，共同经营，共享有收益，共担风险，并对企业债务承担无限连带责任的营利性组织。合伙企业一般无法人资格。

除业主不止一人外，合伙企业的优点和缺点与个人独资企业类似。此外，合伙企业法规定，每个合伙人对企业债务须承担无限连带责任。如果一个合伙人没有能力偿还其应分担的债务，其他合伙人须承担连带责任，即有责任替其偿还债务。

3. 公司制企业

公司制企业（简称公司）是指由投资人（自然人或法人）依法出资组建，有独立法人财产，自主经营，自负盈亏的法人企业。出资者按出资额对公司承担有限责任。

公司是经政府注册的营利性法人组织，并且独立于所有者和经营者。根据现行公司法，其主要形式分为有限责任公司和股份有限公司两种。

有限责任公司简称"有限公司"，是指股东以其认缴的出资额为限对公司承担责任，公司以其全部资产为限对公司的债务承担责任的企业法人。

股份有限公司简称"股份公司"，是指其全部资本分为等额股份，股东以其所持股份为限对公司承担责任，公司以其全部资产对公司的债务承担责任的企业法人。

有限责任公司和股份有限公司的主要区别在于：①公司设立时股东的数量不同。设立有限责任公司的股东数量为 1～50 人；而设立股份有限公司时，发起人为为 2～200 人。②股东的股权表现形式不同。有限责任公司的权益总额不作等额划分，股东的股权是通过投资人所拥有的比例来表示的；股份有限公司的权益总额平均划分为相等的股份，股东的股权是用持有多少股份来表示的。③股权转让的限制不同。有限责任公司不发行股票，对股东只发放一张出资证明书，股东转让出资需要由股东会或董事会讨论通过；股份有限公司可以发行股票，股票可以自由转让和交易。

公司制企业的优点：①容易转让所有权。②承担有限债务责任。所有者对公司承担的责任以其出资额为限。当公司资产不足以偿还其所欠债务时，股东无需承担连带清偿责任。③公司制企业可以无限存续，一个公司在最初的所有者和经营者退出后仍然可以继续存在。④公司制企业融资渠道较多，更容易筹集所需资金。

公司制企业的缺点：①组建公司的成本高。②存在代理问题。所有者和经营者分开以后，所有者成为委托人，经营者成为代理人，代理人可能为了自身利益而伤害委托人利益。③双重课税。公司作为独立的法人，其利润需缴纳企业所得税，企业利润分配给股东后，股东还需缴纳个人所得税。

以上三种形式的企业组织中，个人独资企业占企业总数的比重很大，但是绝大部分的商业资金是由公司制企业控制的。

【提示】 由于合伙企业与个人独资企业存在着共同缺陷，所以一些合伙企业与个人独资企业发展到某一阶段后都将转换成公司的形式。

三、施工企业的定义及分类

(一) 施工企业的定义

施工企业，又称建筑安装企业，指主要承揽工业与民用房屋建筑、设备安装、矿山建设和铁路、公路、桥梁等工程施工的生产经营性企业。施工企业承建的工程项目，都必须与建设单位签订建造合同。建造合同的乙方(施工企业)必须按合同规定组织施工生产，保证工期和工程质量，按期将已完工程交付建造合同的甲方(建设单位或业主)验收使用，并向甲方收取工程价款。

(二) 施工企业的类型

(1)按照企业规模大小分类，可分为大型施工企业、中型施工企业、小型施工企业。

(2)按照承包工程能力分类，可分为工程总承包企业、施工承包企业、专项分包企业。

(3)按照企业经营活动的特点分类，可将施工企业分为各类建筑公司、专业建设工程公司、设备安装公司、装饰装修公司等。

四、施工企业的特点

目前，施工企业的经营活动具有以下特点：

1. 生产的流动性

施工企业的生产流动性主要表现在：一是施工机构随着建筑物或构筑物坐落位置变化而整个转移生产地点；二是在施工过程中，施工人员和各种机械、电气设备随着施工部位的不同而沿着施工对象不断转移操作场所。

2. 产品形式多样

建筑物因其所处自然条件和用途的不同，工程的结构、造型和材料也不同，施工方法必将随之变化，很难实现标准化，因此，施工企业的产品形式多样。

3. 施工技术复杂

建筑施工常常需要根据建筑结构情况进行多工种配合作业，多单位交叉配合施工，所用的物资和设备种类繁多，因而施工组织和施工技术管理的要求较高。

4. 露天和高处作业多

建筑产品的体形庞大、生产周期长，施工多在露天和高处进行，常常受到自然气候条件的影响。

5. 机械化程度低

目前我国建筑施工机械化程度还很低，仍要依靠大量的手工操作。

五、施工企业的组织架构

施工企业属于劳动密集型企业，由于其产品生产的特殊性，大型施工企业一般拥有若干子公司、分公司及项目部等外派机构，在管理上呈现多个层级：第一层，主要执行管理职能的企业集团总部，如"集团公司"；第二层，直接管理工程项目部的企业，如"子（分）公司"，可具有法人地位也可不具有法人地位；第三层，企业的派出机构，如"项目部""指挥部""经理部"等。

施工企业的组织架构主要有两种方式："母公司—子公司""总公司—分公司"架构，有以下四种模式：

（1）子公司—项目部模式。该模式组织架构比较简单，一般只有公司与项目部两个管理层级，但在资质使用方面，存在两种可能，一种是子公司使用自身资质中标项目，工程的合同、发票、账户都使用子公司名称；一种是子公司使用集团公司资质中标项目，工程的合同、发票、账户一般都使用集团公司名称，但实际管理隶属关系，包括人事、材料、设备、资金以及会计核算都归属子公司。从核算关系上看，该模式下集团公司与子公司作为法人主体，收入、成本均无重合部分，仅在集团报表合并层面进行汇总。

（2）集团公司—项目部模式。该模式与第一种模式类似，不同的是该模式由集团公司直接管理项目部，项目部为集团直接派出机构，工程的合同、发票、账户使用集团名称，在集团报表进行汇总。

（3）集团公司—分公司—项目部模式。由于分公司无法获得资质，一般分公司管理的项目采用该模式，集团公司中标后，由分公司进行管理，分公司派出项目部进行施工生产。在核算关系上，为项目部、分公司、集团公司依次逐级汇总，合同、发票、账户一般使用集团公司名称。

(4)集团公司—项目指挥部、子公司—项目部模式。该模式组织架构较为复杂。工程以集团公司名义中标,集团公司与子公司均成立派出机构,集团公司派出机构为指挥部,子公司派出机构为项目部。指挥部代表集团公司对外负责与业主的计价、开票等工作,对内则负责对项目部的任务分劈、内部结算、拨款等工作,对内结算以企业内部结算单或发票为依据。在核算关系上,指挥部归属集团公司,项目部归属子公司,因此在集团公司作为独立法人单位进行核算时,需要抵消母子公司之间核算重合的部分。

【任务实施】

1.找一家施工企业,分析其属于哪一种类型的企业?企业组织形式如何?有何特点?简要描述企业的组织架构。

2.简要说出有限责任公司与股份有限公司的区别是什么?

任务二 施工企业财务概述

【任务描述】

熟悉施工企业的基本业务流程;理解施工企业财务的概念和财务管理的内容;理解施工企业的资金运动;能准确界定企业的财务活动与财务关系;能理解企业财务管理的目标,会协调财务管理目标实现过程中各利益主体的关系。

【知识准备】

一、施工企业的基本业务流程

施工企业是从事建筑产品生产和销售的营利性经济组织。施工企业从事生产经营活动,必须拥有一定数量的房屋、设备、施工机械以及材料等财产物资。这些财产物资的货币表现即资金,是企业进行生产经营活动的物质基础。施工企业的生产经营活动包括供应过程、施工(生产)过程和工程点交(销售)过程。

1.供应过程

供应过程是施工企业生产的准备阶段。在供应过程中,企业用货币资金购买施工生产所需的各种材料物资,形成必要的物资储备。

2.施工过程

施工过程是施工企业生产经营活动的中心环节。在施工过程中,储备的物资不断投入施工生产,并改变其形态,构成正在施工中的在建工程;同时,企业还要用货币资金支付职工工资和其他生产费用开支。在建工程完工后即可转入工程点交过程,与建设单位结算工程价款。

3.工程点交过程

工程点交是施工企业生产经营活动的最终环节,是指按"控制点"交验,工程达到某控制点时,监理、业主进行部分验收、接收。在这个过程中,施工企业将已完工工程"销售"给建设单位,收回工程价款,成品资金转化为货币资金,从而完成一次基本业务的流转。由于生产的连续性,这种基本业务流转周而复始地反复进行,直至企业寿命终结。

【提示】 施工企业生产经营活动的各个阶段会发生各种经济活动,其中能用货币表现的经济活动称为经济业务。

二、施工企业财务的概念

财务是指企业为达到既定目标所进行的筹集资金和运用资金的活动，泛指财务活动和财务关系。企业财务活动是指企业再生产过程中的资金运动。企业财务关系是指企业在组织财务活动过程中与有关各方面发生的经济利益关系。

财务管理是组织财务活动、处理财务关系的一项综合性的管理工作。财务管理的内容包括组织四大财务活动、处理七大财务关系。

三、施工企业的资金运动

在生产经营活动中，企业的资金随着供、产、销过程的进行而不断地变化，表现为不同的实物形态，其价值也不断发生增减变动。企业的资金运动与行政、事业单位的资金运动存在较大差异，即便同样是企业，工业、农业、商业、交通运输业、建筑业及金融业等也各有其特点。下面以施工企业为例，说明企业的资金运动。

为了从事产品的生产与销售活动，企业必须拥有一定数量的资金，用于建造厂房、购买机器设备、购买材料、支付职工工资、支付经营管理中必要的开支等，生产出的产品经过销售后，收回的货款还要补偿生产中的垫付资金、偿还有关债务、上交有关税金等。由此可见，施工企业的资金运动包括资金投入、资金运用(包括供应过程、施工生产过程、工程点交过程)以及资金退出三部分，如图1-1所示。

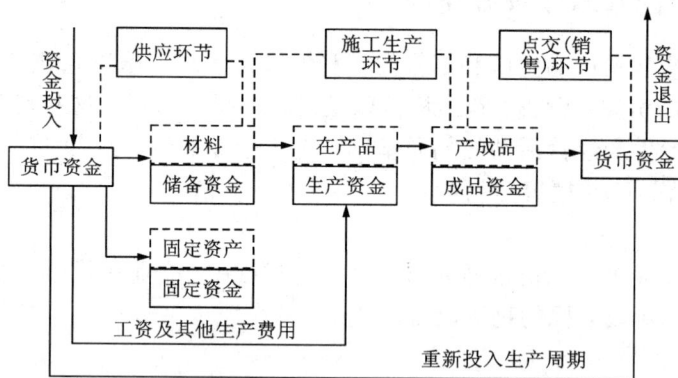

图1-1 施工企业资金运动示意图

施工企业的资金投入包括企业所有者投入的资金和债权人投入的资金，前者形成企业的所有者权益，后者形成企业的负债。

施工企业的资金运用是指资金投入企业后，在供应、施工生产、工程点交(销售)等环节不断循环与周转。在供应环节，货币资金通过购买材料、设备等转化为储备资金。在施工生产环节，在建工程储备资金转化为生产资金，工程完工时生产资金转换为成品资金。在工程点交(销售)环节，成品资金转换为货币资金，此时货币资金通常比供应环节的货币资金数额大，差额部分即为企业利润。企业实现的利润，一部分要以税金形式上交国家，税后利润再按国家规定进行分配，其中一部分以积累形式留归企业，形成盈余公积金、公益金和未分配利润，一部分以投资回报的形式分配给投资者。资金的循环与周转就是从货币资金开始依次转化为储备资金、生产资金、产品资金，后又回到货币资金的过程。

施工企业的资金退出包括偿还各项债务、缴纳各项税费、向所有者分配利润等，这部分资金将离开企业，退出企业的资金循环与周转。

上述资金运动的三个阶段，构成了开放式的运动形式，是相互支撑、相互制约的统一体。没有资金的投入，就不会有资金的循环与周转；没有资金的循环与周转，就不会有债务的偿还、税金的上交和利润的分配等；没有这类资金的退出，就不会有新一轮的资金投入，就不会有企业进一步的发展。

四、施工企业的财务关系

施工企业的财务关系是指施工企业在组织财务活动过程中与有关各方面发生的经济利益关系。企业的财务活动表面上看是钱和物的增减变动，实质上，钱与物的增减变动离不开人与人之间的经济利益关系。财务关系体现着财务活动的本质特征，并影响着财务活动的规模和速度。

企业通常有以下七个利益相关者：

(1)投资者(股东)：企业最重要的利益主体，其投入的资金形成企业的资本金，是企业的主要资金来源。

(2)职工：包括企业的管理者和一般员工，是企业的主要劳动者，与企业的利益关系主要是劳资关系。

(3)政府：作为社会管理者，在企业履行社会责任中充当引导者、推动者、规制者、催化者和监督者的角色，同时关心企业的创税能力。

(4)债权人：关心企业的运营状况及债务偿还能力。

(5)顾客：关心企业的产品与服务，希望企业提供物超所值、价格合理、安全可靠的产品与服务。

(6)社会主体：包括社区、媒体、工商支持团体、社会大众和社会利益团体等利益相关者，他们关注企业的公共设施的安全、公害污染、社区安全、就业机会、与企业文化融合、社会正义等系列问题。

(7)竞争者：关心企业的市场占有率、竞争强度、产业情报、产品创新和营销手段等。

五、施工企业财务管理的目标

财务管理目标又称理财目标，是指企业进行财务活动所要达到的根本目的，它决定着企业财务管理的基本方向。财务管理目标是一切财务活动的出发点和归宿，是评价企业理财活动是否合理的基本标准。

(一)财务管理目标的评价

关于企业财务管理目标，理论界有以下四种具有代表性的观点。

1.利润最大化

该观点认为，企业财务管理的目标就是追求企业利润的最大化。其理由是，利润代表企业新创造的财富，利润越多则企业财富增加越多，越接近企业目标。

有些企业以利润最大化作为财务管理的目标，其主要缺点在于：一是没有考虑资金的时间价值；二是没有考虑投入资本的问题；三是没有考虑获取利润所要承担的风险大小的问题，因此容易导致企业短期行为，不利于企业长期稳定的发展。

2. 资本利润率或每股利润最大化

该观点认为，企业财务管理的目标就是追求资本利润率或每股利润最大化。资本利润率是净利润与资本额的比率。每股利润是净利润与普通股股数的比率。追求资本收益的最大化。把企业实现的净利润与投入资本进行比较，能够揭示企业的盈利水平。该观点的缺陷在于没有考虑资金的时间价值和风险因素，也不能避免短期行为。

3. 股东财富最大化目标

该观点认为，企业财务管理的目标就是通过财务管理为股东带来最多的财富，也就是使每股股票的目前价值极大化。

优点：考虑了风险因素，因为风险的高低对股票价格有重要影响；能在一定程度上克服企业在追求利润上的短期行为，因为预期未来的利润也会影响股票价格；容易量化，便于考核和奖惩。

缺点：只适用于上市公司；只重视股东利益，对企业其他关系人的利益重视不够；股票价格受多种因素影响，并非都能控制，把不可控因素引入理财目标不合理。

4. 企业价值最大化目标

通过最优的财务政策，充分考虑资金时间价值和风险与报酬的关系，在保证企业长期稳定发展的基础上使企业总价值达到最大。

企业价值在于它能给所有者带来未来报酬，反映了企业潜在的或预期的获利能力和成长能力。企业价值比利润的涵盖面更广。企业价值不能用账面价值来反映，因为许多资产的价值是一种历史成本，不代表其市场价值，更何况一些无形资产，如商誉，在账面上反映不出来，企业价值应由市场来评定。

企业财务管理目标与股东、政府、债权人、职工等多个集团的利益相关，从企业的长远发展来看，不能只顾股东的利益。

【提示】 企业价值最大化是现代财务管理的最优目标。

(二)企业目标对财务管理的要求

财务管理目标是企业经营目标在财务上的集中和概括。一般来说，企业在不同发展阶段会有不同的经营目标，生存是企业的基本目标，在此基础上再求发展与获取更多利润。据此，财务管理的基本目标是以收抵支、到期偿债，这就要求财务上保持以收抵支并具有到期偿债的能力，减少破产的风险，使企业能够长期稳定地生存下去；企业发展的目标要求财务必须及时足额地筹集企业发展所需资金；企业获利的目标，要求财务必须合理有效地使用资金使企业不断获利。

(三)财务管理目标的协调

企业财务活动涉及不同的利益主体，其中最主要的是股东、经营者、债权人，这三者构成了企业最重要的财务关系。企业是所有者即股东的企业，财务管理的目标是股东的目标，它与经营者、债权人的目标不完全一致。企业只有协调好这三方面的关系才能实现目标。

(1)股东和经营者的矛盾与协调:股东为企业提供资本金,目标是使其财富最大化;经营者则希望在提高企业价值或股东财富的同时,提高自己的劳动报酬、荣誉、社会地位,增加休闲时间,减小劳动强度。经营者可能为了自己的目标而背离股东目标,如借口工作需要乱花股东的钱,装修豪华的办公室,买高档汽车,更多地增加享受成本;或者蓄意压低股票价格,以自己的名义借款买回,导致股东财富受损,自己从中渔利。为解决这一矛盾,股东通常可以采取监督和激励两种办法来协调自己和经营者的目标。监督是通过企业的监事会来检查企业财务,当经营者的行为损害股东利益时,要求董事和经理予以纠正,解聘有关责任人员,另外,也可聘请注册会计师审查财务情况,监督经营者的财务行为。激励是把经营者的报酬同绩效挂钩,通过"股票选择权""绩效股"等形式,使经营者自觉自愿采取各种措施提高股票价格,从而达到股东财富最大化目标。

(2)股东和债权人的矛盾与协调:债权人把资金交给企业,其目标是到期收回本金并获得约定的利息收入。企业借款的目的是用它扩大经营规模,投入有风险的经营项目。资金一旦到了企业手里,债权人就失去了控制权,股东可以通过经营者为自身利益而伤害债权人的利益。如不经债权人同意,投资于比预期风险高的新项目,若侥幸成功,超额利润被股东独吞;若不幸失败,债权人将与股东共同承担损失。债权人为了防止其利益被损害,一方面可以寻求法律保护;另一方面可以在借款合同中加入限制性条款,如规定资金用途,规定不得发行新债或限制发行新债的数额,当发现公司有意侵蚀其债权价值时,可提前收回借款,拒绝进一步合作。

(四)财务管理目标与社会责任

企业财务管理目标与社会目标有许多方面是一致的,企业在追求自身目标时,自然会使社会受益。如企业为生存,必须生产符合社会需要的产品,满足消费者需求;为发展,要扩大规模,自然会增加员工,解决社会就业问题;为获利,必须提高劳动生产率,改进产品质量,改善服务,从而提高社会生产效率和公众的生活质量。但也有不一致的地方,如企业为获利,可能生产伪劣产品;可能不顾工人的健康和利益;可能会造成环境污染;可能损害其他企业的利益等。为此,国家颁布一系列的保护公众利益的法律法规,如反暴利法、环境保护法、消费者权益保护法、产品质量监督法规等,通过法律法规来强制企业承担社会责任,调节股东和社会公众的利益。

【任务实施】

找一家施工企业,分析其财务活动与财务关系,并说明如何协调该公司各利益主体的关系。最后,为该公司制订一个合理的财务管理目标。

任务三 施工企业会计概述

【任务描述】

理解会计的定义与特征;熟悉施工企业会计的特点;了解会计机构、会计岗位、会计人员与会计职业道德;了解会计核算组织及会计信息的作用与表现形式;熟悉会计工作和会计法规;熟悉会计档案的归档内容、保管期限和要求;能够正确进行会计资料的归档与保管。

【知识准备】

一、会计的定义与特征

在生产活动中，为了获得一定的劳动成果，必然要耗费一定的人力、财力、物力。人们一方面关心劳动成果的多少，另一方面也注重劳动耗费的高低。施工企业从事生产经营活动，总是期望以尽可能少的劳动耗费，创造出尽可能多的物质财富，取得尽可能大的经济效益。而要实现这一目标，就必须采用一定的方法对生产过程的所得与所费进行确认、计量、记录，取得各种数据资料，并通过对这些数据的比较分析，寻找出改进的措施，不断提高经济效益。这种对生产经营活动的管理在很大程度上是需要会计来进行的。会计是社会经济发展的产物，产生于人们组织和管理经济活动的客观需要，并随着经济的发展而不断发展。经济越发展，会计越重要。

1. 会计的定义

会计是以货币为主要计量单位，运用一系列专门方法，对一个单位的经济活动进行全面、连续、系统、综合地核算和监督的一种经济管理工作。

【提示】 单位是国家机关、社会团体、公司、企业、事业单位和其他组织的统称。

按照法律法规的要求，会计用专门的方法对企业已经发生的交易或事项进行确认、计量、记录、报告，定期向财务报告使用者提供与企业财务状况、经营成果和现金流量等有关的会计信息，反映企业管理层受托责任履行情况，有助于财务报告使用者作出经济决策。

【提示】 财务报告使用者包括投资者、债权人、政府及其有关部门和社会公众等。

2. 会计的基本特征

（1）会计是一种经济管理活动；

（2）会计是一个经济信息系统；

（3）会计以货币作为主要计量单位；

（4）会计具有核算和监督的基本职能；

（5）会计采用一系列专门的方法。

二、施工企业会计的特征

会计作为一种企业管理活动，其管理对象是企业的经济活动。由于施工企业的经济活动具有不同于其他企业的特点，因此，施工企业会计也有其特点，主要表现在：

（1）分级管理。由于建筑产品的固定性、建筑生产的流动性，使得施工企业在经营管理上必须重视分级管理。

（2）分别核算。由于建筑产品的单件性、建筑生产的多样性，使得施工企业必须按每一建筑安装工程项目分别进行成本核算。

（3）分段核算。由于建筑产品体积大、建筑生产周期长，对建筑产品进行的成本核算和价款结算不能等到全部工程完工后才进行，而应分阶段进行。

（4）费用难控。由于施工企业的成本费用开支受自然力影响大，因而费用不好控制。

三、施工企业会计机构

会计机构是直接从事或组织会计工作的职能部门，如财务（会计）部、财务（会计）处、财务(会计)科、财务(会计)股、财务(会计)组等。

我国会计法规定，各单位应当根据会计业务的需要，设置会计机构，或者在有关机构中设置会计人员并指定会计主管人员；不具备条件设置的，应当委托经批准设立从事会计代理记账业务的中介机构代理记账。大型国有企业还应当设立总会计师，全面负责本单位会计工作。此外，会计机构内部的岗位分工上，应符合内部控制制度的要求，以保证各项财产物资的安全完整。

四、施工企业会计岗位与会计核算组织

施工企业会计岗位一般可分为会计机构负责人或会计主管、出纳、财产物资核算、工资核算、成本费用核算、财务成果核算、资金核算、往来结算、总账、稽核、档案管理等。开展管理会计的单位可以根据需要设置相应工作岗位，也可以与其他工作岗位相结合。

施工企业可根据自身管理需要、业务内容以及会计人员配备情况，确定各自的岗位分布，可以设置一人一岗、一人多岗或者多人一岗。

在会计核算组织上，公司一般为独立核算单位，独立核算企业盈亏，全面核算企业各项经济技术指标；公司所属分公司(项目部、工区)一般为内部独立核算单位，在公司统筹下核算施工生产所需资金，并单独核算盈亏，分公司所属的施工队为内部核算单位。

五、施工企业会计人员及会计职业道德

设置会计机构的单位，应当配备会计机构负责人和一定数量的专职会计人员。大中型企业应当根据法律和国家规定设置总会计师或财务总监。

按照会计岗位的设置，施工企业配备的会计人员一般有财务总监、主管会计、出纳员、记账员、审核员、会计员(财产物资核算、工资核算、成本费用核算、财务成果核算、资金核算、往来结算、总账)、会计档案管理员等。

会计人员从事会计业务工作的技术等级称为会计专业技术职务。我国会计专业职务分为高级会计师、会计师、助理会计师和会计员；高级会计师为高级职务，会计师为中级职务，助理会计师和会计员为初级职务。

会计职业道德是职业道德在会计职业行为和会计职业活动中的具体体现，是在一定社会经济条件下，对会计职业行为及职业活动的系统要求和明文规定。根据我国会计工作和会计人员的实际情况，结合国际上对会计职业道德的一般要求，我国会计人员职业道德的内容包括八项：爱岗敬业、诚实守信、廉洁自律、依法办事、客观公正、保守秘密、提高技能、强化服务。

六、施工企业会计工作与会计信息

会计信息是反映企业财务状况、经营成果以及资金变动的财务信息。它是一种通用的商业语言，是企业最重要的经济信息。其作用主要表现在：

(1)会计信息能帮助投资者和贷款人进行合理决策。在市场经济环境里，企业的资金主要来自股东和债权人，无论是现在或潜在的投资人和贷款人，为了作出合理的投资和信贷决策，必须拥有一定的信息，了解已投资或计划投资企业的财务状况和经营成果。

(2)会计信息能评估和预测未来的现金流动。预测经济前景通常以企业过去经营活动的

信息为基础，即由财务报告所提供的关于企业过去的财务状况和经营业绩的信息作为预测依据。

（3）会计信息有助于政府部门进行宏观调控。国家财政部门根据企业报送的会计报表，监督检查企业的财务管理情况；税务部门通过阅读企业的会计资料，了解税收的执行情况。

（4）会计信息有利于加强和改善经营管理。企业将生产经营的全面情况进行搜集、整理，将分散的信息加工成系统的信息资料，传递给企业内部管理部门。企业管理者可及时发现经营活动中存在的问题，做出决策，采取措施，改善生产经营管理。

财务报表是会计信息的具体表现形式，主要包括资产负债表、利润表、现金流量表、所有者（或股东）权益变动表等。

施工企业会计信息的生成过程也就是会计人员的工作过程。会计人员的日常工作主要是审核原始凭证、编制记账凭证、登记会计账簿、编制财务报表。

七、施工企业会计法规

会计工作应当遵守会计法律法规，从而规范企业会计行为。会计法律法规主要包括：

（1）《中华人民共和国会计法》

（2）《企业会计准则》

（3）《小企业会计准则》

（4）《企业财务通则》

（5）《会计基础工作规范》

（6）《企业内部控制规范》

八、施工企业会计档案

会计档案是指单位在进行会计核算等过程中接收或形成的，记录和反映单位经济业务事项的，具有保存价值的文字、图表等各种形式的会计资料，包括通过计算机等电子设备形成、传输和存储的电子会计档案。

1. 会计档案的内容

（1）会计凭证，包括原始凭证、记账凭证；

（2）会计账簿，包括总账、明细账、日记账、固定资产卡片及其他辅助性账簿；

（3）财务会计报告，包括月度、季度、半年度、年度财务会计报告；

（4）其他会计资料，包括银行存款余额调节表、银行对账单、纳税申报表、工程决算单、劳务费结算单、签证单、会计档案移交清册、会计档案保管清册、会计档案销毁清册、会计档案鉴定意见书及其他具有保存价值的会计资料。

2. 会计档案的归档

按照归档范围和归档要求，应当归档的会计资料由单位的会计机构或会计人员所属机构负责定期整理立卷，编制会计档案保管清册。

当年形成的会计档案，在会计年度终了后，可由单位会计管理机构临时保管一年，再移交单位档案管理机构保管。因工作需要确需推迟移交的，应当经单位档案管理机构同意。

单位会计管理机构临时保管会计档案最长不超过三年。临时保管期间，会计档案的保管应当符合国家档案管理的有关规定，且出纳人员不得兼管会计档案。

3.会计档案的保管期限

会计档案的保管期限分为永久、定期两类。定期保管期限一般分为 10 年和 30 年。会计档案的保管期限，从会计年度终了后的第一天算起。具体会计档案保管期限如表 1-1 所示。

表 1-1　企业和其他组织会计档案保管期限表

序号	档案名称	保管期限	备注
一　会计凭证			
1	原始凭证	30 年	
2	记账凭证	30 年	
二　会计账簿			
3	总账	30 年	
4	明细账	30 年	
5	日记账	30 年	
6	固定资产卡片		固定资产报废清理后保管 5 年
7	其他辅助性账簿	30 年	
三　财务会计报告			
8	月度、季度、半年度财务会计报告	10 年	
9	年度财务会计报告	永久	
四　其他会计资料			
10	银行存款余额调节表	10 年	
11	银行对账单	10 年	
12	纳税申报表	10 年	
13	会计档案移交清册	30 年	
14	会计档案保管清册	永久	
15	会计档案销毁清册	永久	
16	会计档案鉴定意见书	永久	

【任务实施】

1.请你列举日常生活中所见过的会计工作，并描述各项会计工作的特征。

2.找到一家施工企业，了解其会计机构、会计岗位设置、人员配备情况及会计核算组织形式，分析该企业会计信息的使用者有哪些。

任务四 施工企业内部会计控制

【任务描述】

了解企业内部会计控制的概念，理解内部会计控制的内容与要求，掌握不相容职务分离控制的方法，指出例 1-1 中企业存在的主要问题并提出改进方案。

【例 1-1】 某商场开业后，仅用 7 个月时间就实现销售额 9000 万元，1 年后年销售额达到 1.86 亿元，实现税利 1315 万元，跨入全国 50 家大型商场行列。一直到第四年，其销售额一直呈增长趋势，第五年销售额曾达 4.8 亿元，相继在全国各地成立了连锁公司。但是开业 8 年后，该商场悄然关门！据调查，该集团公司董事会一直处于瘫痪状态，王某既是企业法人代表又是集团的总经理，凡事都由他一个人说了算，可以随意抽调人员与资金。自开业以来，没有进行过一次全面彻底的审计，偶尔局部的内部审计中曾发现几笔几百万元资金被转移出去的事，但由于事情都是总经理说了算，内部审计人员并无发言权，后来也就不了了之。

【知识准备】

一、企业内部会计控制的概念

内部会计控制是指单位为了提高会计信息质量，保护资产的安全、完整，确保有关法律法规和规章制度的贯彻执行等而制定和实施的一系列控制方法、措施和程序。

构建内部会计控制体系，既是企业精细化管理的需要，也是企业应对经营风险的需要，更是提升企业核心竞争力的需要。完善内部会计控制制度，对于提高企业会计信息质量，保护投资人利益，提高企业整体的效率和效果具有重要意义。

二、企业内部会计控制的内容

内部会计控制制度包括以下九个方面的基本内容：

（1）内部会计控制体系。它是指一个单位的会计工作组织体系。包括：①明确单位领导人对会计工作的领导职责；②明确总会计师对会计工作的领导职责；③决定会计机构的设置；④明确会计机构与其他职能机构的分工与关系；⑤确定单位内部的会计核算组织形式。

（2）会计人员岗位责任制度。主要包括：①会计人员工作岗位的设置及岗位职责与工作标准；②各会计工作岗位的人员及具体分工；③会计工作岗位轮换办法；④各会计工作岗位的考核办法。

（3）账务处理程序制度。它主要是对会计凭证、账簿、报表等会计核算流程和基本方法的规定。

（4）内部牵制制度。其主要内容包括：①内部牵制四分离原则，即机构分离、职务分离、钱账分离、账务分离；②对出纳等岗位的职责和限制性规定；③有关部门或领导对限制性岗位的定期检查办法；④对有关会计账证的稽核制度。

（5）计量验收制度。这是财务会计管理工作的基础。主要内容包括：①计量检测手段和方法；②计量验收管理要求；③计量验收人员的责任和奖惩办法等。

（6）财产清查制度。企业应建立财产日常管理制度和定期清查制度，以及财产记录、实物保管、定期盘点、账实核对等措施，严格限制未经授权的人员接触和处置财产，确保企业财产安全。

（7）财务收支审批制度。它是指确定财务收支审批范围、审批人员、审批权限、审批程序及其责任的制度，是财务会计管理工作的关键环节。

（8）成本核算制度。包括：①成本核算对象的确定；②成本核算方法和程序的确定；③有关成本基础制度的规定；④成本考核和成本分析等。

（9）财务会计分析制度。建立定期财务会计分析制度，检查财务会计指标落实情况，分析存在的问题和原因，提出相应的改进措施，是加强单位内部管理、提高经济效益的重要措施。

三、企业内部会计控制的要求

内部会计控制的基本要求是：

（1）全面控制。内部会计控制制度应涵盖企业内部涉及会计工作的各项经济业务及相关岗位。

（2）全员控制。内部会计控制制度应当约束企业内部涉及会计工作的所有人员。

（3）全过程控制。内部会计控制制度应针对业务处理过程中的关键控制点，落实到决策、执行、监督、反馈等环节，如会计凭证控制、实物资产控制等。除此之外还应严格贯彻账、钱、物分管，任何一项经济业务都要按照既定的程序和手续办理，多人经手，共同负责。特别是企业的现金和银行存款业务，每日终了，应及时计算当日收入、支出合计数和结存数，逐日逐笔进行日记账登记；月份终了，日记账余额必须与有关总账余额核对相符，做到日清月结。同时，对财产物资进行定期或不定期清查，随时反映账面数与实存数，保证账实相符。

四、企业内部会计控制的原则

制定企业内部会计控制制度应当遵循有效性、全面性、制衡性、适应性和成本效益五项原则，以保证内部会计控制制度科学合理，切实可行。企业内部会计控制应当涵盖企业内部涉及会计工作的所有人员、各项经济业务及相关岗位，内控环节不宜过长而又环环相扣，使人操作起来切实有效，并且便于控制和检查。另外，任何分工、审核、制衡，都必须考虑是否符合成本效益原则，如果分工和制衡的成本高于其效益，则不应当采用该项控制。

制衡性原则是内部会计控制制度最重要的原则。制衡即相互牵制，是指一项完整的经济业务活动，必须经过具有互相制约关系的两个或两个以上的控制环节方能完成。在横向关系上，至少由彼此独立的两个部门或人员办理，以使该部门或人员的工作受另一个部门或人员的监督。在纵向关系上，至少经过互不隶属的两个或两个以上的岗位或环节，以使下级受上级监督，上级受下级制约。另外各部门或人员必须相互配合，各岗位和环节都应协调同步。

根据制衡性原则，企业内部机构、岗位及其职责权限的设置和分工应做到不相容职务相互分离。不相容职务是指如果由一个人担任，既可能发生错误和舞弊行为，又可能掩盖其错误和弊端行为的职务。将不相容职务实行分离，也就是说两人或两个人以上的人或部门分别管理，无意识犯同样错误机会的可能性很小，有意识的合伙舞弊的可能性也会大大降低。

五、企业内部会计控制的重点方法

内部会计控制的重点是对货币资金、筹资、采购与付款、实物资产、成本费用、销售与收款、工程项目、对外投资、担保等经济业务活动的控制。财政部《内部会计控制规范——基本规范(试行)》规定：出纳人员不得兼任稽核、会计档案保管和收入、支出、费用、债权债务账目的登记工作。单位不得由一人办理货币资金业务的全过程。另外，不相容职务应当相互分离。

1. 授权和执行的职务分离

在支出控制方面，重大经济事项支出要经过公司领导班子讨论决定后，交有关部门执行，尤其是材料设备的采购不能由经办机构负责人一人说了算。

2. 执行和审核的职务分离

财务收入支出事项要有经办人、验收人、审核人和批准人四个环节，形成一种互相制约的关系，防止执行职务的人偏离收支计划，违背财经纪委和法律法规。

3. 执行和记录的职务分离

特别是支票和银行存款印鉴要实行分管制度，防止集中由出纳一人保管而产生舞弊现象。工程项目管理人员不能兼管工程决算的审查。银行存款调节表不能由出纳人员自行编制，要由其他财务人员进行核对。

4. 保管和记录的职务分离

对物资要设三级账簿管理，财务部门设立总账，进行总分类核算，物资保管部门要设立明细账、进行明细核算，物品保管员要设立数量明细账，进行品种、规格、数量的核算。三者互相制约，才能保护财产物资的安全和完整，同时还要做到记录明细账和总账分离、登记日记账和总账分离。

【任务实施】

【例 1−1】分析：企业存在的主要问题是企业领导没有意识到内部控制的重要性，导致内部控制失控。企业应当建立内部会计控制制度，约束企业内部涉及会计工作的所有人员、各项经济业务及相关岗位，并针对业务处理过程中的决策、执行、监督、反馈等环节设置关键控制点，严格贯彻账、钱、物分管，任何一项经济业务都要按照既定的程序和手续办理，多人经手，共同负责，不能一人说了算。

【总结回顾】

施工企业是从事建筑产品生产和销售的营利性经济组织。典型的企业组织形式有个人独资企业、合伙企业、公司制企业。施工企业的经营活动具有生产的流动性、产品形式多样、施工技术复杂、露天和高处作业多、机械化程度低的特点。财务是指企业为达到既定目标所进行的筹集资金和运用资金的活动，包括财务活动和财务关系两方面。现代财务管理的最优目标是企业价值最大化。企业只有协调好股东和经营者、债权人这三方面的关系才能实现财务管理目标。会计是以货币为主要计量单位，对单位的经济活动进行核算和监督的一种经济管理工作。企业应当根据业务需要设置会计机构，配备会计人员；不具备条件设置的，应当委托中介机构代理记账。会计人员应当遵守职业道德。会计信息的生成过程也就是会计人员的工作过程。财务报表是会计信息的具体表现形式。会计资料应当定期整理归档，妥善保管。企业内部会计控制要求不相容职务相分离。

技能训练

一、单选题

1. 最古老、最简单的企业组织形式是(　　)，其不具有法人资格。
A. 个人独资企业
B. 合伙企业
C. 有限责任公司
D. 股份有限公司

2. 以下不具备企业法人资格的是(　　)。
A. 集团公司
B. 子公司
C. 项目部
D. 工程公司

3. 施工企业生产经营活动的最终环节是(　　)。
A. 供应
B. 施工
C. 工程点交
D. 收款

4. 下列不属于企业资金运动表现的是(　　)。
A. 资金投入
B. 资金运用
C. 资金转移
D. 资金退出

5. 假定甲公司向乙公司赊销商品，并持有丙公司债券和丁公司股票，且向戊公司支付公司债券利息，假定不考虑其他条件，从甲公司的角度看，下列各项中属于本企业与债权人之间财务关系的是(　　)
A. 甲公司与乙公司的关系
B. 甲公司与丙公司的关系
C. 甲公司与丁公司的关系
D. 甲公司与戊公司的关系

6. 作为企业财务目标，企业价值最大化的财务目标没有考虑的因素是(　　)
A. 预期资本利润率
B. 社会资源的合理配置
C. 资金使用的风险
D. 企业净资产的账面价值

7. 财务管理的核心是(　　)
A. 财务规划与预测
B. 财务决策
C. 财务预算
D. 财务控制

8. 现代企业财务管理的最优目标是(　　)。
A. 利润最大化
B. 每股利润最大化
C. 股东财务最大化
D. 企业价值最大化

9. 下列保管期限为30年的会计档案是(　　)。
A. 银行对账单
B. 银行存款日记账
C. 月度会计报表
D. 银行存款余额调节表

10. 下列不属于会计档案的是(　　)。
A. 会计凭证
B. 会计报表
C. 会计档案销毁清册
D. 财务预算表

二、多选题

1. 下列关于会计特征的表述中，正确的有(　　)。
A.会计是一种经济管理活动　　　　　B.会计是一个经济信息系统
C.会计采用一系列专门的方法　　　　D.会计以货币作为主要计量单位

2. 以下各项中，属于会计基本特征的是(　　)。
A.会计拥有一系列专门方法　　　　　B.会计以货币为主要计量单位
C.会计具有核算和监督的基本职能　　D.会计本身就是管理活动

3. 施工企业按照承包工程能力大小，可分为(　　)。
A.工程总承包企业　　　　　　　　　B.施工承包企业
C.专项分包企业　　　　　　　　　　D.设备安装企业

4. 施工企业的特点是(　　)。
A.生产流动性　　　　　　　　　　　B.产品多样性
C.技术复杂性　　　　　　　　　　　D.受自然条件影响

5. 下列各项中，可用来协调公司债权人与所有者利益冲突的方法有(　　)。
A.规定借款用途　　　　　　　　　　B.规定借款的信用条件
C.要求提供借款担保　　　　　　　　D.收回借款或停止借款

6. 下列各项中属于筹资引起的财务活动有(　　)。
A.偿还借款　　　　　　　　　　　　B.购买国库券
C.支付股票股利　　　　　　　　　　D.利用商业信用

7. 以相关者利益最大化作为财务管理目标，必须协调各利益主体的利益冲突，在众多利益冲突中，最重要的是协调(　　)的利益冲突。
A.所有者与经营者　　　　　　　　　B.所有者与供应商
C.所有者与客户　　　　　　　　　　D.所有者与债权人

8. 企业内部会计控制的关键是(　　)。
A.授权和执行的职务分离　　　　　　B.执行和审核的职务分离
C.执行和记录的职务分离　　　　　　D.保管和记录的职务分离

9. 内部牵制制度是企业内部会计控制的一项重要内容，对于施工企业来说，其关键点是四分离，即(　　)。
A.业务与财务机构分离　　　　　　　B.不相容职务分离
C.钱与账分离　　　　　　　　　　　D.总公司与项目部分离

10. 施工企业会计的特征是(　　)。
A.分级管理　　　　　　　　　　　　B.分别核算
C.分段核算　　　　　　　　　　　　D.费用难控

三、判断题

1. 会计是以货币为主要计量单位，运用专门方法，核算和监督一个单位经济活动的一种行政管理工作。(　　)

2. 会计能够核算和监督企业再生产过程中所有的经济活动。(　　)

3. 出纳可以临时兼任总账会计。(　　)

4. 从财务管理的角度来看,企业价值所体现的资产的价值既不是其成本价值,也不是其现时的会计价值。(　　)

5. 在协调所有者与经营者利益冲突的方法中,解聘是通过所有者结束经营者的方式。(　　)

6. 企业的财务管理环境是指影响企业财务管理的外部条件的统称。(　　)

7. 以利润最大化作为财务管理目标,有利于企业资源的合理配置。(　　)

8. 股东经营者、债权人是企业最重要的财务关系,财务管理必须协调好这三个方面的关系。(　　)

9. 正在建设期间的建设单位的会计档案,不论是否已满保管期限,一律不得销毁,必须妥善保管,待项目竣工决算后,按规定手续进行销毁。(　　)

10. 施工企业会计应当遵守《中华人民共和国会计法》《企业会计准则》《企业财务通则》等会计法律法规。(　　)

项目二　施工企业会计核算基础

【项目导入】

会计的由来

结绳记事(计数)是被原始先民广泛使用的一种记录方式。据文献记载："上古结绳而治,后世圣人易以书契,百官以治,万民以察"(《易·系辞下》)。"事大,大结其绳;事小,小结其绳,之多少,随物众寡"(《易九家言》),即根据事件的性质、规模或所涉数量的不同结系出不同的绳结:大事,结个大结,小事,结个小结,结多少个结,视要记的事物的多少来定。近现代有些少数民族仍在采用结绳的方式来记录客观活动。结绳记事(计数)可以说是会计的萌芽。

在我国,"会计"一词起源于西周,《周礼》中指出"会计,以参互考日成,以月要考月成,以岁要考岁成"。那时的西周王朝设立了"司会"官职,专管朝廷的钱粮收支,进行"月计岁会"。每个月零星的计算称"计",年终总计算称"会",合起来就是"会计"。

【学有所获】

通过本项目的学习,你将收获:

➤理解会计的基本职能和基本假设;

➤了解会计核算的基础,能够正确运用权责发生制确认经济业务事项;

➤熟悉会计核算的内容与方法;

➤了解会计信息质量要求,懂得施工企业会计的目标与任务;

➤熟悉会计要素与会计等式,能够正确描述六大会计要素及经济业务对会计等式的影响;

➤理解会计科目与会计账户,能够合理设置会计科目与会计账户;

➤掌握会计记账方法,能够正确运用借贷记账法编制会计分录;

➤熟悉三大会计工具,能够正确填制与审核会计凭证、登记账簿;

➤熟悉会计账务处理程序。

任务一　会计核算概述

【任务描述】

理解会计的职能;了解施工企业会计的目标与任务;理解会计核算的内容,并分析下例中哪些活动需要进行会计核算。

【例2-1】　华晨公司2017年3月15日发生以下经济活动:(1)采购材料一批,价值36

万元;(2)收到工程结算款 120 万元;(3)项目经理与建设方签订了 3000 万元的施工合同;(4)业务部收到 25 万元的订货单;(5)业务员报销差旅费 6000 元;(6)出纳到银行提取备用金 1 万元;(7)董事会决定向联谊公司投资 2000 万元;(8)仓库将购买的一批材料物资验收入库;(9)支付水电费 3000 元。

【知识准备】

一、会计的职能

会计的职能是会计在经济管理过程中所具有的功能,其基本职能是会计核算和会计监督。

1.会计核算

会计核算贯穿于经济活动的全过程,是会计最基本的职能,也称反映职能。它是指会计以货币为主要计量单位,对特定主体的经济活动进行确认、计量、记录和报告,为有关各方提供会计信息。

确认,是运用特定会计方法、以文字和金额同时描述某一交易或事项,使其金额反映在特定主体财务报表的合计数中的会计程序。

计量,是确定会计确认中用以描述某一交易或事项的金额的会计程序。

记录,是指对特定主体的经济活动采用一定的记账方法、在账簿中进行登记的会计程序。

报告,是指在确认、计量和记录的基础上,对特定主体的财务状况、经营成果和现金流量情况(行政、事业单位是对其经费收入、经费支出、经费结余及其财务状况),以财务报表的形式向有关方面报告。

会计核算的要求是真实、准确、完整、及时。

2.会计监督

会计监督职能也称控制职能,是以一定的标准和要求利用会计所提供的信息对各单位的经济活动进行有效的指导、控制和调节,以达到预期的目的。

会计监督是一个过程,它分为事前监督、事中监督和事后监督。会计监督的内容包括:经济业务的真实性;财务收支的合法性;公共财产的完整性。

会计监督职能要求会计人员在进行会计核算的同时,也要对特定主体经济业务的合法性、合理性进行审查。合法性审查是指保证各项经济业务符合国家相关法律法规,遵守财经纪律,执行国家有关方针政策,杜绝违法乱纪行为;合理性审查是指检查各项财务收支是否符合特定主体的财务收支计划,是否有利于预算目标的实现,是否有奢侈浪费行为,是否有违背内部控制制度要求等现象,为增收节支、提高经济效益严格把关。

会计核算和会计监督是相辅相成、辩证统一的关系。会计核算是会计监督的基础,没有核算所提供的各种信息,监督就失去了依据;而会计监督又是会计核算质量的保障,只有核算、没有监督,就难以保证核算所提供信息的真实性、可靠性。

除具有核算和监督两项基本职能外,会计还具有预测经济前景、参与经济决策、计划组织以及绩效评价等职能。

随着生产水平的日益提高、社会经济关系的日益复杂和管理理论的不断深化,会计所发挥的作用日益重要，其职能也在不断丰富和发展，会计的职能将随着经济的发展而不断发展变化。

二、施工企业会计的目标与任务

施工企业会计的目标是向财务会计报告使用者提供与施工企业财务状况、经营成果和现金流量等有关的会计信息，反映企业管理层受托责任履行情况，以帮助财务会计报告使用者作出经济决策。

施工企业会计的任务主要包括：

（1）正确、及时、完整地记录和反映施工企业的经济活动，为会计信息使用者提供准确、可靠的会计信息；

（2）实行会计监督，促进企业全面贯彻执行党和国家的方针、政策、法令和制度；

（3）监督财产物资保管、使用情况，不断降低工程成本，节约使用资金，提高经济效益；

（4）利用会计核算资料进行经济预测，积极参与企业决策。

三、会计核算的具体内容

会计核算的内容是单位的资金运动。资金运动是通过一系列的经济业务事项来进行的。经济业务事项包括经济业务和经济事项两类。经济业务是指企业与其他单位或个人之间发生的各种经济利益的交换，如购买材料、销售产品、提供劳务等。经济事项是指在企业内部发生的、具有经济影响、能够用货币表现的各类事项，如计提折旧等。生产经营过程中的各种经济业务事项就是会计核算的内容，也就是会计对象，具体包括：

（1）款项和有价证券的收付；

（2）财物的收发、增减和使用；

（3）债权、债务的发生和结算；

（4）资本、基金的增减和经费的收支；

（5）收入、费用、成本的计算；

（6）财务成果的计算和处理；

（7）其他需要办理会计手续、进行会计核算的事项。

四、会计核算的方法

会计核算方法主要包括下列七种方法：设置会计科目和账户、复式记账、填制和审核会计凭证、登记会计账簿、成本计算、财产清查、编制财务会计报告。它们相互联系、紧密结合，确保会计工作有序进行。

1.设置会计科目和账户

会计科目是对会计对象的具体内容进行分类核算的项目。账户是根据会计科目在账簿中开设的户头，具有一定格式和结构，用于分类反映各种经济业务。设置会计科目和账户是保证会计核算具有系统性的专门方法。

2.复式记账

复式记账法是指对于每一笔经济业务，都必须用相等的金额在两个或两个以上相互联系的账户中进行登记的一种记账方法。复式记账使每项经济业务所涉及的账户发生对应关系，通过账户的对应关系可以了解每项经济业务的来龙去脉。复式记账是会计核算方法体系的核心。

3. 填制和审核会计凭证

只有经过审核并认为正确无误的会计凭证，才能作为登记账簿的依据。填制和审核会计凭证是会计核算工作的起点，正确填制和审核会计凭证，是进行核算和实施监督的基础。

4. 登记会计账簿

登记会计账簿简称记账，是以审核无误的会计凭证为依据，将会计凭证记录的经济业务，分类、连续、完整地记入有关账簿。企业日常活动中发生的大量经济业务，虽已反映在会计凭证上，但是在未登记会计账簿前，这种反映是分散的、不系统的，记入账簿后就能集中反映业务的变化和资金运动情况。账簿记录所提供的各种核算资料，是编制财务报表的直接依据。

5. 成本计算

成本计算是对生产经营过程中发生的各种成本费用，按照各种不同的成本计算对象进行归集和分配，进而计算产品的总成本和单位成本的一种专门方法。

6. 财产清查

财产清查是盘点财产物资、核对账目，查明账存数与实存数是否相符的一种专门方法。由于某些主观或客观的原因，会计工作中往往会存在账面记录与实际情况不符的现象，企业定期或不定期开展财产清查能保证会计核算资料的真实性。

7. 编制财务会计报告

编制财务会计报告，是指按照企业会计准则的要求，定期向财务会计报告使用者提供各种会计报表和其他应当在财务会计报告中披露的相关信息和资料。会计报表是总括反映一定日期的财务状况和一定时期经营成果及现金流量的书面文件，是财务会计报告的主要组成部分。编制财务会计报告是对日常会计核算的总结。

五、会计核算基础

会计基础是指会计确认、计量和报告的基础，包括权责发生制和收付实现制。在我国，企业会计核算采用权责发生制，行政单位采用收付实现制，事业单位除经营业务采用权责发生制之外，其他业务采用收付实现制。

1. 权责发生制

权责发生制，也称应计制或应收应付制，是指收入、费用按照应归属期间进行确认的一种会计核算基础。凡是当期已经实现的收入和已经发生或应当负担的费用，无论款项是否收付，都应当作为当期的收入和费用；凡是不属于当期的收入和费用，即使款项已在当期收付，也不应当作为当期的收入和费用。根据权责关系的发生和影响期间来确认收入和费用，能够更加准确地反映特定会计期间真实的财务状况和经营成果。

2. 收付实现制

收付实现制，也称现金制，是以款项实际收付为标准来确认本期收入和费用的一种会计核算基础。凡是本期收到的收入和付出的费用，不论是否应当属于本期都作为本期的收入和费用处理。

六、会计核算的基本假设

会计基本假设是对会计核算所处时间、空间环境等所作的合理假定，是指会计核算的前提条件。会计基本假设包括会计主体、持续经营、会计分期和货币计量。

1. 会计主体

会计主体是指会计确认、计量和报告的空间范围，即会计核算和监督的特定单位或组织。明确界定会计主体是开展会计确认、计量和报告工作的重要前提。会计主体不同于法律主体。一般而言，法律主体必然是一个会计主体。但是，会计主体不一定是法律主体。

【提示】 分公司是会计主体，但不是法律主体，子公司则既是会计主体又是法律主体。由企业管理的证券投资基金、企业年金基金等，尽管不属于法律主体，但属于会计主体，应当对每项基金进行会计确认、计量和报告。子公司内设机构也是如此。

2. 持续经营

持续经营是指在可以预见的未来，企业将会按当前的规模和状态继续经营下去，不会停业，也不会大规模削减业务。即在可预见的未来，该会计主体不会破产清算，所持有的资产将正常营运，所负有的债务将正常偿还。

3. 会计分期

会计分期是指将一个企业持续经营的经济活动划分为一个个连续的、长短相同的会计期间，以便分期结算账目和编制财务会计报告。

会计期间分为年度、半年度、季度和月度，且均按公历起讫日期确定。最常见的会计期间是1年，以1年确定的会计期间称为会计年度，即每年的1月1日起至12月31日为一个会计年度。半年度、季度和月度称为会计中期。按年度编制的财务会计报告称为年报；按月度编制的财务会计报告称为月报。

4. 货币计量

货币计量是指会计主体在会计确认、计量和报告时以货币作为计量尺度，反映会计主体的经济活动。

经济活动中可使用的计量单位包括：劳动计量单位、实物计量单位和货币计量单位三种。劳动计量、实物计量只能从不同角度反映企业的生产经营情况，计量结果通常无法直接进行汇总、比较；而货币计量便于统一衡量和综合比较，能够全面反映企业的生产经营情况。因此，会计需要以货币作为主要计量单位。

我国会计核算以人民币为记账本位币。业务收支以人民币以外的货币为主的单位，也可以选定其中一种货币作为记账本位币，但编制的财务报表应当折算为人民币反映。在境外设立的中国企业向国内报送的财务报表，也应当折算为人民币反映。

七、会计信息质量要求

会计信息质量要求是对财务会计报告中所提供高质量会计信息的基本规范，是使财务会计报告中所提供会计信息对使用者决策有用应具备的基本特征，主要包括可靠性、相关性、可理解性、可比性、实质重于形式、重要性、谨慎性和及时性等。

1. 可靠性

可靠性要求企业应当以实际发生的交易或者事项为依据进行确认、计量和报告，如实反映符合确认和计量要求的各项会计要素及其他相关信息,保证会计信息真实可靠、内容完整。可靠性是对会计工作和会计信息质量基本的要求。为了贯彻可靠性要求,企业应当做到:

(1)以实际发生的交易或者事项为依据进行确认、计量和报告。

(2)在符合重要性和成本效益原则的前提下,保证会计信息的完整性。

(3)在财务会计报告中列示的会计信息应当是中立的。

【提示】　如果企业在财务会计报告中为了达到事先设定的结果或效果,选择或列示有关会计信息以影响决策和判断,这样的财务会计报告信息就不是中立的。

2.相关性

相关性要求企业提供的会计信息应当与财务会计报告使用者的经济决策需要相关,有助于财务会计报告使用者对企业过去和现在的情况作出评价,对未来的情况作出预测。会计在收集、加工、处理和提供会计信息的过程中,应充分考虑会计信息使用者的需要,尽可能满足他们对信息的需要。

3.可理解性

可理解性要求企业提供的会计信息应当清晰明了,便于财务会计报告使用者理解和使用。只有这样,才能提高会计信息的有用性,实现财务报告的目标,满足向投资者等财务报告使用者提供决策有用信息的要求。

4.可比性

可比性要求企业提供的会计信息应当相互可比,保证同一企业不同时期可比、不同企业相同会计期间可比。在我国,可比性原则要求企业的会计核算应当按照国家统一的会计制度的规定进行,使所有企业的会计核算都建立在相互可比的基础上。只要是相同的交易或事项,就应当采用相同的会计处理方法。显然,会计处理方法的统一是保证会计信息可比的基础。

5.实质重于形式

企业发生的交易或事项在多数情况下其经济实质和法律形式是一致的,但在有些情况下也会出现不一致。实质重于形式,要求企业应当按照交易或者事项的经济实质进行会计确认、计量和报告,不应仅以交易或者事项的法律形式为依据。

6.重要性

重要性要求企业提供的会计信息应当反映与企业财务状况、经营成果和现金流量有关的所有重要交易或者事项。

重要性的应用需要依赖职业判断,企业应当根据其所处环境和实际情况,从项目的性质和金额大小两方面加以判断。

7.谨慎性

谨慎性要求企业对交易或者事项进行会计确认、计量和报告时保持应有的谨慎,不应高估资产或者收益、低估负债或者费用。谨慎性的应用亦不允许企业设置秘密准备。

8.及时性

及时性要求企业对于已经发生的交易或者事项,应当及时进行确认、计量和报告,不得提前或者延后。在会计确认、计量和报告过程中贯彻及时性,一是要求及时收集会计信息;二是要求及时处理会计信息;三是要求及时传递会计信息,便于其及时使用和决策。

【任务实施】

会计核算的内容是单位的资金运动。例 2－1 中需要进行会计核算的有：(1)采购材料一批，价值 36 万元；(2)收到工程结算款 120 万元；(5)业务员报销差旅费 6000 元；(6)出纳到银行提取备用金 1 万元；(8)仓库将购买的一批材料物资验收入库；(9)支付水电费 3000 元。

由于以下活动并未发生资金运动，故不纳入会计核算：(3)项目经理与建设方签订了 3000 万元的施工合同；(4)业务部收到 25 万元的订货单；(7)董事会决定向联谊公司投资 2000 万元。

任务二　会计要素与会计等式认知

【任务描述】

理解会计要素的含义与分类；能正确区分流动资产与非流动资产、流动负债与长期负债；理解实收资本、资本公积、盈余公积、未分配利润的概念；掌握利润的组成；理解会计要素之间的关系；理解会计要素的计量属性；熟悉会计等式；能够正确运用权责发生制确认经济业务事项；能够正确描述六大会计要素的内容；能够正确判断经济业务类型；能够正确描述经济业务对会计等式的影响；指出例 2－2 中的会计要素并说明数字之间的关系；分析案例 2－3 中经济业务发生对会计等式的影响。

【例 2－2】 伟大工程公司 2017 年年初有银行存款 50 万元；库存现金 2 万元；材料物资 23 万元；工程车 45 万元；房屋 600 万元；银行借款 300 万元；欠缴税金 4 万元；股东投入资本 400 万元；未分配利润 16 万元。

【例 2－3】 2017 年 2 月，第五建筑工程公司发生如下经济业务：

(1)从银行提取现金 1 万元；

(2)从银行借入期限为 3 个月的短期借款 6000 万元；

(3)收到投资者投入的机器一台，价值 3000 万元；

(4)以银行存款 5000 万元偿还前欠货款；

(5)股东大会决定增加注册资本 5000 万元，已收到投资者投入的资本；

(6)已到期的应付票据 3000 万元因无力支付转为应付账款；

(7)宣布向投资者分配利润 1000 万元；

(8)经批准公司已发行的债券 3000 万元转为实收资本；

(9)经批准用资本公积 1000 万元转为实收资本。

【知识准备】

一、会计要素的含义与分类

会计的对象是单位的资金运动，会计要素就是对会计对象按照其经济内容的特征所作的基本分类，是会计对象的具体化。会计要素是会计确认、计量、记录和报告的基础，是设置账户、编制会计报表的基本依据。由于它是会计报表最基本的内容要素，因此又称为会计报表要素。

我国《会计企业准则——基本准则》将会计要素划分为资产、负债、所有者权益、收入、费用和利润六类。其中，资产、负债和所有者权益是组成资产负债表的会计要素，也称资产负债表要素，反映企业在一定日期的财务状况，属于静态要素；收入、费用和利润是组成利润表的会计要素，也称利润表要素，反映企业在一定时期内的经营成果，属于动态要素。

二、会计要素的确认

（一）资产

1. 资产的含义与特征

资产是指企业过去的交易或者事项形成的、由企业拥有或控制的、预期会给企业带来经济利益的资源。资产具有以下特征：

（1）资产是由企业过去的交易或者事项形成的。

过去的交易或者事项包括购买、生产、建造行为或者其他交易或事项。只有过去的交易或者事项才能产生资产，企业预期在未来发生的交易或者事项不形成资产。例如，企业计划购买一批材料，但是购买行为尚未发生，不符合资产的定义，因此不能确认为资产。

（2）资产是企业拥有或者控制的资源。

资产是一项资源，企业应当享有其所有权，或者虽无所有权，但该资源能被企业所控制。企业享有资产的所有权，通常表明企业能够排他性地从资产中获取经济利益。有些情况下，资产虽然不为企业所拥有，即企业并不享有其所有权，但企业控制了这些资产，同样能够从资产中获取经济利益，符合会计上对资产的定义。例如，某企业以融资租赁方式租入一项固定资产，尽管企业并不拥有其所有权，但是如果租赁合同约定的租赁期相当长，接近于该资产的使用寿命，表明企业控制了该资产的使用及其所能带来的经济利益，应当将其作为企业资产进行核算。

（3）资产预期会给企业带来经济利益。

资产预期会给企业带来经济利益，是指资产直接或者间接导致现金或现金等价物流入企业的潜力。资产预期能否为企业带来经济利益是资产的重要特征。如果某一资源预期不能给企业带来经济利益，那么就不能将其确认为企业的资产。前期已经确认为资产的项目，如果不能再为企业带来经济利益，也不能再确认为企业的资产。例如，技术上已经被淘汰的设备、待处理财产损失以及某些财务挂账等，由于不符合资产定义，均不应确认为资产。

2. 资产的分类

资产按流动性进行分类，可以分为流动资产和非流动资产。

流动资产是指可以在一年或超过一年的一个营业周期内变现或耗用的资产。流动资产主要包括库存现金、银行存款、交易性金融资产、应收及预付款项、存货等。

【提示】　一个营业周期是指企业从购买用于加工的资产起至实现现金或现金等价物的期间。正常营业周期通常短于一年，在一年内有几个营业周期。但是，也存在正常营业周期长于一年的情况，如造船、造飞机、大型工程等都需要超过一年的时间。在这种情况下，与生产相关的产成品、应收账款、原材料等尽管是超过一年才变现、或耗用，但仍应作为流动资产。

非流动资产是指持有期限超过一年或一个营业周期，不能归入流动资产的资产，主要包括投资性房地产、长期股权投资、长期应收款、固定资产、无形资产等。

(二)负债

1. 负债的含义与特征

负债是指企业过去的交易或事项形成的,预期会导致经济利益流出企业的现时义务。

负债具有以下特征:

(1)负债是由企业过去的交易或者事项形成的。

未来将要发生的交易或事项,如企业在未来发生的承诺、签订的购买合同等不应确认为负债。

(2)负债是企业承担的现时义务。

现时义务是指企业在现行条件下已承担的义务。未来发生的交易或者事项形成的义务,不属于现时义务,不应当确认为负债。这里所指的义务可以是法定义务,也可以是推定义务。法定义务是指具有约束力的合同或者法律法规规定的义务,通常必须依法执行。例如,企业购买原材料形成应付账款,企业向银行借入款项形成借款,企业按照税法规定应当交纳的税款等,均属于企业承担的法定义务,需要依法予以偿还。推定义务是指根据企业多年来的习惯做法、公开的承诺或者公开宣布的政策而导致企业将承担的责任,这些责任也使有关各方形成了企业将履行义务、解脱责任的合理预期。

(3)负债预期会导致经济利益流出企业。

在履行现时义务清偿负债时,导致经济利益流出企业的形式多种多样,例如,用现金偿还或以实物资产形式偿还;以提供劳务形式偿还;以部分转移资产、部分提供劳务形式偿还;将负债转为资本等。

2. 负债的分类

负债按流动性分类,可分为流动负债和非流动负债。

流动负债是指预计在一年或超过一年的一个营业周期内偿还的债务。它包括短期借款、应付票据、应付账款、预收款项、应付职工薪酬、应交税费、应付利息、应付股利、其他应付款等。

非流动负债又称长期负债,是指偿还期限在一年或者超过一年的一个营业周期以上的债务。它包括长期借款、应付债券、长期应付款、预计负债、专项应付款等。

(三)所有者权益

1. 所有者权益的含义及特征

所有者权益是指企业资产扣除负债后由所有者享有的剩余权益。公司的所有者权益又称为股东权益,是所有者对企业资产的剩余索取权。所有者权益在数量上等于企业资产总额扣除债权人权益后的净额,即企业的净资产,反映所有者(股东)在企业资产中享有的经济利益。

所有者权益具有以下特征:

(1)除非发生减资、清算或分派现金股利,企业不需要偿还所有者权益;

(2)企业清算时,只有在清偿所有的负债后,所有者权益才返还给所有者;

(3)所有者凭借所有者权益能够参与企业的经营决策及利润分配。

2.所有者权益的分类

所有者权益通常包括实收资本(或股本)、资本公积、盈余公积和未分配利润。

实收资本(或股本)是指投资者(或股东)按照企业章程或合同、协议的约定,实际投入企业的资本。

资本公积是指归所有者共有的非收益转化而形成的资本。它主要包括资本溢价(或股本溢价)、资产评估增值、接受捐赠资产、关联方交易差价等。

盈余公积是指企业按照公司法规定从净利润中提取的积累资金。

未分配利润是指企业的税后利润按照规定进行分配后的剩余部分,这部分利润可以在以后年度分配。

盈余公积和未分配利润统称为留存收益。

(四)收入

1.收入的含义与特征

收入是指企业在日常活动中形成的、会导致所有者权益增加的、与所有者投入资本无关的经济利益的总流入。收入具有以下特征:

(1)收入是企业在日常活动中形成的,而不是从偶然的交易或事项中产生的。

日常活动是指企业为完成其经营目标所从事的经常性活动以及与之相关的活动。例如,工业企业制造并销售产品、商业企业销售商品、保险公司签发保单、咨询公司提供咨询服务、软件企业为客户开发软件、安装公司提供安装服务、商业银行对外贷款、租赁公司出租资产等,均属于企业的日常活动。明确界定日常活动是为了将收入与利得相区分,日常活动是确认收入的重要判断标准,凡是日常活动所形成的经济利益的流入应当确认为收入;反之,非日常活动所形成的经济利益的流入不能确认为收入,而应当计入利得。比如,处置固定资产属于非日常活动,所形成的净利益就不应确认为收入,而应当确认为利得。再如,无形资产出租所取得的租金收入属于日常活动所形成的,应当确认为收入,但是处置无形资产属于非日常活动,所形成的净收益,不应当确认为收入,而应当确认为利得。

(2)收入会导致所有者权益的增加。

与收入相关的经济利益的流入应当会导致所有者权益的增加,不会导致所有者权益增加的经济利益的流入不符合收入的定义,不应确认为收入。例如,企业向银行借入款项,尽管也导致了企业经济利益的流入,但该流入并不导致所有者权益的增加,而使企业承担了一项现时义务,不应将其确认为收入,应当确认为负债。

(3)收入是与所有者投入资本无关的经济利益的总流入。

收入应当会导致经济利益的流入,从而导致资产的增加。例如,企业销售商品,应当收到现金或者在未来有权收到现金,才表明该交易符合收入的定义。但是,经济利益的流入有时是所有者投入资本的增加所致,所有者投入资本的增加不应当确认为收入,应当将其直接确认为所有者权益。

2.收入的分类

收入按日常活动在企业中所处的地位,可分为主营业务收入和其他业务收入。主营业务收入是由企业的主要经营活动产生的收入,如商业的商品销售收入、建筑业的建造合同收入、服务业的服务收入等。其他业务收入是企业从事一些规模较小、非经常性的业务所产生的收入。

收入按性质不同，可分为销售商品收入、提供劳务收入、让渡资产使用权收入等。

（五）费用

1. 费用的含义与特征

费用是指企业在日常活动中发生的、会导致所有者权益减少的、与向所有者分配利润无关的经济利益的总流出。费用具有以下特征：

（1）费用是企业在日常活动中发生的。

（2）费用会导致所有者权益的减少。

（3）费用是与向所有者分配利润无关的经济利益的总流出。

2. 费用的分类

费用按照是否构成产品成本，可分为生产费用和期间费用。生产费用是指为生产产品和提供劳务而发生的能够予以对象化的、构成产品成本或劳务成本的费用，主要包括为产品生产所发生的直接材料、直接人工和制造费用。

期间费用是指企业本期发生的、不能归入产品生产成本，而应直接计入当期损益的各项费用，包括管理费用、销售费用和财务费用。

（六）利润

1. 利润的含义与特征

利润是指企业在一定会计期间的经营成果。通常情况下，如果企业实现了利润，表明企业的所有者权益将增加，业绩得到了提升；反之，如果企业发生了亏损（即利润为负数），表明企业业绩下降，所有者权益将减少。利润是评价企业管理层业绩的指标之一，也是投资者等财务会计报告使用者进行决策时的重要参考依据。

2. 利润的构成

利润包括收入减去费用后的净额、直接计入当期损益的利得和损失等。其中，收入减去费用后的净额反映企业日常活动的经营业绩；直接计入当期损益的利得和损失反映企业非日常活动的业绩。

三、会计要素的计量

会计要素的计量是为了将符合确认条件的会计要素登记入账并列报于财务报表而确定其金额的过程。企业应当按照规定的会计计量属性进行计量，确定相关金额。

（一）会计计量属性及其构成

会计计量属性是指会计要素的数量特征或外在表现形式，反映了会计要素金额的确定基础，主要包括历史成本、重置成本、可变现净值、现值和公允价值等。

1. 历史成本

历史成本，又称为实际成本，是指为取得或制造某项财产物资实际支付的现金或其他等价物。在历史成本计量下，资产按照其购置时支付的现金或者现金等价物的金额，或者按照购置时所付出的对价的公允价值计量；负债按照其因承担现时义务而实际收到的款项或者资产的金额，或者承担现时义务的合同金额，或者按照日常活动中为偿还负债预期需要支付的现金或者现金等价物的金额计量。例如，甲公司购入原材料一批，价款30万元以银行存款支付，不考虑其他因素，该批原材料按历史成本计价，金额为30万元。

2. 重置成本

重置成本，又称现行成本，是指按照当前市场条件，重新取得同样一项资产所需要支付的现金或者现金等价物金额。在重置成本计量下，资产按照现在购买相同或者相似资产所需支付的现金或者现金等价物的金额计量；负债按照现在偿付该项债务所需支付的现金或者现金等价物的金额计量。例如，在年末财产清查中甲公司发现一台全新的未入账的设备，其同类设备的市场价格为50万元。该设备按重置成本计价，金额为50万元。

3. 可变现净值

可变现净值是指在正常的生产经营过程中，以预计售价减去进一步加工成本和预计销售费用以及相关税费后的净值。在可变现净值计量下，资产按照其正常对外销售所能收到现金或者现金等价物的金额扣减该资产至完工时估计将要发生的成本、估计的销售费用以及相关税费后的金额计量。例如，甲公司期末A种库存商品的账面价值为100万元，同期市场售价为80万元。估计销售该种库存商品需要发生销售费用等相关税费10万元。该种库存商品按可变现净值计价，金额为70万元。

4. 现值

现值是指对未来现金流量以恰当的折现率进行折现后的价值，是考虑资金时间价值的一种计量属性。在现值计量下，资产按照预计从其持续使用和最终处置中所产生的未来净现金流入量的折现金额计量；负债按照预计期限内需要偿还的未来净现金流出量的折现金额计量。例如，甲公司一项固定资产原值10万元，累计折旧2万元，预计未来现金流量的现值为5万元，该固定资产按现值计价，金额为5万元。

5. 公允价值

公允价值是指市场参与者在计量日发生的有序交易中，出售一项资产所能收到或者转移一项负债所需支付的价格。有序交易，是指在计量日前一段时期内相关资产或负债具有惯常市场活动的交易。公允价值主要应用于交易性金融资产、交易性金融负债、可供出售金融资产、采用公允价值模式计量的投资性房地产等的计量。例如，2016年9月10日，甲公司从二级市场购入B公司股票5万股作为交易性金融资产，2016年12月31日，该股票的收盘价为每股4元。该项资产在2016年12月31日按公允价值计价，金额为20万元。

(二)计量属性的运用原则

企业在对会计要素进行计量时，一般应当采用历史成本。采用重置成本、可变现净值、现值、公允价值计量的，应当保证所确定的会计要素金额能够持续取得并可靠计量。

四、会计等式

会计等式，又称会计恒等式、会计方程式或会计平衡公式，它是表明各会计要素之间基本关系的等式。会计等式是设置账户、复式记账和编制财务报表的理论依据。

(一)基本会计等式

任何企业要进行经济活动，都必须拥有一定数量和质量的能给企业带来经济利益的经济资源。企业资产来源于两个方面：一是由企业所有者投入；二是由企业向债权人借入。所有者和债权人将其拥有的资产提供给企业使用，就应该相应地对企业的资产享有一种要求权，这种对资产的要求权在会计上称为"权益"。

资产表明企业拥有什么经济资源和拥有多少经济资源，权益表明经济资源的来源渠道，即谁提供了这些经济资源。可见，资产与权益是同一事物的两个不同方面，两者相互依存，不可分割，没有无资产的权益，也没有无权益的资产。因此，资产和权益两者在数量上必然相等，在任一时点都必然保持恒等的关系，可用公式表示为：

$$资产 = 权益$$

企业的资产来源于企业的债权人和所有者，所以，权益又分为债权人权益和所有者权益，在会计上称债权人权益为负债，于是，上式可以写成：

$$资产 = 负债 + 所有者权益$$

该等式被称为基本会计等式、财务状况等式或静态会计等式，它反映了企业某一特定时点资产、负债和所有者权益三者之间的平衡关系，是复式记账法的理论基础，也是编制资产负债表的依据。

（二）动态会计等式

企业经营的目的是获取收入，实现盈利。企业在取得收入的同时，必然要发生相应的费用。收入与费用的比较，才能确定一定时期的盈利水平，确定实现的利润总额。在不考虑利得和损失的情况下，它们之间的关系用公式表示为：

$$收入 - 费用 = 利润$$

该等式称为经营成果等式或动态会计等式，它反映了利润的实现过程，是编制利润表的依据。

收入、费用、利润等会计要素之间的这种基本关系，实际上是利润计量的基本模式，其含义为：（1）收入的取得和费用的发生，直接影响企业利润的确定；（2）来自于特定会计期间的收入与其相关费用进行配比，可以确定该期间企业的利润数额；（3）利润是收入与相关费用比较的差额。

收入可导致企业资产增加或负债减少，终会导致所有者权益增加；费用可导致企业资产减少或负债增加，终会导致所有者权益减少。所以，一定时期的经营成果必然影响一定时点的财务状况，六个会计要素之间的关系可用下式表示：

$$资产 = 负债 + 所有者权益 + （收入 - 费用）$$
$$= 负债 + 所有者权益 + 利润$$

（三）经济业务对会计等式的影响

企业经济业务对会计等式的影响，可分为以下9种基本类型：
（1）一项资产增加、另一项资产等额减少的经济业务；
（2）一项资产增加、一项负债等额增加的经济业务；
（3）一项资产增加、一项所有者权益等额增加的经济业务；
（4）一项资产减少、一项负债等额减少的经济业务；
（5）一项资产减少、一项所有者权益等额减少的经济业务；

（6）一项负债增加、另一项负债等额减少的经济业务；

（7）一项负债增加、一项所有者权益等额减少的经济业务；

（8）一项所有者权益增加、一项负债等额减少的经济业务；

（9）一项所有者权益增加、另一项所有者权益等额减少的经济业务。

上述九类基本经济业务的发生均不会影响基本会计等式的平衡关系：基本经济业务（1）、（6）、（7）、（8）、（9）使基本会计等式左右两边的金额保持不变；基本经济业务（2）、（3）使基本会计等式左右两边的金额等额增加；基本经济业务（4）、（5）使基本会计等式左右两边的金额等额减少。

由此可见，每一项经济业务的发生，都必然引起会计等式的一边或两边有关项目相互联系地发生等量变化，即当涉及会计等式的一边时，有关项目的金额发生相反方向的等额变动；当涉及会计等式的两边时，有关项目的金额将发生相同方向的等额的变动，但始终不会影响会计等式的平衡关系。

【任务实施】

1.【例2－2】分析

资产——银行存款、库存现金、材料物资、工程车、房屋

（前三项为流动资产，后两项为固定资产）

负债——欠缴税金（流动负债）、银行长期借款（非流动负债）

所有者权益——股东投入资本（实收资本）、未分配利润

$$资产 = 负债 + 所有者权益$$
$$(50 + 2 + 23 + 45 + 600) = (4 + 300) + (400 + 16)$$

2.【例2－3】分析

（1）从银行提取现金1万元。

该项经济业务发生后，公司的一项资产（库存现金）增加1万元，另一项资产（银行存款）同时减少1万元，即会计等式左边资产要素内部的金额有增有减，增减金额相等，其平衡关系保持不变。

（2）从银行借入期限为3个月的短期借款6000万元。

该项经济业务发生后，公司的一项资产（银行存款）增加了6000万元，一项负债（短期借款）同时增加了6000万元，即会计等式左右两边金额等额增加，其平衡关系保持不变。

（3）收到投资者投入的机器一台，价值3000万元。

该项经济业务发生后，公司的一项资产（固定资产）增加了3000万元，一项所有者权益（实收资本）同时增加了3000万元，即会计等式左右两边金额等额增加，其平衡关系保持不变。

（4）以银行存款5000万元偿还前欠货款。

该项经济业务发生后，公司的一项资产（银行存款）减少5000万元，一项负债（应付账款）同时减少5000万元，即会计等式左右两边金额等额减少，其平衡关系保持不变。

（5）股东大会决定增加注册资本5000万元，已收到投资者投入的资本。

该项经济业务发生后，公司的一项资产（银行存款）增加5000万元，一项所有者权益（实收资本）同时增加5000万元，即会计等式左右两边金额等额增加，其平衡关系保持不变。

（6）已到期的应付票据3000万元因无力支付转为应付账款。

该项经济业务发生后，公司的一项负债(应付账款)增加3000万元，另一项负债(应付票据)同时减少3000万元，即会计等式右边负债要素内部的金额有增有减，增减金额相等，其平衡关系保持不变。

(7)宣布向投资者分配利润1000万元。

该项经济业务发生后，公司的一项负债(应付利润)增加1000万元，一项所有者权益(未分配利润)同时减少了1000万元，即会计等式右边一项负债增加而一项所有者权益等额减少，其平衡关系保持不变。

(8)经批准，公司已发行的债券3000万元转为实收资本。

该项经济业务发生后，公司的一项负债(应付债券)减少3000万元，一项所有者权益(实收资本)同时增加了3000万元，即会计等式右边一项所有者权益增加而一项负债等额减少，其平衡关系保持不变。

(9)经批准用资本公积1000万元转为实收资本。

该项经济业务发生后，公司的一项所有者权益(实收资本)增加1000万元，另一项所有者权益(资本公积)同时减少1000万元，即会计等式右边所有者权益要素内部的金额有增有减，增减金额相等，其平衡关系保持不变。

任务三　会计科目与会计账户设置

【任务描述】

理解会计科目的概念、分类与设置要求；理解账户的概念和分类；熟悉账户的功能与结构；懂得会计科目与账户的关系；会设置会计科目与账户。要求根据会计科目设置原则，结合施工企业经营管理的需要和经济业务的特点，设置施工企业的基本会计科目。

【知识准备】

一、会计科目的概念与分类

(一)会计科目的概念

会计科目(简称科目)是为了满足会计确认、计量、记录、报告的要求，根据企业内部会计管理和外部信息需要，对会计要素具体内容进行分类的项目，是对资金运动第三层次的划分。

(二)会计科目的分类

1. 按会计科目反映的经济内容分类

(1)资产类科目，是对资产要素的具体内容进行分类核算的项目，按资产的流动性分为反映流动资产的科目和反映非流动资产的科目。

(2)负债类科目，是对负债要素的具体内容进行分类核算的项目，按负债的偿还期限分为反映流动负债的科目和反映非流动负债的科目。

(3)共同类科目，是既有资产性质又有负债性质的科目，主要有"清算资金往来""外汇买卖""衍生工具""套期工具""被套期项目"等科目。

（4）所有者权益类科目，是对所有者权益要素的具体内容进行分类核算的项目，按所有者权益的形成和性质可分为反映资本的科目和反映留存收益的科目。

（5）成本类科目，是对可归属于产品生产成本、劳务成本等的具体内容进行分类核算的项目，按成本的内容和性质的不同可分为反映制造成本的科目、反映劳务成本的科目等。

（6）损益类科目，是对收入、费用等的具体内容进行分类核算的项目。

2.按会计科目提供信息的详细程度及其统驭关系分类

（1）总分类科目，又称总账科目或一级科目，是对会计要素的具体内容进行总括分类，提供总括信息的会计科目。

（2）明细分类科目，又称明细科目，是对总分类科目作进一步分类，提供更为详细和具体会计信息的科目。如果某一总分类科目所属的明细分类科目较多，可在总分类科目下设置二级明细科目，在二级明细科目下设置三级明细科目。二级明细科目是对总分类科目进一步分类的科目，三级明细科目是对二级明细科目进一步分类的科目。如表2-1所示。

表2-1 会计科目按提供指标的详略程度进行的分类

总分类科目	明细分类科目	
（一级科目或总目）	二级科目（子目）	三级科目（细目）
原材料	原料及主要材料	圆钢
		角钢
	辅助材料	油漆
		铁钉
应交税费	应交增值税	进项税额
		销项税额

二、会计科目的设置

（一）会计科目设置的原则

总分类科目应当按国家统一会计制度的规定设置。明细分类科目除会计制度规定设置以外，企业可以根据本单位经营管理的需要和经济业务的具体内容自行设置。设置会计科目应遵循合法性、相关性和实用性原则。

（1）合法性原则。所设置的会计科目应当符合国家统一的会计制度的规定。

（2）相关性原则。所设置的会计科目应当为提供有关各方所需要的会计信息服务，满足对外报告与对内管理的要求。

（3）实用性原则。所设置的会计科目应符合单位自身特点，满足单位实际需要。单位在不违背国家统一规定的前提下，可根据自身业务特点和实际情况，增加、减少或合并某些会计科目，设置符合企业需要的科目。

（二）常用会计科目

企业常用的会计科目如表2-2所示。

表2-2　常用会计科目参照表

编号	名称	编号	名称
	一、资产类		二、负债类
1001	库存现金	2001	短期借款
1002	银行存款	2201	应付票据
1012	其他货币资金	2202	应付账款
1101	交易性金融资产	2203	预收账款
1121	应收票据	2211	应付职工薪酬
1122	应收账款	2221	应交税费
1123	预付账款	2231	应付利息
1131	应收股利	2232	应付股利
1132	应收利息	2241	其他应付款
1221	其他应收款	2501	长期借款
1231	坏账准备	2502	应付债券
1401	材料采购	2701	长期应付款
1402	在途物资	2711	专项预付款
1403	原材料	2801	预计负债
1404	材料成本差异	2901	递延所得税负债
1405	库存商品		三、共同类（略）
1406	发出商品		四、所有者权益类
1407	商品进销差价	4001	实收资本
1408	委托加工物资	4002	资本公积
1471	存货跌价准备	4101	盈余公积
1501	持有至到期投资	4103	本年利润
1502	持有至到期投资减值准备	4104	利润分配
1503	可供出售金融资产		五、成本类
1511	长期股权投资	5001	生产成本
1512	长期股权投资减值准备	5101	制造费用
1521	投资性房地产	5201	劳务成本
1531	长期应收款	5301	研发支出
1601	固定资产		六、损益类
1602	累计折旧	6001	主营业务收入
1603	固定资产减值准备	6051	其他业务收入

续表 2－2

编号	名称	编号	名称
1604	在建工程	6101	公允价值变动损益
1605	工程物资	6111	投资收益
1606	固定资产清理	6301	营业外收入
1701	无形资产	6401	主营业务成本
1702	累计摊销	6402	其他业务成本
1703	无形资产减值准备	6403	营业税金及附加
1711	商誉	6601	销售费用
1801	长期待摊费用	6602	管理费用
1811	递延所得税资产	6603	财务费用
1901	待处理财产损益	6701	资产减值损失
		6711	营业外支出
		6801	所得税费用
		6901	以前年度损益调整

三、账户的概念与分类

1. 账户的概念

账户是根据会计科目设置的，具有一定格式和结构，用于分类反映会计要素增减变动情况及其结果的载体。账户以会计科目作为它的名称，同时，账户又具备一定的格式（即结构）。设置账户是会计核算的重要方法之一。

2. 账户的分类

账户可根据其核算的经济内容、提供信息的详细程度及其统驭关系进行分类。

（1）根据核算的经济内容，账户分为资产类账户、负债类账户、共同类账户、所有者权益类账户、成本类账户和损益类账户六类。其中，有些资产类账户、负债类账户和所有者权益类账户存在备抵账户。备抵账户，又称抵减账户，是指用来抵减被调整账户余额，以确定被调整账户实有数额而设置的独立账户。

资产类账户是用来反映企业资产的增减变动及其结存情况的账户。按照资产的流动性和经营管理核算的需要，资产类账户又可以分为反映流动资产的账户和反映非流动资产的账户。反映流动资产的账户，如"库存现金""银行存款""应收账款""原材料""库存商品"等；反映非流动资产的账户，如"长期股权投资""固定资产""无形资产"等。

负债类账户是用来反映企业负债的增减变动及其结存情况的账户。按照负债的流动性或偿还期限的长短，负债类账户又可以分为反映流动负债的账户和反映长期负债的账户。反映流动负债的账户，如"短期借款""应付账款""应付职工薪酬""应交税费""应付股利"等；反映长期负债的账户，如"长期借款""长期应付款"等。

所有者权益类账户是用来反映企业所有者权益的增减变动及其结存情况的账户。按照所有者权益的来源不同，所有者权益类账户又可以分为反映投入资本的账户和反映留存收益的账户。反映投入资本的账户，如"实收资本""资本公积"等；反映留存收益的账户，如"盈余公积""本年利润""利润分配"等。

成本类账户是用来反映企业在生产经营过程中发生的各项耗费并计算产品或劳务成本的账户，如"生产成本""制造费用""劳务成本"等。

损益类账户是用来反映企业收入和费用的账户。按照损益与企业的生产经营活动是否有关，损益类账户又可以分为反映营业损益的账户和反映非经常性损益的账户。反映营业损益的账户，如"主营业务收入""主营业务成本""营业税金及附加""其他业务收入""其他业务成本"等；反映非经常性损益的账户，如"营业外收入""营业外支出"等。

（2）根据提供信息的详细程度及其统御关系，账户分为总分类账户和明细分类账户。

总分类账户，又称总账账户或一级账户，是根据总分类科目设置的账户。在总分类账户中，只使用货币计量单位，它可以提供总括的核算资料和指标，是对其所属的明细分类账户资料的综合。

明细分类账户，又称明细账户，是根据明细分类科目设置的账户。明细分类账户的核算，除了用货币计量以外，必要时还使用实物、劳动量单位等来计量。明细账是提供明细核算资料的指标，它是对总分类账户的具体化和补充说明。总分类账户和所属明细分类账户核算的内容相同，只是反映内容的详细程度有所不同，两者相互补充，相互制约，相互核对。总分类账户统驭和控制所属明细分类账户，明细分类账户从属于总分类账户。

四、账户的功能与结构

1.账户的功能

账户的功能在于连续、系统、完整地提供企业经济活动中各会计要素增减变动及其结果的具体信息。其中，会计要素在特定会计期间增加和减少的金额，分别称为账户的"本期增加发生额"和"本期减少发生额"，二者统称为账户的"本期发生额"；会计要素在会计期末的增减变动结果，称为账户的"余额"，具体表现为期初余额和期末余额，账户上期的期末余额转入本期，即为本期的期初余额；账户本期的期末余额转入下期，即为下期的期初余额。

账户的期初余额、期末余额、本期增加发生额和本期减少发生额统称为账户的四个金额要素。它们之间的基本关系为：

期末余额＝期初余额＋本期增加发生额－本期减少发生额

2.账户的基本结构

账户所记载的各项经济业务所引起的会计要素数量上的变动，只有增加和减少两种情况，因此，用来记录经济业务的账户也相应地划分为两个部分，以便分别登记会计要素的增加额和减少额，即账户通常分为左右两方，一方登记增加，另一方登记减少。至于哪一方记增加，哪一方记减少，则取决于账户的性质和经济业务的类型。

账户的基本结构具体包括：

（1）账户的名称，即会计科目；

（2）日期和摘要，即记载经济业务的日期和概括说明经济业务的内容；

（3）凭证号数，即说明记载账户记录的依据；

（4）增加方和减少方的金额及余额。

五、账户与会计科目的联系与区别

账户和会计科目是两个既相互联系又有区别的概念。会计科目与账户都是对会计对象具体内容的科学分类，两者口径一致，性质相同。会计科目是账户的名称，也是设置账户的依据；账户是根据会计科目开设的，是会计科目的具体运用。没有会计科目，账户便失去了设置的依据；没有账户，就无法发挥会计科目的作用。两者的区别是：会计科目仅仅是账户的名称，不存在结构；而账户则具有一定的格式和结构。在实际工作中，对会计科目和账户不加严格区分，而是相互通用。

【任务实施】

【例 2 - 3】分析：

根据会计科目设置原则，单位可在不违背国家统一规定的前提下，结合自身业务特点和实际情况，增加、减少或合并某些会计科目。除表 2 - 2 会计科目之外，施工企业可增设以下会计科目，如表 2 - 3 所示。

表 2 - 3　施工企业特设会计科目

编号	名称	核算内容
1607	临时设施	核算项目为保证施工和管理的正常进行而购建的各种临时设施的实际成本。
1608	临时设施摊销	核算项目各种临时设施的累计摊销额
1609	临时设施减值准备	核算项目各种临时设施的减值准备
1610	临时设施清理	核算项目拆除、报废和毁损不需用或不能使用的临时设施。
1611	融资租赁资产	核算企业（租赁）为开展融资租赁业务取得资产的实际成本。
1612	未担保余值	核算企业（租赁）采用融资租赁方式租出资产的未担保余值。
4301	专项储备	用于核算安全生产费用的提取、使用、结余、转入及转出。
5401	工程施工	核算施工企业实际发生的工程施工合同成本和合同毛利。
5402	工程结算	核算施工企业根据工程施工合同的完工进度向业主开出工程价款结算单办理结算的价款。
5403	机械作业	核算施工企业及其内部独立核算的施工单位、机械站和运输队使用自有施工机械和运输设备进行机械作业（包括机械化施工和运输作业等）所发生的各项费用。
5501	开发成本	核算房地产开发企业在土地、房屋、配套设施和代建工程的开发过程中所发生的各项费用，包括土地征用及拆迁补偿费、前期工程费、基础设施费、建筑安装工程费、配套设施费和开发间接费用等。

任务四　会计记账方法运用

【任务描述】

熟悉会计记账的方法；理解复式记账法的概念；掌握借贷记账法的理论依据和基本内容；熟悉账户结构；熟悉会计分录编制的步骤；掌握账户试算平衡的方法。要求针对案例4中第五建筑工程公司发生的经济业务编制会计分录，登记T形账户，然后根据账户余额编制总分类账户试算平衡表进行试算平衡。

【例2-4】 2017年2月，第五建筑工程公司发生的部分经济业务如下：

(1)收到工程结算款500000元，已存入银行；

(2)向银行借入期限为3个月的借款1000000元存入银行；

(3)从银行提取现金10000元作为备用；

(4)购买材料60000元(假定不考虑增值税因素)，已验收入库，款未付；

(5)签发3个月到期的商业汇票50000元抵付上月所欠货款；

(6)用银行存款200000元偿还前欠的短期借款；

(7)用银行存款300000元购买无需安装的机器设备一台(假定不考虑增值税因素)，设备已交付使用；

(8)购买材料400000元(假定不考虑增值税因素)，其中用银行存款支付200000元，其余货款尚欠，材料已验收入库；

(9)以银行存款偿还短期借款100000元，偿还应付账款60000元。

2017年1月末账户余额情况如表2-4所示。

表2-4　账户余额表

2017年1月31日

会计科目	借方余额	会计科目	贷方余额
库存现金	10000	短期借款	300000
银行存款	380000	应付票据	20000
原材料	500000	应付账款	70000
应收账款	500000		
固定资产	9500000	实收资本	10500000
合计	10890000	合计	10890000

【知识准备】

一、复式记账法的概念及特点

记账方法是指将经济业务发生所引起的会计要素增减变动在账户中进行记录的方法。记账方法按其登记交易与事项方式的不同，可分为单式记账法与复式记账法两种。

单式记账法是对发生的每一项经济业务，只在一个账户中加以登记的记账方法。单式记

40

账法的记账手续简单，但没有一套完整的账户体系，账户之间的记录没有直接联系和相互平衡关系，不能全面、系统地反映各项会计要素的增减变动情况和经济业务的来龙去脉，也不便于检查账户记录的正确性和完整性。这种方法已经被淘汰。

1.复式记账法的概念

复式记账法是指对于每一笔经济业务，都必须用相等的金额在两个或两个以上相互联系的账户中进行登记，全面系统地反映会计要素增减变化的一种记账方法。

例如，公司出纳从银行提取现金3000元，按照复式记账法，一方面在库存现金账户登记增加3000元，另一方面在银行存款账户登记减少3000元。

2.复式记账法的特点

（1）能够全面反映经济业务内容和资金运动的来龙去脉。复式记账法对于每一项经济业务，都要在两个或两个以上的账户中进行相互联系的记录，不仅可以账户记录，完整、系统地反映经济活动的过程和结果，而且还能清楚地反映资金运动的来龙去脉。

（2）能够进行试算平衡，便于查账和对账。复式记账法对于每一项经济业务，都以相等的金额进行对应记录，便于核对和检查账户记录结果，防止和纠正错误记录。

复式记账法是以会计等式为依据建立的一种记账方法，被世界各国公认为一种科学的记账方法而被普遍使用。我国过去曾先后采用过增减记账法、收付记账法和借贷记账法等复式记账法，如商品流通企业曾采用增减记账法，行政事业单位采用收付记账法。借贷记账法经历数百年的实践，被证明是一种比较成熟、完善、科学的复式记账法，被全世界的会计工作者所普遍接受，是目前国际上通用的记账方法。我国《企业会计准则》规定企业应当采用借贷记账法记账。

二、借贷记账法的概念

借贷记账法源于13世纪的意大利。"借""贷"的最初含义是从借贷资本家的角度来解释的，用来表示债权和债务的增减变动。借贷资本家对于收进的存款，记在贷主的名下，表示债务；对于付出的放款，记在借主的名下，表示债权。当时的"借""贷"二字表示债权、债务的变化。随着社会经济的发展，经济活动日益复杂，记账对象也日益扩大到商品和经营损益等方面。在会计账簿中，不仅要记录银钱的借贷，也要记录财产物资的增减变化。对非银钱借贷业务，也要求用"借""贷"二字记录其增减变动情况，以求账簿记录的统一。这样，"借""贷"二字就逐渐失去了最初的含义，而演变成纯粹的记账符号，成为会计上的专业术语，用来标明记账的方向、反映资产的存在形态和权益的增减变化，借贷记账法的名称即由此而来。

借贷记账法是以"借""贷"作为记账符号，以"资产＝负债＋所有者权益"为理论依据，以"有借必有贷，借贷必相等"为记账规则，反映各会计要素增减变动信息的一种复式记账方法。

三、借贷记账法下的账户结构

借贷记账法下，账户的左方称为借方，右方称为贷方。所有账户的借方和贷方按相反方向记录增加数和减少数，即一方登记增加额，另一方就登记减少额。至于"借"表示增加，还是"贷"表示增加，则取决于账户的性质与所记录经济内容的性质。

一般来说，资产、成本和费用类账户的增加用"借"表示，减少用"贷"表示；负债、所有者权益和收入类账户的增加用"贷"表示，减少用"借"表示。备抵账户的结构与所调整账户的结构正好相反。"借"和"贷"所表示增减的含义如表2-5所示。

表2-5 "借"和"贷"所表示增减的含义

账户类别	借	贷
资产类账户	+	-
成本类账户	+	-
费用类账户	+	-
资产类备抵账户	-	+
负债类账户	-	+
所有者权益类账户	-	+
收入类账户	-	+
负债和所有者权益类备抵账户	+	-

(一)资产和成本类账户的结构

在借贷记账法下，资产类、成本类账户的借方登记增加额；贷方登记减少额；期末余额一般在借方，有些账户可能无余额。其余额计算公式为：

期末借方余额＝期初借方余额＋本期借方发生额－本期贷方发生额

资产和成本类账户结构用T型账户表示如图2-1所示。

资产及成本类账户

借方	贷方
期初余额 本期增加额	本期减少额
本期借方发生额合计	本期贷方发生额合计
期末余额	

图2-1 资产和成本类账户结构图

资产类备抵账户的结构与所调整账户的结构正好相反。

(二)负债和所有者权益类账户的结构

在借贷记账法下，负债类、所有者权益类账户的借方登记减少额；贷方登记增加额；期末余额一般在贷方，有些账户可能无余额。其余额计算公式为：

期末贷方余额＝期初贷方余额＋本期贷方发生额－本期借方发生额

负债和所有者权益类账户结构用T型账户表示，如图2-2。

负债及所有者权益类账户

借方	贷方
	期初余额
本期减少额	本期增加额
本期借方发生额合计	本期贷方发生额合计
	期末余额

图 2－2　负债和所有者权益类账户结构图

负债和所有者权益类备抵账户的结构与所调整账户的结构正好相反。

(三)损益类账户的结构

损益类账户主要包括收入类账户和费用类账户。

1. 收入类账户的结构

在借贷记账法下，收入类账户的借方登记减少额；贷方登记增加额。本期收入净额在期末转入"本年利润"账户，用以计算当期损益，结转后无余额。收入类账户结构用 T 型账户表示如图 2－3 所示。

收入类账户

借方	贷方
本期减少额 本期转出额	本期增加额
本期借方发生额合计	本期贷方发生额合计

图 2－3　收入类账户结构图

2. 费用类账户的结构

在借贷记账法下，费用类账户的借方登记增加额；贷方登记减少额。本期费用净额在期末转入"本年利润"账户，用以计算当期损益，结转后无余额。

费用类账户结构用 T 型账户表示如图 2－4 所示。

费用类账户

借方	贷方
本期增加额	本期减少额 本期转出额
本期借方发生额合计	本期贷方发生额合计

图 2－4　费用类账户结构图

四、借贷记账法的记账规则

借贷记账法的记账规则是：有借必有贷，借贷必相等。

借贷记账法是复式记账，对每一笔经济业务都要在两个或两个以上的相关账户中进行分类记录，记录一个账户的借方，同时必须记录另一个账户或几个账户的贷方；记录一个账户的贷方，同时必须记录另一个或几个账户的借方。记入借方的金额与记入贷方的金额必须相等。

借贷记账法下，具体运用记账规则时，应注意以下三点：

（1）明确经济业务涉及哪些账户；

（2）确定这些账户的金额是增加还是减少；

（3）根据记账符号的含义，确定各账户应借、应贷方向及其金额。

五、借贷记账法下的账户对应关系与会计分录

（一）账户的对应关系

账户的对应关系是指采用借贷记账法对每笔交易或事项进行记录时，相关账户之间形成的应借、应贷的相互关系。存在对应关系的账户称为对应账户。

（二）会计分录

1. 会计分录的含义

会计分录，简称分录，是对每项经济业务列示出应借、应贷的账户名称（科目）及其金额的一种记录。会计分录由应借应贷方向、相互对应的科目及其金额三个要素构成。在我国，会计分录记载于记账凭证中。

【例2-5】 公司出纳从银行提取现金3000元。会计分录如下：

借：库存现金　　　　　　　　　　　　　　　　3000

　　贷：银行存款　　　　　　　　　　　　　　3000

2. 会计分录的分类

会计分录按照每一个分录所涉及的账户个数及账户之间的关系可以分为简单会计分录和复合会计分录。

（1）简单会计分录。简单会计分录只涉及一个账户借方和另一个账户贷方的会计分录，即一借一贷的会计分录。如案例5"公司出纳从银行提取现金3000元"的业务所涉及的账户只有两个，编制的是简单会计分录。

（2）复合会计分录。复合会计分录指由两个以上（不含两个）对应账户所组成的会计分录，即一借多贷、一贷多借或多借多贷的会计分录。

【例2-6】 第五建筑工程公司购入原材料一批，价款80000元，其中60000元用银行存款支付，20000元尚未支付，假定不考虑增值税因素。会计分录如下：

借：原材料　　　　　　　　　　　　　　　　80000

　　贷：银行存款　　　　　　　　　　　　　60000

　　　　应付账款　　　　　　　　　　　　　20000

【提示】　复合会计分录实际上是由若干简单会计分录复合而成的，但是为了保持账户对应关系清晰，一般不应把不同经济业务合并在一起，编制多借多贷的会计分录。一笔复合会计分录可以分解为若干简单的会计分录，而若干笔相关的简单会计分录又可复合为一笔复合会计分录，复合或分解的目的是便于会计工作和更好地反映经济业务的实质。

3.会计分录的书写格式

会计分录书写格式的要求如下：

(1)先借后贷，分行列示，"借"和"贷"字后均加冒号，其后紧跟会计科目，各科目的金额列在其后适当位置。"贷"字与借方科目的首个文字对齐，贷方金额与借方金额适当错开。如案例5中的会计分录。

(2)在复合会计分录中，"借""贷"通常只列示在第一个借方科目和第一个贷方科目前，其他科目前不再列示"借"或"贷"。所有借方、贷方一级科目的首个文字各自保持对齐；所有借方、贷方金额的个位数各自保持右对齐。如案例6中的会计分录。

(3)当分录中需要列示明细科目时，应按科目级次高低从左向右列示，二级科目前加破折号，三级科目放在一对小圆括号中：一级科目——二级科目(三级科目)。

(4)借方或贷方会计科目中有两个或两个以上的二级科目同属于一个一级科目时，所属一级科目只在第一个二级科目前列出，其余省略，每个二级科目各占一行，其前均应保留破折号，且保持左对齐。需注意的是，如果这些二级科目分别列示于借方和贷方，应在借方和贷方分别列出一个该一级科目；处于同一个方向的每两个二级科目之间均不能列示其他一级科目。

4.会计分录的编制步骤

(1)分析经济业务所涉及的会计科目；

(2)确定经济业务使各会计科目增加或减少的金额；

(3)根据会计科目所属类别及其用途，明确各会计科目应借应贷的方向及其金额；

(4)按正确的格式编制会计分录，并检查是否符合记账规则。

六、借贷记账法下的试算平衡

1.试算平衡的含义

试算平衡是指根据资产与权益的恒等关系以及借贷记账法的记账规则，检查所有账户记录是否正确的过程。

2.试算平衡的方法

试算平衡的方法有发生额试算平衡法和余额试算平衡法两种。

(1)发生额试算平衡法。它是根据本期所有账户借方发生额合计与贷方发生额合计的恒等关系，检验本期发生额记录是否正确的方法。公式为：

全部账户本期借方发生额合计 = 全部账户本期贷方发生额合计

(2)余额试算平衡法。它是根据本期所有账户借方余额合计与贷方余额合计的恒等关系，检验本期账户记录是否正确的方法。根据余额时间不同又分为期初余额平衡与期末余额平衡两类。期初余额平衡是期初所有账户借方余额合计与贷方余额合计相等，期末余额平衡是期末所有账户借方余额合计与贷方余额合计相等，这是由"资产 = 负债 + 所有者权益"的恒等关系决定的。公式为：

全部账户的借方期初余额合计 = 全部账户的贷方期初余额合计

全部账户的借方期末余额合计 = 全部账户的贷方期末余额合计

实际工作中,余额试算平衡通过编制试算平衡表的方式进行。

3. 试算平衡表的编制

试算平衡表通常是在期末结出各账户的本期发生额合计和期末余额后编制的。试算平衡表格式如表2-6所示,表中一般应设置"期初余额""本期发生额"和"期末余额"三大栏目,其下分设"借方"和"贷方"两个小栏,各大栏中的借方合计与贷方合计应该平衡相等。

表2-6　试算平衡表

账户名称	期初余额		本期发生额		期末余额	
	借方	贷方	借方	贷方	借方	贷方
合计						

为了简化表格,试算平衡表也可只根据各个账户的本期发生额编制,不填列各账户的期初余额和期末余额。

试算平衡只是通过借贷金额是否平衡来检查账户记录是否正确的一种方法。如果借贷双方发生额或余额相等,可以表明账户记录基本正确,但有些错误并不影响借贷双方的平衡,因此,试算不平衡,表示记账一定有错误,但试算平衡时,不能表明记账一定正确。

不影响借贷双方平衡关系的错误通常有:

(1)漏记某项经济业务,使本期借贷双方的发生额等额减少;

(2)重记某项经济业务,使本期借贷双方的发生额等额虚增;

(3)某项经济业务记录的应借应贷科目正确,但借贷双方金额同时多记或少记,且金额一致;

(4)某项经济业务记错有关账户;

(5)某项经济业务在账户记录中,颠倒了记账方向,借贷仍然平衡;

(6)借方或贷方发生额中,偶然发生多记和少记并且恰好金额相互抵消。

由于账户记录可能存在这些不能由试算平衡表来发现的错误,所以需要对一切会计记录进行日常或定期的复核,以保证账面记录的正确性。

【任务实施】

1. 根据第五建筑工程公司2月份发生的经济业务编制会计分录

(1)收到工程结算款500000元,已存入银行。

借:银行存款　　　　　　　　　　　　　　　　500000

　　贷:应收账款　　　　　　　　　　　　　　　500000

(2)向银行借入期限为3个月的借款1000000元存入银行。

借:银行存款　　　　　　　　　　　　　　　　1000000

　　　　贷：短期借款　　　　　　　　　　　　　　　1000000

（3）从银行提取现金 10000 元作为备用。

　　借：库存现金　　　　　　　　　　　　　　　　10000
　　　　贷：银行存款　　　　　　　　　　　　　　　10000

（4）购买材料 60000 元（假定不考虑增值税因素），已验收入库，款未付。

　　借：原材料　　　　　　　　　　　　　　　　　60000
　　　　贷：应付账款　　　　　　　　　　　　　　　60000

（5）签发 3 个月到期的商业汇票 50000 元抵付上月所欠货款。

　　借：应付账款　　　　　　　　　　　　　　　　50000
　　　　贷：应付票据　　　　　　　　　　　　　　　50000

（6）用银行存款 200000 元偿还前欠的短期借款。

　　借：短期借款　　　　　　　　　　　　　　　　200000
　　　　贷：银行存款　　　　　　　　　　　　　　　200000

（7）用银行存款 300000 元购买无需安装的机器设备一台（假定不考虑增值税因素），设备已交付使用。

　　借：固定资产　　　　　　　　　　　　　　　　300000
　　　　贷：银行存款　　　　　　　　　　　　　　　300000

（8）购买材料 400000 元（假定不考虑增值税因素），其中用银行存款支付 200000 元，其余货款尚欠，材料已验收入库。

　　借：原材料　　　　　　　　　　　　　　　　　400000
　　　　贷：银行存款　　　　　　　　　　　　　　　200000
　　　　　　应付账款　　　　　　　　　　　　　　　200000

（9）以银行存款偿还短期借款 100000 元，偿还应付账款 60000 元。

　　借：短期借款　　　　　　　　　　　　　　　　100000
　　　　应付账款　　　　　　　　　　　　　　　　60000
　　　　贷：银行存款　　　　　　　　　　　　　　　160000

2.登记 T 形账户

根据以上会计分录登记 T 形账户，如图 2-5、图 2-6、图 2-7、图 2-8、图 2-9、图 2-10、图 2-11、图 2-12、图 2-13 所示。

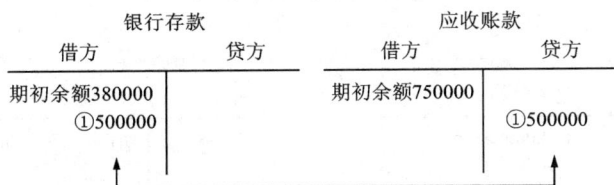

图 2-5　收到工程结算款存入银行

银行存款　　　　　　　　　短期借款

借方	贷方	借方	贷方
期初余额380000			期初余额300000
①500000			②1000000
②1000000			

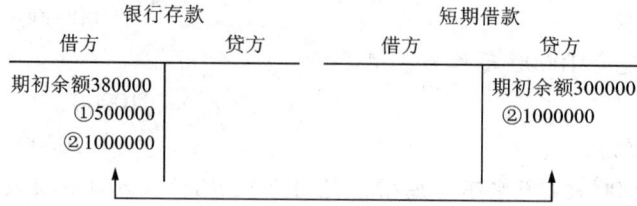

图 2-6　取得银行借款

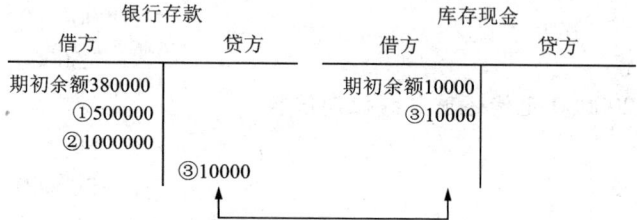

银行存款　　　　　　　　　库存现金

借方	贷方	借方	贷方
期初余额380000		期初余额10000	
①500000		③10000	
②1000000			
	③10000		

图 2-7　从银行提取现金

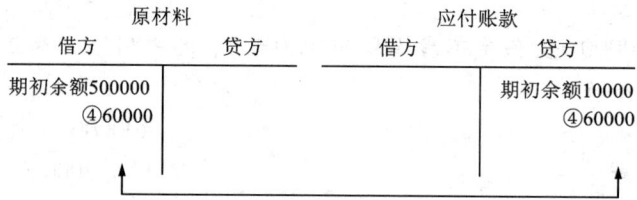

原材料　　　　　　　　　应付账款

借方	贷方	借方	贷方
期初余额500000			期初余额10000
④60000			④60000

图 2-8　购买材料形成应付账款

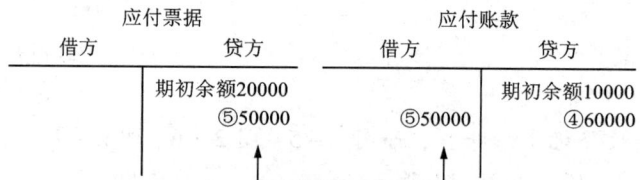

应付票据　　　　　　　　　应付账款

借方	贷方	借方	贷方
	期初余额20000		期初余额10000
	⑤50000	⑤50000	④60000

图 2-9　以商业汇票抵付所欠货款

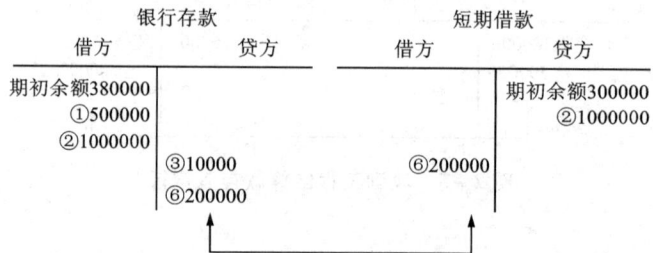

银行存款　　　　　　　　　短期借款

借方	贷方	借方	贷方
期初余额380000			期初余额300000
①500000			②1000000
②1000000			
	③10000	⑥200000	
	⑥200000		

图 2-10　以银行存款偿还短期借款

银行存款　　　　　　　　　　　　固定资产

借方	贷方		借方	贷方

期初余额380000　　　　　　　期初余额9500000
①500000　　　　　　　　　　⑦300000
②1000000

　　　　　③10000
　　　　　⑥200000
　　　　　⑦300000

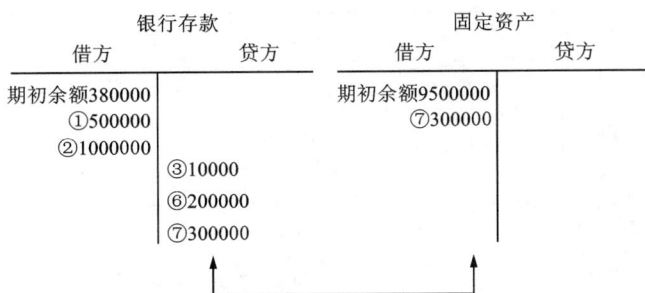

图 2 - 11　用银行存款购买设备

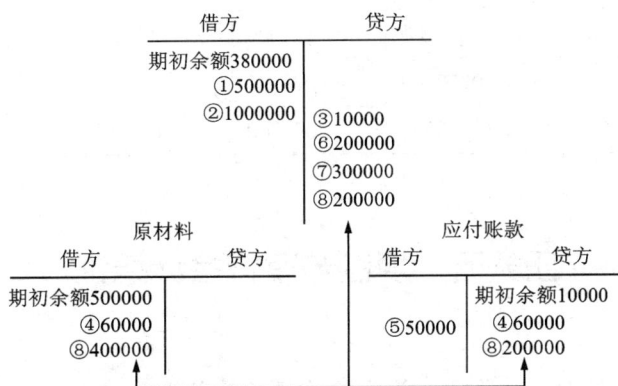

借方	贷方

期初余额380000
①500000
②1000000　　③10000
　　　　　　⑥200000
　　　　　　⑦300000
　　　　　　⑧200000

原材料　　　　　　　　　　　　应付账款

借方	贷方		借方	贷方

期初余额500000　　　　　　　　　　　　期初余额10000
④60000　　　　　　⑤50000　　　④60000
⑧400000　　　　　　　　　　　　⑧200000

图 2 - 12　购买材料动用存款并形成欠款

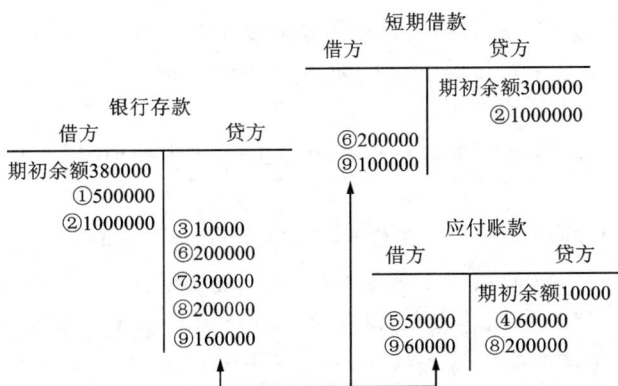

短期借款

借方	贷方

　　　　　　　　　期初余额300000
⑥200000　　②1000000
⑨100000

银行存款

借方	贷方

期初余额380000
①500000
②1000000　　③10000
　　　　　　⑥200000
　　　　　　⑦300000
　　　　　　⑧200000
　　　　　　⑨160000

应付账款

借方	贷方

　　　　　　　期初余额10000
⑤50000　　④60000
⑨60000　　⑧200000

图 2 - 13　以银行存款偿还债务

3. 试算平衡

根据各账户的期初余额、本期发生额和期末余额编制总分类账户试算平衡表进行试算平衡，如表 2 - 7 所示。

表 2-7　试算平衡表

账户名称	期初余额		本期发生额		期末余额	
	借方	贷方	借方	贷方	借方	贷方
库存现金	10000		10000		20000	
银行存款	380000		1500000	870000	1010000	
原材料	500000		460000		960000	
固定资产	9500000		300000		9800000	
应收账款	750000			500000	250000	
短期借款		300000	300000	1000000		1000000
应付票据		20000		50000		70000
应付账款		70000	110000	260000		220000
实收资本		10750000				10750000
合计	11140000	11140000	2680000	2680000	12040000	12040000

任务五　填制与审核会计凭证

【任务描述】

（1）了解会计凭证的概念与作用；熟悉原始凭证的种类和基本内容；熟悉记账凭证的种类和基本内容；能够正确填制与审核原始凭证、记账凭证。

（2）根据例 2-7，分析经济业务发生后分别涉及哪些原始凭证？哪些属于外来原始凭证，哪些属于自制原始凭证？销售经理李军和办公室职员王丽的发票能否报销？为什么？刘杰能否兼任公司的总账会计？根据第二笔业务，请以采购员赵云的身份填一张"借款单"。

（3）根据例 2-8，分析审核记账凭证的要点是什么？简要评述章某的行为是否符合职业道德？为什么？

【例 2-7】 刘杰大学毕业后在中兴公司担任出纳工作。2017 年 2 月份，刘杰经办的主要业务如下：

2 月 1 日，收到银行收账通知单，东方公司上月所欠货款 350000 元已入账。

2 月 2 日，采购员赵云出差预借差旅费 5000 元，刘杰审核"借款单"后，以现金付讫。

2 月 5 日，刘杰根据"工资结算表"，以现金发放公司员工工资 158300 元。

2 月 8 日，公司销售经理李军持一张金额为 3870 元的发票前来报销，发票上注明系考察费。经刘杰审核，发票上应填写的内容齐全。

2 月 10 日，办公室职员王丽持一张金额为 12500 元的发票前来报销，发票日期为 2016 年 6 月 12 日，王丽声称这是当时出差回来后遗失而现在找到了的发票。

2 月 21 日，公司财务部总账会计要外出学习一个月，公司领导决定由刘杰临时兼任总账会计。

【例 2-8】 2017 年 3 月，某公司接受中信会计师事务所对公司 2016 年的年报审计。注册会计师朱某在抽查公司记账凭证时，发现2016年3月10日第24号付款凭证反映的职工医药费报销业务，凭证上的金额是5317元，但所附的原始凭证的金额合计为3517元。注册会计师朱某认为，造成这种情况有两种可能：一是由于会计人员粗心，填制记账凭证时误将"3517"写成"5317"，属于工作疏忽造成的会计差错；二是会计人员故意进行的多汇总行为，以此贪污公款1800元。

注册会计师朱某经过对2016年度全部的付款凭证进行逐一查验，发现付款凭证上的制证人员与出纳人员系同一人刘某，并在经由他办理的相关现金付款业务中，有26笔付款凭证上的金额都大于所附的原始凭证的金额合计数，不符金额高达36900元。刘某故意以此手段贪污公款已构成犯罪，公司向公安机关报案，刘某因此受到法律制裁。

【知识准备】

一、会计凭证的概念与作用

会计凭证是记录经济业务事项的发生或完成情况、明确有关经济责任的书面证明，也是登记账簿的依据。

填制和审核会计凭证，是会计核算的基本方法之一，也是会计核算工作的起点。会计凭证的作用主要有：

(1)记录经济业务，提供记账依据；

(2)明确经济责任，强化内部控制；

(3)监督经济活动，控制经济运行。

二、会计凭证的种类

会计凭证按照编制的程序和用途不同，分为原始凭证和记账凭证两大类。

原始凭证，又称单据，是在经济业务发生或完成时取得或填制的，用以记录、证明经济业务已经发生或完成的书面证据，是进行会计核算的原始依据。

记账凭证，又称记账凭单，是指会计人员根据审核无误的原始凭证，按照经济业务的内容加以归类，并据以确定会计分录后所填制的会计凭证，作为登记账簿的直接依据。

三、原始凭证的种类

原始凭证的种类繁多，可以按照取得来源、格式、填制的手续和内容进行分类。

(一)按取得的来源分类

原始凭证按照取得的来源可分为自制原始凭证和外来原始凭证。

1.自制原始凭证

自制原始凭证是指由本单位有关部门和人员，在执行或完成某项经济业务时填制的，仅供本单位内部使用的原始凭证，如领料单、产品入库单和借款单等。

2.外来原始凭证

外来原始凭证是指在经济业务发生或完成时，从其他单位或个人直接取得的原始凭证。如购买原材料取得的增值税专用发票、职工出差报销的飞机票、火车票和餐饮费发票等。

（二）按照格式分类

原始凭证按照格式的不同可分为通用凭证和专用凭证。

1. 通用凭证

通用凭证是指由有关部门统一印制、在一定范围内使用的具有统一格式和使用方法的原始凭证。通用凭证的使用范围因制作部门的不同而有所差异，可以是分地区、分行业使用，也可以全国通用。

2. 专用凭证

专用凭证是指由单位自行印制、仅在本单位内部使用的原始凭证，如领料单、差旅费报销单、折旧计算表和工资费用分配表等。

（三）按填制的手续和内容分类

原始凭证按照填制的手续和内容可分为一次凭证、累计凭证和汇总凭证。

1. 一次凭证

一次凭证指一次填制完成、只记录一笔经济业务的原始凭证。一次凭证的凭证填制手续是一次完成的，是一次有效的凭证。

2. 累计凭证

累计凭证指在一定时期内多次记录发生的同类型经济业务的原始凭证。其特点是在一张凭证内可以连续登记相同性质的经济业务，随时结出累计数及结余数，并按照费用限额进行费用控制，期末按实际发生额记账。累计凭证是多次有效的原始凭证。

3. 汇总凭证

汇总凭证。汇总凭证指对一定时期内反映经济业务内容相同的若干张原始凭证，按照一定标准综合填制的原始凭证。

四、原始凭证的基本内容

原始凭证的格式和内容因经济业务和经营管理的不同而有所差异，但应当具备以下基本内容（也称为原始凭证要素）：①凭证的名称；②填制凭证的日期；③填制凭证单位名称或者填制人姓名；④经办人员的签名或者盖章；⑤接受凭证单位名称；⑥经济业务内容；⑦数量、单价和金额。

五、原始凭证的填制要求

（一）原始凭证填制的基本要求

原始凭证的填制必须符合下列要求：

（1）记录真实、合法、合理。

（2）内容完整。

（3）手续完备。单位自制的原始凭证必须有经办单位相关负责人的签名盖章；对外开出的原始凭证必须加盖本单位公章；从外部取得的原始凭证，必须盖有填制单位的公章；从个人取得的原始凭证，必须有填制人员的签名盖章。

（4）书写清楚、规范。原始凭证要按规定填写，文字要简明，字迹要清楚，易于辨认，不得使用未经国务院公布的简化汉字。大小写金额必须符合填写规范，小写金额用阿拉伯数字逐个书写，不得写连笔字。在金额前要填写人民币符号"￥"，且与阿拉伯数字之间不得留有空白。金额数字一律填写到角分，无角无分的，写"00"或符号"—"；有角无分的，分位写"0"，不得用符号"～"。大写金额用汉字壹、贰、叁、肆、伍、陆、柒、捌、玖、拾、佰、仟、万、亿、元、角、分、零、整等，一律用正楷或行书字书写。大写金额前未印有"人民币"字样的，应加写"人民币"三个字且和大写金额之间不得留有空白。大写金额到元或角为止的，后面要写"整"或"正"字；有分的，不写"整"或"正"字。

（5）连续编号。各种凭证要连续编号，以便检查。如果凭证已预先印定编号，如发票、支票等重要凭证，在因错作废时，应加盖"作废"戳记，妥善保管，不得撕毁。

（6）不得涂改、刮擦、挖补。

（7）填制及时。

（二）自制原始凭证的填制要求.

不同的自制原始凭证，填制要求也有所不同。

1. 一次凭证的填制

一次凭证应在经济业务发生或完成时，由相关业务人员一次填制完成。该凭证往往只能反映一项经济业务，或者同时反映若干项同一性质的经济业务。

2. 累计凭证的填制

累计凭证应在每次经济业务完成后，由相关人员在同一张凭证上重复填制完成。该凭证能在一定时期内不断重复地反映同类经济业务的完成情况。

3. 汇总凭证的填制

汇总凭证是指在会计的实际工作日，为了简化记账凭证的填制工作，将一定时期若干记录同类经济业务的原始凭证汇总编制一张汇总凭证，用以集中反映某项经济业务的完成情况。汇总凭证是有关责任者根据经济管理的需要定期编制的。

汇总凭证只能将同类的经济业务汇总在一起，填列在一张汇总凭证上，不能将两类或两类以上的经济业务汇总在一起，填列在一张汇总凭证上。

（三）外来原始凭证的填制要求

外来原始凭证应在企业同外单位发生经济业务时，由外单位的相关人员填制完成。外来原始凭证一般由税务局等部门统一印制，或经税务部门批准由经营单位印制，在填制时加盖出具凭证单位公章方为有效。对于一式多联的原始凭证必须用复写纸套写或打印机套打。

六、原始凭证的审核

审核会计凭证是正确组织会计核算的一个重要方法，也是实行会计监督的一个重要手段。审核的内容主要包括：

（1）审核原始凭证的真实性。包括日期是否真实、业务内容是否真实、数据是否真实等。

（2）审核原始凭证的合法性。

（3）审核原始凭证的合理性。

（4）审核原始凭证的完整性。原始凭证的内容是否齐全，包括有无漏记项目、日期是否完整、数字是否清晰、文字是否工整、有关签章是否齐全、凭证联次是否正确等。

（5）审核原始凭证的正确性，即在计算方面是否出现错误。

（6）审核原始凭证的及时性。

在审核过程中，对于完全符合要求的原始凭证，应及时据以填制记账凭证入账；对于真实、合法、合理但内容不完整，填写有错误、手续不完备，数字不准确以及情况不清楚的原始凭证，应当退还给有关业务单位或个人，并令其补办手续或进行更正；对于不真实、不合法的原始凭证，会计机构、会计人员有权不予接受，并向单位负责人报告。

七、记账凭证的种类

记账凭证可按不同的标准进行分类，按照用途可分为专用记账凭证和通用记账凭证；按照填列方式可分为单式记账凭证和复式记账凭证。

（一）按凭证的用途分类

1. 专用记账凭证

专用记账凭证是指分类反映经济业务的记账凭证，按其反映的经济业务内容，可分为收款凭证、付款凭证和转账凭证。

（1）收款凭证

收款凭证是指用于记录现金和银行存款收款业务的记账凭证。收款凭证根据有关库存现金和银行存款收入业务的原始凭证填制，是登记库存现金日记账、银行存款日记账以及有关明细账和总账等账簿的依据，也是出纳人员收讫款项的依据。

（2）付款凭证

付款凭证是指用于记录现金和银行存款付款业务的记账凭证。付款凭证根据有关库存现金和银行存款支付业务的原始凭证填制，是登记库存现金日记账、银行存款日记账以及有关明细账和总账等账簿的依据，也是出纳人员支付款项的依据。

（3）转账凭证

转账凭证是指用于记录不涉及现金和银行存款业务的记账凭证。转账凭证根据有关转账业务的原始凭证填制，是登记有关明细账和总账等账簿的依据。

2. 通用记账凭证

通用记账凭证是指用来反映所有经济业务的记账凭证，为各类经济业务所共同使用，其格式与转账凭证基本相同。

（二）按凭证的填列方式分类

1. 单式记账凭证

单式记账凭证是指只填列经济业务所涉及的一个会计科目及其金额的记账凭证。填列借方科目的称为借项凭证，填列贷方科目的称为贷项凭证。某项经济业务涉及几个会计科目，就填制几张单式记账凭证。

2. 复式记账凭证

复式记账凭证是将每一笔经济业务所涉及的全部科目及其发生额均在同一张记账凭证中

反映的一种凭证。它是实际工作中应用普遍的记账凭证。上述收款凭证、付款凭证、转账凭证和通用记账凭证均为复式记账凭证。

八、记账凭证的基本内容

记账凭证是登记账簿的依据，因其所反映经济业务的内容不同、各单位规模大小及其对会计核算繁简程度的要求不同，其内容有所差异，但应当具备以下基本内容：

(1)填制凭证的日期；
(2)凭证编号；
(3)经济业务摘要；
(4)会计科目；
(5)金额；
(6)所附原始凭证张数；
(7)填制凭证人员、稽核人员、记账人员、会计机构负责人、会计主管人员签名或者盖章。

收款和付款记账凭证还应当由出纳人员签名或者盖章。以自制的原始凭证或者原始凭证汇总表代替记账凭证的，也必须具备记账凭证应有的项目。

九、记账凭证的填制要求

记账凭证根据审核无误的原始凭证或原始凭证汇总表填制。记账凭证填制正确与否，直接影响整个会计系统终提供信息的质量。与原始凭证的填制相同，记账凭证也有记录真实，内容完整，手续齐全，填制及时等要求。

1.记账凭证填制的基本要求
(1)记账凭证各项内容必须完整。
(2)记账凭证的书写应当清楚、规范。
(3)除结账和更正错账可以不附原始凭证外，其他记账凭证必须附原始凭证。
(4)记账凭证可以根据每一张原始凭证填制，或根据若干张同类原始凭证汇总填制，也可以根据原始凭证汇总表填制；但不得将不同内容和类别的原始凭证汇总填制在一张记账凭证上。
(5)记账凭证应连续编号。凭证应由主管该项业务的会计人员，按业务发生的顺序并按不同种类的记账凭证采用"字号编号法"连续编号。如果一笔经济业务需要填制两张以上(含两张)记账凭证的，可以采用"分数编号法"编号。
(6)填制记账凭证时若发生错误，应当重新填制。已经登记入账的记账凭证在当年内发现填写错误时，可以用红字填写一张与原内容相同的记账凭证，在摘要栏注明"注销某月某日某号凭证"字样，同时再用蓝字重新填制一张正确的记账凭证，注明"订正某月某日某号凭证"字样。如果会计科目没有错误，只是金额错误，也可以将正确数字与错误数字之间的差额另编一张调整的记账凭证，调增金额用蓝字，调减金额用红字。发现以前年度记账凭证有错误的，应当用蓝字填制一张更正的记账凭证。
(7)记账凭证填制完成后，如有空行，应当自金额栏后一笔金额数字下的空行处至合计数上的空行处划线注销。

55

2.收款凭证的填制要求

收款凭证左上角的"借方科目"按收款的性质填写"库存现金"或"银行存款"；日期填写的是编制本凭证的日期；右上角填写编制收款凭证的顺序号；"摘要"填写对所记录的经济业务的简要说明；"贷方科目"填写与收入库存现金或银行存款相对应的会计科目；"记账"是指该凭证已登记账簿的标记，防止经济业务事项重记或漏记；"金额"是指该项经济业务事项的发生额；该凭证右边"附件张"是指本记账凭证所附原始凭证的张数；下边分别由有关人员签章，以明确经济责任。

3.付款凭证的填制要求

付款凭证是根据审核无误的有关库存现金和银行存款的付款业务的原始凭证填制的。

付款凭证的填制方法与收款凭证基本相同，不同的是在付款凭证的左上角应填列贷方科目，即"库存现金"或"银行存款"科目，"借方科目"栏应填写与"库存现金"或"银行存款"相应的一级科目和明细科目。

对于涉及"库存现金"和"银行存款"之间的相互划转业务，为了避免重复记账，一般只填制付款凭证，不再填制收款凭证。

出纳人员在办理收款或付款业务后，应在原始凭证上加盖"收讫"或"付讫"的戳记，以免重收重付。

4.转账凭证的填制要求

转账凭证通常是根据有关转账业务的原始凭证填制的。转账凭证中"总账科目"和"明细科目"栏应填写应借、应贷的总账科目和明细科目，借方科目应记金额应在同一行的"借方金额"栏填列，贷方科目应记金额应在同一行的"贷方金额"栏填列，"借方金额"栏合计数与"贷方金额"栏合计数应相等。

此外，某些既涉及收款业务，又涉及转账业务的综合性业务，可分开填制不同类型的记账凭证。

十、记账凭证的审核

为了保证会计信息的质量，在记账之前应由有关稽核人员对记账凭证进行严格的审核，审核的内容主要包括：①内容是否真实；②项目是否齐全；③科目是否正确；④金额是否正确；⑤书写是否规范；⑥手续是否完备。

【任务实施】

1.【例2-7】分析

(1)涉及的原始凭证包括：银行收账通知单、借款单、工资结算表、发票。其中，银行收账通知单、发票属于外来原始凭证；借款单、工资结算表属于自制原始凭证。

(2)销售经理李军的发票符合要求，可以报销。办公室职员王丽的发票不符合及时性原则，但如果业务是真实的，则发票可报销。

(3)刘杰不可以兼任总账会计。因为出纳和总账会计属于不兼容岗位。

2.【例2-8】分析

(1)记账凭证审核时，应重点关注记账凭证的内容的真实性、项目的齐全性、科目与金额的正确性、书写的规范性以及手续的完备性。

(2)刘某的行为违背了会计职业道德中"廉洁自律"的要求。

任务六 登账、对账与结账

【任务描述】

熟悉会计账簿的概念和种类；熟悉会计账簿的内容、启用与记账规则；熟悉会计账簿的格式与登记方法；掌握对账、更正错账的方法；掌握结账的方法；能够正确地登记日记账和分类账；能够熟练地进行对账、错账更正和结账。要求根据例2-9中的经济业务登记银行存款日记账、"应收账款"总账和明细账、"原材料"明细账。

【例2-9】 第五建筑公司在"应收账款"总账下按债务人分设明细账，2017年2月底"应收账款"账户余额如表2-8所示。

表2-8 "应收账款"账户余额表

单位名称	应收账款(元)
宏远公司	150000(借方)
中兴公司	100000(借方)
合计	250000(借方)

公司3月份发生以下经济业务：

(1)3月2日，收到宏远公司工程结算款150000元，存入银行；

(2)3月3日，业务员张彬需到广州出差联系业务，向财务部借款20000元，开出现金支票；

(3)3月4日，销售一批材料物资给中兴公司，售价200000元，销项税额34000元，货款存入银行；

(4)3月6日，从水泥厂采购水泥250吨，货款100000元，取得增值税专用发票，增值税进项税额17000元，材料已验收入库，款未付；

(5)3月11日，以银行存款偿还短期借款300000元，偿还应付账款60000元；

(6)3月15日，根据工资发放表，本月应付职工工资136500元，从银行提取现金准备发放工资；

(7)3月18日，用银行存款351000元购买工程车一辆，取得增值税专用发票，其中增值税进项税额51000元；

(8)3月21日，采购商品混凝土1000 m³，货款350000元，取得增值税专用发票，增值税额59500元，用银行存款支付250000元，其余货款尚欠，材料已验收入库；

(9)3月30日，收到中兴公司的商业汇票100000元，抵付前欠货款。

【知识准备】

一、会计账簿的概念

会计账簿简称账簿，是由具有一定格式、相互联系的账页所组成，用来序时、分类地全面记录一个企业、单位经济业务事项的会计簿籍。

设置和登记会计账簿是会计核算的专门方法之一，是编制会计报表的基础，是连接会计凭证和会计报表的中间环节。做好这项工作，对于加强经济管理具有十分重要的意义。通过账簿的设置和登记，可以记载、储存、分类、汇总、检查、校正、编报、输出会计信息。

二、会计账簿与账户的关系

账簿与账户的关系是形式和内容的关系。账簿是由若干账页组成的，账户存在于账簿之中，账簿中的每一账页就是账户的存在形式和载体，没有账簿，账户就无法存在；账簿序时、分类地记载经济业务，是在个别账户中完成的。因此，账簿只是一个外在形式，账户才是它的真实内容。

三、会计账簿的种类

（一）按用途分类

会计账簿按用途不同可分为序时账簿、分类账簿和备查账簿。

1. 序时账簿

序时账簿又称日记账，是按照经济业务发生或完成时间的先后顺序逐日逐笔进行登记的账簿。序时账簿按其记录内容的不同，又分为普通日记账和特种日记账两种。普通日记账是将企业每天发生的所有经济业务，不论其性质如何，按其先后顺序，编成会计分录记入账簿；特种日记账是按经济业务性质单独设置的账簿，它只把特定项目按经济业务顺序记入账簿，反映其详细情况，如现金日记账和银行存款日记账。我国大多数单位只设置现金日记账和银行存款日记账，很少采用普通日记账。

2. 分类账簿

分类账簿简称分类账，是对经济业务事项进行分类登记的账簿。分类账按其反映内容的详细程度不同，又分为总分类账和明细分类账。总分类账，简称总账，是根据总分类科目开设账户，用来登记全部经济业务，进行总分类核算，提供总括核算资料的分类账簿。明细分类账，简称明细账，是根据明细分类科目开设账户，用来登记某一类经济业务，进行明细分类核算，提供明细核算资料的分类账簿。

3. 备查账簿

备查账簿又称辅助账簿，是对某些在序时账簿和分类账簿等主要账簿中都不予登记或登记不够详细的经济业务事项进行补充登记时使用的账簿。它可以为某些经济业务的内容提供必要的参考资料。备查账簿的设置应视实际需要而定，并非一定要设置，而且没有固定格式。如设置租入固定资产登记簿、受托加工材料登记簿、代销商品登记簿等。

（二）按账页格式分类

会计账簿按账页不同，可分为两栏式账簿、三栏式账簿、多栏式账簿和数量金额式账簿四种。

（1）两栏式账簿。账页只有借方和贷方两个基本金额栏。普通日记账通常采用此种格式。

（2）三栏式账簿。账页设有借方、贷方和余额三个栏目。适用于只进行金额核算的资本、债权、债务明细账。如"应收账款""应付账款""实收资本"等账户的明细分类核算。

（3）多栏式账簿。它是指采用一个借方栏目、多个贷方栏目或者一个贷方栏目、多个借方栏目的账簿，适用于收入、成本、费用、利润和利润分配明细账。如"生产成本""管理费用""营业外收入""本年利润"等账户的明细分类核算。

（4）数量金额式。这种账簿的借方、贷方和余额三个栏目内都分设数量、单价和金额三小栏，以反映财产物资的实物数量和价值量。如：原材料、库存商品、产成品、固定资产明细账。

（三）按外形特征分类

1.订本账

订本账是在启用前将编有顺序页码的一定数量账页装订成册的账簿。这种账簿主要适用于重要的和具有统驭性的总分类账、现金日记账和银行存款日记账。

优点：可以避免账页散失，防止账页被抽换，安全。

缺点：同一账簿在同一时间只能由一人登记，这样不便于会计人员分工协作记账，也不便于计算机打印记账。

【提示】 特种日记账，如库存现金日记账和银行存款日记账，以及总分类账必须采用订本账形式。

2.活页账

活页账是将一定数量的账页置于活页夹内，可根据记账内容的变化而随时增加或减少部分账页的账簿。活页账一般适用于明细分类账。

优点：可以根据实际需要增添账页，不会浪费账页，使用灵活，并且便于多人同时分工记账。

缺点：账页容易散失和被抽换。

3.卡片账

卡片账是将一定数量的卡片式账页存放于专设的卡片箱中，账页可以根据需要随时增添的账簿。卡片账一般适用低值易耗品、固定资产等的明细核算。

【提示】 在我国一般只对固定资产明细账采用卡片账形式。

四、会计账簿的启用

启用会计账簿时，应当在账簿的有关位置记录以下相关信息：

（1）设置账簿的封面。除订本账不另设封面以外，各种活页账都应设置封面和封底，并登记单位名称、账簿名称和所属会计年度。

（2）登记账簿启用及经管人员一览表。在启用新会计账簿时，应首先填写"账簿启用及交接表"中的启用说明，其中包括单位名称、账簿名称、账簿编号、起止日期、单位负责人、主管会计、审计人员和记账人员等项目，并加盖单位公章。在会计人员发生变更时，应办理交接手续并填写"账簿启用及交接表"中的交接说明。

（3）填写账户目录。总账应按照会计科目的编号顺序填写科目名称及启用页码。在启用活页式明细分类账时，应按照所属会计科目填写科目名称和页码，在年度结账后，撤去空白账页，填写使用页码。

(4)粘贴印花税票。印花税票应粘贴在账簿的右上角，并且划线注销。在使用缴款书缴纳印花税时，应在右上角注明"印花税已缴"及缴款金额。

五、会计账簿的基本内容

账簿的形式和格式多种多样，但均应具备下列基本内容：

（1）封面：主要标明账簿的名称（如总分类账簿、现金日记账、银行存款日记账）、记账单位和会计年度。

（2）扉页：标明会计账簿的使用信息，如科目索引、账簿启用和经管人员一览表等。

（3）账页：因反映经济业务内容的不同，账页格式有所不同，但其内容应当包括：①账户的名称；②登记账簿的日期栏；③记账凭证的种类和号数栏；④摘要栏（记录经济业务内容的简要说明）；⑤金额栏（记录经济业务的增减变动和余额）；⑥总页次和分户页次栏。

六、会计账簿的登记规则

账簿是编制会计报表，进行会计分析与检查的重要依据。为了保证账簿资料的真实可靠，必须严格遵守下列记账规则：

1. 登记账簿的依据

为了保证账簿记录的真实、正确，必须根据审核无误的会计凭证登账。

2. 登记账簿的时间

各种账簿应当每隔多长时间登记一次，没有统一规定。但是，一般的原则是：总分类账要按照单位所采用的会计核算形式及时登账；各种明细分类账，要根据原始凭证、原始凭证汇总表和记账凭证每天进行登记，也可以定期（三天或五天）登记。但是现金日记账和银行存款日记账，应当根据办理完毕的收付款凭证，随时逐笔顺序进行登记，最少每天登记一次。

3. 登记账簿的规范要求

（1）登记账簿时，应当将会计凭证日期、编号、业务内容摘要，金额和其他有关资料逐项记入账内，同时记账人员要在记账凭证上签名或者盖章，并注明已经登账的符号（如打"√"），防止漏记、重记和错记情况的发生。

（2）各种账簿要按账页顺序连续登记，不得跳行、隔页。如发生跳行、隔页，应将空行、空页划线注销，或注明"此行空白"或"此页空白"字样，并由记账人员签名或盖章。

（3）登记账簿时，要用蓝黑墨水或者碳素墨水书写，不得用圆珠笔（银行的复写账簿除外）或者铅笔书写。红色墨水只能用于以下情况：①按红字冲账的记账凭证，冲销错误记录；②在不设借贷栏的多栏式账页中，登记减少数；③在三栏式账户的余额栏前，如未印明余额方向的，在余额栏内登记负数余额；④根据国家统一会计制度的规定可以用红字登记的其他会计分录。

（4）记账要保持清晰、整洁，记账文字和数字要端正、清楚、书写规范，一般应占格距的1/2，以便留有改错的空间。

（5）凡需结出余额的账户，应当定期结出余额。现金日记账和银行存款日记账必须每天结出余额。结出余额后，应在"借或贷"栏内写明"借"或"贷"的字样。没有余额的账户，应在该栏内写"平"字并在余额栏"元"位上用"0"表示。

（6）每登记满一张账页结转下页时，应当结出本页合计数和余额，写在本页最后一行和下页第一行有关栏内，并在本页的摘要栏内注明"过次页"字样，在次页的摘要栏内注明"承前页"字样。

（7）会计账簿记录发生错误时，不允许用涂改、挖补、刮擦、药水消除字迹等手段更正错误，也不允许重抄，而应根据情况，按照规定采用划线更正法、补充登记法、红字冲正法三种方法进行更正；由于记账凭证错误而使账簿记录发生错误，应当首先更正记账凭证，然后再按更正的记账凭证登记账簿。

七、登账的方法

（一）日记账的登记方法

实际工作中常见的日记账是三栏式现金日记账和银行存款日记账。以下主要介绍三栏式日记账的登记方法。

1. 现金日记账的登记方法

现金日记账由出纳人员根据同现金收付有关的记账凭证，按时间顺序逐日逐笔进行登记。具体登记方法如下：

（1）日期栏：按记账凭证的日期填写。

（2）凭证号数栏：按记账凭证的种类和编号填写，如"现金收款凭证"，简写为"现收"；"银行存款付款凭证"简写为"银付"；通用"记账凭证"简写为"记"。

（3）摘要栏：简要说明登记入账经济业务的内容。

（4）对应科目栏：写现金收入的来源科目或支出的用途科目，其作用在于了解经济业务的来龙去脉。

（5）借方、贷方栏：填现金实际收付的金额。每日终了，应分别计算现金收入（借方）和支出（贷方）的合计数。

（6）余额栏：根据"上日余额 + 本日收入 − 本日支出 = 本日余额"的公式，逐日结出现金余额，与库存现金实存数核对，俗称"日清"，以检查每日现金收付是否有误。如账款不符应查明原因，并记录备案。月终同样要计算现金收付和结存的合计数，即为"月结"。

2. 银行存款日记账的登记方法

银行存款日记账是用来核算和监督银行存款每日的收入、支出和结余情况的账簿。银行存款日记账应按企业在银行开立的账户和币种分别设置，每个银行账户设置一本日记账。银行存款日记账的登记方法与现金日记账相同。

（二）总分类账的登记方法

总分类账可以根据记账凭证逐笔登记，也可以根据经过汇总的科目汇总表或汇总记账凭证等登记。月终应将当月已完成的经济业务全部登记入账，并于月终结出各账户的本期发生额和期末余额。

（三）明细分类账的登记方法

不同类型经济业务的明细分类账可根据管理需要，依据记账凭证、原始凭证或汇总原始凭证逐日逐笔或定期汇总登记。固定资产、债权、债务等明细账应逐日逐笔登记；库存商品、原材料、产成品收发明细账以及收入、费用明细账可以逐笔登记，也可定期汇总登记。

（四）备查账的登记方法

在登记依据上，备查账可以不需要记账凭证，甚至不需要一般意义上的原始凭证；在格式和方法上，其主要栏目不记金额，它更注重用文字来表述某项经济业务的发生情况。如登记租入固定资产备查簿，不需要记账凭证，只需记录出租单位、设备名称、规格、编号、设备原值、净值、租用时间、租金数额及支付方式、租期修理或改造以及损坏赔偿的有关规定、期满退租方式及退租时间等。

八、对账

对账就是核对账目，是对账簿记录所进行的核对工作。通过对账，应当做到账证相符、账账相符、账实相符。对账工作一般在月末进行，即在记账之后结账之前进行。

对账的内容包括账证核对、账账核对和账实核对。

1. 账证核对

账簿是根据经过审核之后的会计凭证登记的，但实际工作中仍有可能发生账证不符的情况，记账后，应将账簿记录与会计凭证核对，核对账簿记录与原始凭证、记账凭证的时间、凭证字号、内容、金额等是否一致，记账方向是否相符，做到账证相符。

2. 账账核对

账账核对的内容主要包括：

（1）总分类账之间的核对；

（2）总分类账与所属明细分类账之间的核对；

（3）总分类账与日记账（序时账）之间的核对；

（4）会计部门财产物资明细账与财产物资保管和使用部门明细账核对。

3. 账实核对

账实核对是指各项财产物资、债权债务等账面余额与实有数额之间的核对。账实核对的内容主要包括：

（1）库存现金日记账账面余额与库存现金实际库存数逐日核对是否相符；

（2）银行存款日记账账面余额与银行对账单的余额定期核对是否相符；

（3）各项财产物资明细账账面余额与财产物资的实有数额定期核对是否相符；

（4）有关债权债务明细账的账面余额与对方单位的账面记录核对是否相符等。

为保证会计信息真实可靠及财产安全，企业需定期或不定期开展财产清查，进行账实核对。账实核对的结果可能相符，也可能不相符。如果实存数大于账存数，即为盘盈；如果实存数小于账存数，即为盘亏。造成账实不符的原因主要是：

（1）在收发财产物资时，由于计量、检验不准确而发生品种、数量或质量上的差错；

（2）账务处理中出现漏记、重记、错记或计算上的错误；

（3）财产物资在保管过程中发生自然损耗；

（4）未达账项；

（5）由于管理不善、工作人员失职，以及不法分子的营私舞弊、贪污失职；

（6）发生自然灾害和意外事故，导致财产物资毁损。

九、结账

1.结账的概念

结账是一项将账簿记录定期结算清楚的账务工作。为了解单位某一会计期间的经济活动情况，考核经营成果，必须在每一会计期间终结时进行结账。结账是编制财务报表的先决条件，包括月结、季结和年结。

结账的内容通常包括两个方面：一是结清各种损益类账户，并据以计算确定本期利润；二是结出各资产、负债和所有者权益账户的本期发生额合计和期末余额。

2.结账的程序

(1)结账前，将本期发生的经济业务全部登记入账，并保证其正确性。对于发现的错误，应采用适当的方法进行更正。

(2)在本期经济业务全面入账的基础上，根据权责发生制的要求，调整有关账项，合理确定应计入本期的收入和费用。

(3)将各损益类账户余额全部转入"本年利润"账户，结平所有损益类账户。

(4)结出资产、负债和所有者权益账户的本期发生额和余额，并转入下期。

3.结账的方法

结账方法的要点主要有：

(1)对不需按月结计本期发生额的账户，每次记账以后，都要随时结出余额，每月最后一笔余额是月末余额，即月末余额就是本月最后一笔经济业务记录的同一行内余额。月末结账时，只需要在最后一笔经济业务记录之下通栏划单红线，不需要再次结计余额。

(2)库存现金、银行存款日记账和需要按月结计发生额的收入、费用等明细账，每月结账时，要在最后一笔经济业务记录下面通栏划单红线，结出本月发生额和余额，在摘要栏内注明"本月合计"字样，并在下面通栏划单红线。

(3)对于需要结计本年累计发生额的明细账户，每月结账时，应在"本月合计"行下结出自年初起至本月末止的累计发生额，登记在月份发生额下面，在摘要栏内注明"本年累计"字样，并在下面通栏划单红线。12月末的"本年累计"就是全年累计发生额，全年累计发生额下通栏划双红线。

(4)总账账户平时只需结出月末余额。年终结账时，为了总括地反映全年各项资金运动情况的全貌，核对账目，要将所有总账账户结出全年发生额和年末余额，在摘要栏内注明"本年合计"字样，并在合计数下通栏划双红线。

(5)年度终了结账时，有余额的账户，应将其余额结转下年，并在摘要栏注明"结转下年"字样；在下一会计年度新建有关账户的第一行余额栏内填写上年结转的余额，并在摘要栏注明"上年结转"字样，使年末有余额账户的余额如实地在账户中加以反映，以免混淆有余额的账户和无余额的账户。

十、错账的更正

账簿记录应做到整洁，记账应力求正确，如果账簿记录发生错误，应按规定的方法进行更正。更正错账的方法有：划线更正法、红字更正法、补充登记法。

1. 划线更正法

在结账以前，如果发现账簿记录有错误，而记账凭证没有错误，仅属于记账时文字或数字上的笔误，应采用划线更正法。更正的方法是：先将错误的文字或数字用一条红色横线划去，表示注销；再在划线的上方用蓝色字迹写上正确的文字或数字，并在划线处加盖更正人图章，以明确责任。但要注意划掉错误数字时，应将整笔数字划掉，不能只划掉其中一个或几个写错的数字，并保持被划去的字迹仍可清晰辨认。

2. 红字更正法

红字更正法是指由于记账凭证错误而使账簿记录发生错误，而用红字冲销原记账凭证，以更正账簿记录的一种方法。红字更正法适用于以下两种情况：

（1）记账以后，发现账簿记录错误是因记账凭证中的应借、应贷会计科目或记账方向有错误而引起的，用红字更正法进行更正。更正的方法是：先用红字金额填写一张会计科目与原错误记账凭证完全相同的记账凭证，在"摘要"栏中写明"冲销错账"以及错误凭证的号数和日期，并据以用红字登记入账，以冲销原来错误的账簿记录；然后，再用蓝字或黑字填写一张正确的记账凭证，在"摘要"栏中写明"更正错账"以及冲账凭证的号数和日期，并据以用蓝字或黑字登记入账。

（2）记账以后，发现记账凭证和账簿记录的金额有错误（所记金额大于应记的正确金额），而应借、应贷的会计科目没有错误，用红字更正法进行更正。更正的方法是：将多记的金额用红字填制一张记账凭证，而应借、应贷会计科目与原错误记账凭证相同，在"摘要"栏写明"冲销多记金额"以及原错误记账凭证的号数和日期，并据以登记入账，以冲销多记的金额。

3. 补充登记法

记账以后，发现记账凭证和账簿记录的金额有错误（所记金额小于应记的正确金额），而应借、应贷的会计科目没有错误，用补充登记法进行更正。更正的方法是：将少记的金额用蓝字或黑字填制一张应借、应贷会计科目与原错误记账凭证相同的记账凭证，在"摘要"栏中写明"补充少记金额"以及原错误记账凭证的号数和日期，并据以登记入账，以补充登记少记的金额。

【任务实施】

1. 登记银行存款日记账

根据发生的经济业务编制记账凭证，根据涉及到银行存款增减的记账凭证逐笔登记银行存款日记账，如图 2-14 所示。

2. 登记应收账款总账

根据涉及到应收账款的记账凭证逐笔登记应收账款总账，如图 2-15 所示。

3. 登记应收账款明细账

按债务人分类设置应收账款明细账，根据涉及到应收账款增减的记账凭证，分类逐笔登记应收账款明细账，如图 2-16 所示。

4. 登记原材料明细账

根据涉及到原材料增减的记账凭证及相关原始凭证，逐笔登记原材料明细账，如图 2-17 所示。

银行存款日记账

开户银行：

2017年 月	日	凭证号数	摘要	结算凭证 类	号	借方金额	贷方金额	借或贷	余额	√
3	1		期初余额					借	101000000	
	2	记1	收到前欠货款	委收	236	15000000		借	116000000	
	3	记2	张彬借支差旅费	现支	139		2000000	借	114000000	
	4	记3	销售材料	转支	123	23400000		借	137400000	
	11	记5	归还借款及前欠货款	网银			36000000	借	101400000	
	15	记6	发放工资	现支	140		13650000	借	87750000	
	18	记7	购买工程车	转账			35100000	借	52650000	
	21	记8	采购商品混凝土	转支	307		25000000	借	27650000	
	31		本月合计			38400000	111750000	借	27650000	

图 2-14 银行存款日记账

应收账款总分类账

2017年 月	日	凭证号数	摘要	借方金额	贷方金额	借或贷	余额	√
3	1		期初余额			借	25000000	
	2	记1	收到前欠货款		15000000	借	10000000	
	30	记9	收到中兴公司商业汇票		10000000	平	0	
	31		本月合计		25000000			

图 2-15 应收账款总账

应收账款明细账

二级科目 编号及名称：宏达公司

2017年 月	日	凭证号数	摘要	借方金额	贷方金额	借或贷	余额	√
3	1		期初余额			借	15000000	
	2	记1	收到前欠货款		15000000	平	0	
	31		本月合计		15000000			

图 2-16 应收账款明细账

原材料明细账

编号：　300101　　规格：_____　　　　　　　　　　　　　　　　　　　　　　単位：　m³　　名称：　商品混凝土

2017年 月	日	凭证号数	摘要	借方 数量	单价	千百十万千百十元角分	贷方 数量	单价	千百十万千百十元角分	结存 数量	单价	千百十万千百十元角分	√
3	1		期初余额							500	360	1 8 0 0 0 0 0 0 0	
	21	记1	采购材料	1000	350	3 5 0 0 0 0 0 0 0				1500	353.33	5 3 0 0 0 0 0 0 0	
	31		本月合计	1000	350	3 5 0 0 0 0 0 0 0				1500	353.33	5 3 0 0 0 0 0 0 0	

图 2 - 17　原材料明细账

任务七　账务处理程序设计

【任务描述】

理解账务处理程序的概念；熟悉账务处理程序的种类；理解账务处理程序的设计要求；掌握记账凭证账务处理程序、科目汇总表账务处理程序、汇总记账凭证处理程序；会根据企业的业务特点合理设计账务处理程序，以提高工作效率。

【例 2 - 10】　东方公司于 2001 年成立，当初是一家小规模的建筑企业，但经过十多年的发展，已经成为规模较大、业务繁多的大型企业。公司会计总是抱怨工作量大，加班加点也无法及时完成工作。公司为财务部增加了会计人员，但仍然无法很好地解决这个问题。于是，公司向会计师事务所的注册会计师陈艳咨询，陈艳在实地考察后发现：东方公司会计核算一直以来都是根据原始凭证填制记账凭证，根据记账凭证登记日记账、明细账，再逐笔登记总账，月末按要求进行对账、编制会计报表。陈艳指出，这样的会计核算组织程序在公司规模不大时是适用的，但大企业沿用这种账务处理程序必然导致记账工作繁杂，无法提高工作效率。假如你是注册会计师陈艳，你会建议该公司采用何种账务处理程序？为什么？

【知识准备】

一、账务处理程序的概念

账务处理程序，又称会计核算组织程序或会计核算形式，是指会计凭证、会计账簿、财务报表相结合的方式，包括账簿组织和记账程序。账簿组织是指会计凭证和会计账簿的种类、格式，会计凭证与账簿之间的联系方法；记账程序是指由填制、审核原始凭证到填制、审核记账凭证，登记日记账、明细分类账和总分类账，编制财务报表的工作程序和方法。

科学、合理地选择账务处理程序的意义在于：

(1)有利于规范会计工作，保证会计信息加工过程的严密性，提高会计信息质量；

(2)有利于保证会计记录的完整性和正确性，增强会计信息的可靠性；

(3)有利于减少不必要的会计核算环节，提高会计工作效率，保证会计信息的及时性。

二、账务处理程序的种类

企业常用的账务处理程序主要有记账凭证账务处理程序、汇总记账凭证账务处理程序和科目汇总表账务处理程序。三种账务处理程序的主要区别为登记总分类账的依据和方法不同。

1. 记账凭证账务处理程序

记账凭证账务处理的一般步骤是：

(1) 根据原始凭证填制汇总原始凭证；

(2) 根据原始凭证或汇总原始凭证，填制收款凭证、付款凭证和转账凭证，也可以填制通用记账凭证；

(3) 根据收款凭证和付款凭证逐笔登记库存现金日记账和银行存款日记账；

(4) 根据原始凭证、汇总原始凭证和记账凭证，登记各种明细分类账；

(5) 根据记账凭证逐笔登记总分类账；

(6) 期末，将库存现金日记账、银行存款日记账和明细分类账的余额与有关总分类账的余额核对相符；

(7) 期末，根据总分类账和明细分类账的记录，编制财务报表。

记账凭证账务处理程序的特点是直接根据记账凭证对总分类账进行逐笔登记。其优点是简单明了，易于理解，总分类账可以较详细地反映经济业务的发生情况；缺点是登记总分类账的工作量较大。因此，该账务处理程序适用于规模较小、经济业务量较少的单位。

2. 汇总记账凭证账务处理程序

汇总记账凭证账务处理的一般步骤是：

(1) 根据原始凭证填制汇总原始凭证；

(2) 根据原始凭证或汇总原始凭证，填制收款凭证、付款凭证和转账凭证，也可以填制通用记账凭证；

(3) 根据收款凭证、付款凭证逐笔登记库存现金日记账和银行存款日记账；

(4) 根据原始凭证、汇总原始凭证和记账凭证，登记各种明细分类账；

(5) 根据各种记账凭证编制有关汇总记账凭证；

(6) 根据各种汇总记账凭证登记总分类账；

(7) 期末，将库存现金日记账、银行存款日记账和明细分类账的余额与有关总分类账的余额核对相符；

(8) 期末，根据总分类账和明细分类账的记录，编制财务报表。

汇总记账凭证账务处理程序的特点是先根据记账凭证编制汇总记账凭证，再根据汇总记账凭证登记总分类账。其优点是减轻了登记总分类账的工作量；缺点是当转账凭证较多时，编制汇总转账凭证的工作量较大，并且按每一贷方账户编制汇总转账凭证，不利于会计核算的日常分工。该账务处理程序适用于规模较大、经济业务较多的单位。

3. 科目汇总表账务处理程序

科目汇总表，又称记账凭证汇总表，是企业定期对全部记账凭证进行汇总后，按照不同的会计科目分别列示各账户借方发生额和贷方发生额的一种汇总凭证。

科目汇总表账务处理的一般步骤是：

（1）根据原始凭证填制汇总原始凭证；

（2）根据原始凭证或汇总原始凭证填制记账凭证；

（3）根据收款凭证、付款凭证逐笔登记库存现金日记账和银行存款日记账；

（4）根据原始凭证、汇总原始凭证和记账凭证，登记各种明细分类账；

（5）根据各种记账凭证编制科目汇总表；

（6）根据科目汇总表登记总分类账；

（7）期末，将库存现金日记账、银行存款日记账和明细分类账的余额同有关总分类账的余额核对相符；

（8）期末，根据总分类账和明细分类账的记录，编制财务报表。

科目汇总表账务处理程序的特点是先将所有记账凭证汇总编制成科目汇总表，然后以科目汇总表为依据登记总分类账。其优点是减轻了登记总分类账的工作量，易于理解，方便学习，并可做到试算平衡；缺点是科目汇总表不能反映各个账户之间的对应关系，不利于对账目进行检查。该账务处理程序适用于经济业务较多的单位。

【任务实施】

【例2－10】分析：

选择和设计账务处理程序，除了应对各种账务处理程序本身进行深入比较外，还应进一步考虑企业经营规模、业务特点、机构设置、人员安排和会计核算手段等因素。东方公司规模大，企业管理和决策对会计信息依赖性多，而且会计核算目标除了满足对外报告的需要外，更重要的是为企业管理服务，需要对内部提供较为详细的财务分析报告。因此，在选择账务处理程序时，一方面，要考虑处理大量会计信息的需要，另一方面要便于对会计信息进行分析。为此，可以采用汇总记账凭证或科目汇总表账务处理程序。如果编制汇总记账凭证工作量大，则应采用科目汇总表账务处理程序。

【总结回顾】

核算与监督是会计的两大基本职能。会计核算基于会计主体、持续经营、会计分期和货币计量四项基本假设，会计主体界定了核算的空间范围，持续经营为会计核算作出了时间规定，会计分期使核算工作有了本期与非本期的区分，使会计主体有了权责发生制和收付实现制两种不同的核算基础。施工企业会计的目标是向会计报告使用者提供有关企业财务状况、经营成果和现金流量等会计信息，会计信息应符合质量标准。会计的对象是资金运动，将会计对象具体化，可分为六大会计要素，进一步细分可分为若干会计科目。根据科目开设账户，可对大量繁杂的经济业务进行分类核算。企业广泛使用的记账方法是借贷记账法。会计核算主要采用七种方法：设置会计科目和账户、复式记账、填制和审核会计凭证、登记会计账簿、成本计算、财产清查、编制财务会计报告。它们相互联系、紧密结合，确保会计工作有序进行。适于企业特点的会计账务处理程序可提高工作效率。

技能训练

一、单项选择题

1. 会计需要以（　　　）作为主要计量单位。

A. 劳动　　　　　　　　　　　　　　B. 实物

C. 货币　　　　　　　　　　　　　　D. 人民币

2. 下列各项中，既是会计主体又是法律主体的是(　　)。

A. 分公司　　　　　　　　　　　　　B. 子公司

C. 子公司内设机构　　　　　　　　　D. 企业管理的证券投资基金

3. 会计基本职能包括(　　)。

A. 核算与监督　　　　　　　　　　　B. 参与经济决策

C. 预测经济前景　　　　　　　　　　D. 评价经营业绩

4. 会计目标也称会计目的，是要求会计工作完成的任务或达到的标准，即向财务会计报告使用者提供与企业财务状况、(　　)和现金流量等有关的会计信息。

A. 期末资产　　　　　　　　　　　　B. 期末利润

C. 经营成果　　　　　　　　　　　　D. 生产状况

5. 在中国境外设立的中国企业，在向国内报送财务报表时应当(　　)。

A. 使用当地法定货币　　　　　　　　B. 使用美元

C. 使用记账本位币　　　　　　　　　D. 折算为人民币

6. 下列各项中，要求企业应当按照交易或者事项的经济实质进行确认、计量和报告的会计信息质量要求是(　　)。

A. 可比性　　　　　　　　　　　　　B. 及时性

C. 重要性　　　　　　　　　　　　　D. 实质重于形式

7. 下列各项中，要求企业对于已经发生的交易或者事项，应当及时进行确认、计量和报告的会计信息质量要求是(　　)。

A. 谨慎性　　　　　　　　　　　　　B. 及时性

C. 重要性　　　　　　　　　　　　　D. 可理解性

8. 在会计六要素中，反映财务状况的会计要素在(　　)中列示。

A. 资产负债表　　　　　　　　　　　B. 利润表

C. 现金流量表　　　　　　　　　　　D. 所有者权益变动表

9. 下列资产中，不属于非流动性资产的是(　　)。

A. 长期股权投资　　　　　　　　　　B. 交易性金融资产

C. 固定资产　　　　　　　　　　　　D. 无形资产

10. 负债的本质特征是(　　)。

A. 负债是由企业过去的交易或者事项形成的

B. 负债是企业承担的现时义务

C. 负债预期会导致经济利益流出企业

D. 未来流出的经济利益的金额能够可靠地计量

11. 在年末财产清查中甲公司发现一台全新的未入账的设备(即资产盘盈)，其同类设备的市场价格为 5 万元。故认定该设备的价款为 5 万元，这是会计计量的(　　)属性。

A. 历史成本　　　　　　　　　　　　B. 现值

C. 公允价值　　　　　　　　　　　　D. 重置成本

12. 甲公司期末 A 种库存商品的账面价值为 100 万元，同期市场售价为 86 万元。估计销售该种库存商品需要发生销售费用等相关税费 8 万元。该种库存商品计价为 78 万元，这是会计计量的(   )属性。

    A. 公允价值   B. 现值

    C. 可变现净值   D. 重置成本

13.(   )是设置账户、复式记账和编制财务报表的理论依据。

    A. 会计对象   B. 会计科目

    C. 会计等式   D. 会计要素

14.(   )是复式记账法的理论基础，也是编制资产负债表的依据。

    A. 资产 = 权益   B. 资产 = 负债 + 所有者权益

    C. 收入 - 费用 = 利润   D. 资产 = 负债 + 所有者权益 + (收入 - 费用)

15. 基本会计等式是指(   )。

    A. 资产 = 权益   B. 资产 = 负债 + 所有者权益

    C. 收入 - 费用 = 利润   D. 资产 = 负债 + 所有者权益 + (收入 - 费用)

16. 下列各项中，会导致会计等式左右两边同时增加的经济业务是(   )。

    A. 从银行提取现金   B. 从银行借入短期借款

    C. 用资本公积转增资本   D. 签发商业汇票支付前欠货款

17. 某企业用盈余公积转增了实收资本，则此业务对会计要素的影响是(   )。

    A. 资产增加   B. 所有者权益增加

    C. 负债减少   D. 所有者权益不变

18.(   )不是设置会计科目的原则。

    A. 实用性原则   B. 相关性原则

    C. 权责发生制原则   D. 合法性原则

19. 下列有关账户的表述中，不正确的是(   )。

    A. 会计科目和账户所反映的会计对象的具体内容是完全相同的

    B. 会计科目是账户设置的依据

    C. 按照会计科目提供核算资料的详细程度，账户可以分为总分类账户和明细分类账户

    D. 账户是根据会计科目设置的，它没有格式和结构

20. "预付账款"科目按其所归属的会计要素不同，属于(   )类科目。

    A. 资产   B. 负债

    C. 所有者权益   D. 成本

21. 下列各项中，属于损益类科目的是(   )。

    A. 盈余公积   B. 固定资产

    C. 制造费用   D. 管理费用

22. 下列各项中，属于总分类账户与明细分类账户主要区别的是(   )。

    A. 记账内容不同   B. 记账方向不同

    C. 记账依据不同   D. 记录的详细程度不同

23. 企业"库存现金"账户期初余额为 5000 元，本期增加发生额为 3000 元，期末余额为 2000 元，则本期减少发生额为(   )元。

    A. 3000   B. 4000

C.5000　　　　　　　　　　　　　　　　　D.6000

24.下列关于会计科目与会计账户关系的表述中,正确的是(　　　)。

A.二者结构相同　　　　　　　　　　　　B.二者格式相同

C.二者内容相同　　　　　　　　　　　　D.二者互不相关

25.复式记账法是指对于每一笔经济业务,都必须用相等的金额在(　　　)相互联系的账户中进行登记,全面系统地反映会计要素增减变化的一种记账方法。

A.一个　　　　　　　　　　　　　　　　B.两个

C.一个或两个　　　　　　　　　　　　　D.两个或两个以上

26.从银行提取现金800元,一方面在库存现金账户登记增加800元,另一方面在银行存款账户登记减少800元,这属于(　　　)。

A.单式记账法　　　　　　　　　　　　　B.复式记账法

C.增减记账法　　　　　　　　　　　　　D.收付记账法

27.借贷记账法下,账户的左方称为借方,右方称为贷方。"借"表示(　　　),"贷"表示(　　　)。

A.增加;减少

B.减少;增加

C.增加;增加

D.可能是增加、减少,也可能是减少、增加;取决于账户的性质与所记录经济内容的性质

28.借贷记账法的记账规则是(　　　)。

A.全部账户借方期末(初)余额合计=全部账户贷方期末(初)余额合计

B."有借必有贷,借贷必相等"

C.期末贷方余额=期初贷方余额+本期贷方发生额—本期借方发生额

D.期末借方余额=期初借方余额+本期借方发生额—本期贷方发生额

29.下列不是外来的原始凭证的是(　　　)。

A.增值税专用票据　　　　　　　　　　　B.发票

C.飞机票　　　　　　　　　　　　　　　D.限额领料单

30.下列哪项属于会计科目名称(　　　)。

A.货币资金　　　　　　　　　　　　　　B.财产清查

C.工程施工　　　　　　　　　　　　　　D.存货

31.下列科目中,属于资产类科目的是(　　　)。

A.生产成本　　　　　　　　　　　　　　B.工程施工

C.待处理财产损益　　　　　　　　　　　D.所得税费用

32.下列不属于成本类科目的是(　　　)。

A.机械作业　　　　　　　　　　　　　　B.生产成本

C.工程施工　　　　　　　　　　　　　　D.原材料

33.会计分录记载于(　　　)中。

A.原始凭证　　　　　　　　　　　　　　B.记账凭证

C.会计账簿　　　　　　　　　　　　　　D.会计档案

34.试算平衡,是指根据( ),对所有账户的发生额和余额的汇总计算和比较,来检查记录是否正确的一种方法。

A.资产与权益的恒等关系

B.借贷记账法的记账规则

C.借贷记账法的记账规则和资产与权益的恒等关系

D.借贷记账法的记账规则和资产与所有者权益的恒等关系

35.( )是登记账簿的直接依据。

A.原始凭证   B.记账凭证

C.单据   D.累计凭证

36.( )是指由本单位有关部门和人员,在执行或完成某项经济业务时填制的,仅供本单位内部使用的原始凭证。

A.通用凭证   B.专用凭证

C.自制原始凭证   D.外来原始凭证

37.发料凭证汇总表是一种常用的( )。

A.一次凭证   B.累计凭证

C.汇总凭证   D.记账凭证

38.对账时,账账核对不包括( )。

A.总账各账户的余额核对   B.总账与明细账之间的核对

C.总账与备查账之间的核对   D.总账与日记账的核对

39.期末,企业将有关债权债务明细账账面余额与对方单位的账面记录进行核对,这种对账属于( )的内容。

A.账证核对   B.账账核对

C.账实核对   D.账表核对

40.下列各项中,属于各种账务处理程序之间主要区别的是( )。

A.填制记账凭证的直接依据不同   B.登记总分类账的依据和方法不同

C.编制财务报表的直接依据不同   D.登记明细分类账的依据和方法不同

41.( )是指对发生的经济业务,先根据原始凭证或汇总原始凭证填制记账凭证,再直接根据记账凭证登记总分类账的一种账务处理程序。

A.记账凭证账务处理程序   B.科目汇总表账务处理程序

C.汇总记账凭证账务处理程序   D.多栏式日记账账务处理程序

42.( )适用于规模较小、经济业务量较少的单位。

A.记账凭证账务处理程序   B.科目汇总表账务处理程序

C.汇总记账凭证账务处理程序   D.多栏式日记账账务处理程序

43.下列各项中,属于编制科目汇总表的根据是( )。

A.记账凭证   B.原始凭证

C.各种总账   D.原始凭证汇总表

44.( )是指记录经济业务发生或者完成情况的书面证明,是登记账簿的依据。

A.原始凭证   B.记账凭证

C.会计凭证   D.会计档案

45.（ ）是登记库存现金日记账、银行存款日记账以及有关明细账和总账等账簿的依据，也是出纳人员收记款项的依据。

A.转账凭证   B.收款凭证

C.付款凭证   D.复式凭证

46."生产成本"明细账应采用（ ）的账簿。

A.三栏式   B.数量金额式

C.多栏式   D.两栏式

47.银行存款日记账属于（ ）。

A.总分类账   B.明细分类账

C.序时账   D.备查账

二、多项选择题

1.会计监督职能，又称会计控制职能，是指对特定主体经济活动和相关会计核算的（ ）进行监督检查。

A.真实性   B.准确性

C.合理性   D.合法性

2.会计具有核算与监督两大职能。会计核算是会计监督的（ ）。

A.前提   B.补充

C.保障   D.基础

3.会计核算的方法主要包括（ ）。

A.设置科目和账户   B.复式记账

C.填制审核凭证   D.登账与编制报表

4.会计核算的基本前提是（ ）。

A.会计主体   B.持续经营

C.会计分期   D.货币计量

5.下列各项中，属于企业在贯彻会计信息质量的可靠性要求时应该做到的有（ ）。

A.财务会计报告中列示的会计信息应当是中立的

B.以实际发生的交易或者事项为依据进行确认、计量和报告

C.在符合重要性和成本效益原则的前提下，保证会计信息的完整性

D.财务会计报告中列示的会计信息应当与财务会计报告使用者的经济决策需要相关

6.下列关于会计信息质量的重要性要求表述中，正确的有（ ）。

A.重要性的应用需要依赖职业判断

B.易或事项是否重要仅取决于项目的性质

C.交易或者事项是否重要仅取决于金额的大小

D.交易或者事项是否重要既取决于项目的性质又取决于金额大小

7.所有者权益是指企业资产扣除负债后由所有者享有的剩余权益，具有（ ）特征。

A.所有者凭借所有者权益能够参与企业利润的分配

B.企业清算时，只有在清偿所有的负债后，所有者权益才返还给所有者

C.除非发生减资、清算或分派现金股利，企业不需要偿还所有者权益

D. 是所有者对企业资产的剩余索取权

8. 下列各项中，构成企业收入的有( )。

A. 取得罚款收入 400 元

B. 销售低值易耗品收入 500 元

C. 销售商品一批，价款 80 万元

D. 出租包装物，租金收入 1000 元

9. 下列关于账户的表述中，正确的有( )。

A. 账户具有一定格式和结构

B. 账户是根据会计科目设置的

C. 账户是用于分类反映会计要素增减变动情况及其结果的载体

D. 账户可根据其核算的经济内容、提供信息的详细程度及其统驭关系进行分类

10. 下列各项中，属于企业在设置会计科目时应遵循的原则有( )。

A. 灵活性原则

B. 合法性原则

C. 相关性原则

D. 实用性原则

11. 下列各项中，属于所有者权益类科目的有( )。

A. 实收资本

B. 盈余公积

C. 利润分配

D. 本年利润

12. 下列关于明细分类科目的表述中，正确的有( )。

A. 明细分类科目也称一级会计科目

B. 明细分类科目是对会计要素进行总括分类的科目

C. 明细分类科目是对总分类科目作进一步分类的科目

D. 明细分类科目是能提供更加详细具体会计信息的科目

13. 下列关于同一账户的四个金额要素之间基本关系的表述中，正确的有( )。

A. 本期期末余额 = 本期期初余额 + 本期增加发生额 - 本期减少发生额

B. 本期期末余额 - 本期期初余额 = 本期增加发生额 - 本期减少发生额

C. 本期期末余额 - 本期期初余额 - 本期增加发生额 = 本期减少发生额

D. 本期期末余额 + 本期减少发生额 = 本期期初余额 + 本期增加发生额

14. 下列关于会计科目和会计账户关系的表述中，正确的有( )。

A. 没有账户，会计科目就无法发挥作用

B 会计科目是账户的名称，也是设置账户的依据

C. 会计科目不存在结构，账户则具有一定的格式和结构

D. 二者都是对会计对象具体内容项目的分类，两者核算内容一致，性质相同

15. 下列关于原始凭证书写要求叙述正确的有( )。

A. 不得使用未经国务院公布的简化汉字

B. 大写金额到元或角为止的，后面要写"整"或"正"字；有分的，不写"整"或"正"字

C. 金额前要填写人民币符号"￥"，且与阿拉伯数字之间不得留有空白

D. 金额数字一律填写到角分，无角无分的，写"00"或符号"－"；有角无分的，分位写"0"，不得用符号"－"

16. 填制记账凭证，应做到( )。

A. 各项内容必须完整

B. 不得将不同内容和类别的原始凭证汇总填制在一张记账凭证上

C. 连续编号

D. 记账凭证填制完成后，如有空行，应当自金额栏后一笔金额数字下的空行处至合计数上的空行处划线注销

17. 下列的各项中，属于按照取得来源对原始凭证进行分类的有（　　）。

A. 一次凭证　　　　　　　　　　B. 专用凭证

C. 自制原始凭证　　　　　　　　D. 外来原始凭证

18. 下列各项中，属于专用记账凭证的有（　　）。

A. 收款凭证　　　　　　　　　　B. 付款凭证

C. 转账凭证　　　　　　　　　　D. 单式记账凭证

19. 会计凭证的作用主要有（　　）。

A. 记录经济业务，提供记账依据　　B. 监督经济活动，控制经济运行

C. 如实反映企业的经济业务　　　　D. 明确经济责任，强化内部控制

20. 下列关于试算平衡公式的表述中，正确的有（　　）。

A. 资产类账户借方发生额合计＝资产类账户贷方发生额合计

B. 负债类账户借方发生额合计＝负债类账户贷方发生额合计

C. 全部账户的借方期初余额合计＝全部账户的贷方期初余额合计

D. 全部账户本期借方发生额合计＝全部账户本期贷方发生额合计

21. 下列各项中，属于审核记账凭证时应审核的内容有（　　）。

A. 内容是否真实　　　　　　　　B. 项目是否齐全

C. 科目是否正确　　　　　　　　D. 金额是否正确

22. 下列需要划双红线的有（　　）。

A. 在"本月合计"的下面　　　　　B. 在"本年累计"的下面

C. 在12月末的"本年累计"的下面　D. 在"本年合计"下面

23. 账务处理程序，又称会计核算组织程序或会计核算形式，是指（　　）相结合的方式，包括账簿组织和记账程序。

A. 会计凭证　　　　　　　　　　B. 会计账簿

C. 会计档案　　　　　　　　　　D. 财务报表

24. 下列关于汇总记账凭证说法正确的有（　　）。

A. 当转账凭证较多时，编制汇总转账凭证的工作量较大

B. 不利于会计核算的日常分工

C. 减轻了登记总分类账的工作量

D. 先根据记账凭证编制汇总记账凭证，再根据汇总记账凭证登记总分类账。

25. 汇总记账凭证可以分为（　　）。

A. 汇总收款凭证　　　　　　　　B. 汇总付款凭证

C. 汇总转账凭证　　　　　　　　D. 汇总科目表凭证

26. 下列各项中，属于资产类科目的有（　　）。

A. 预收账款　　　　　　　　　　B. 库存现金

C. 应收账款　　　　　　　　　　D. 预付账款

27. 下列各项中，属于成本类科目的有（　　）。

A. 生产成本 B. 管理费用
C. 制造费用 D. 长期待摊费用

三、判断题

1. 权责发生制是以收到或支付现金作为确认收入和费用的标准。（　　）

2. 根据收付实现制，凡是不属于当期的收入和费用，即使款项已在当期收付，也不应当作为当期的收入和费用。（　　）

3. 在发生经济业务时，单式记账法只在一个账户中登记，复式记账法则在两个账户中登记。（　　）

4. 原始凭证必须有经办人员的签名。（　　）

5. 对于将现金存入银行的经济业务，一般只填制收款凭证，不再填制付款凭证。（　　）

6. 试算平衡时，试算平衡了，并不能说明账户记录是绝对正确的。（　　）

7. 所有者权益类账户增加记借方，减少记贷方，期末无余额。（　　）

8. 会计科目的设置应该符合国家统一会计准则的规定，企业不可以自行设置会计科目。（　　）

9. 现金日记账的期末余额合计与现金总账期末余额的核对不属于对账。（　　）

10. 先将所有记账凭证汇总编制成科目汇总表，然后以科目汇总表为依据登记总账，这是记账凭证账务处理程序的特点。（　　）

四、综合训练题

1. 天华工程公司 2017 年 1 月发生以下经济业务：
(1) 销售一批产品价款 150000 元，款项约定于一个月后收取；
(2) 预收一笔工程款 80000 元，合同约定于 6 月 20 日工程交付；
(3) 预付全年物业费 12000 元；
(4) 收到上月货款 50000 元；
(5) 缴纳全年保险费 7200 元；
(6) 发生广告费 20000 元，尚未支付；
(7) 交本月水电费 4000 元；
(8) 签订一份加工合同，合同约定为中兴公司加工构件，价款共 30000 元，下月交货。
要求：分别按照权责发生制和收付实现制确认本月收入与费用。

2. 宏达公司 2017 年 2 月发生以下经济业务：
(1) 2 月 1 日，收到南方公司投资入股的设备一台，价值 650000 元；
(2) 2 月 3 日，从建设银行银行借入期限为 6 个月的借款 1000000 元存入银行；
(3) 2 月 3 日，以银行存款偿还工商银行短期借款 300000 元；
(4) 2 月 4 日，以银行存款支付应交税金 12900 元；
(5) 2 月 5 日，现金购买办公用品 600 元；
(6) 2 月 10 日，购买材料 100000 元，取得增值税专用发票，增值税额 17000 元，材料已验收入库，签发一张 3 个月到期的商业汇票支付货款；
(7) 2 月 16 日，业务员张林出差借支差旅费 5000 元，现金付讫；

(8)2 月 20 日，购买材料 400000 元，其中用银行存款支付 200000 元，其余货款尚欠，材料已验收入库；

(9)2 月 24 日，销售一批商品混凝土给大唐公司，价值 80000 元，增值税 13600 元，偿还前欠货款 75800 元，其余收到款项转账支票；

(10)2 月 28 日，从银行提现发放本月工资 150000 元。

2017 年 1 月末账户余额情况如表 2－8 所示。

表 2－8　账户余额表
2017 年 1 月 31 日

会计科目	借方余额	会计科目	贷方余额
库存现金	15800	短期借款	300000
银行存款	380000	应付票据	20000
原材料	500000	应付账款	75800
应收账款	400000		
固定资产	4800000	实收资本	5700000
合计	6095800	合计	6095800

要求：

(1)根据以上资料开设 T 形账户，并登记期初余额；

(2)编制会计分录；

(3)根据所编制会计分录登记 T 形账户，并在月末结账；

(4)编制试算平衡表。

3.大地公司在 7 月 6 日对上半年账务进行内部审计时发现，当年账目存在以下三笔错误：

(1)3 月 5 日记字 9 号凭证，行政管理部门购入办公用品 1200 元，货款用银行存款支付。记账凭证所反映的会计分录是：

借：管理费用　　　　　　　　　　　　　　　　1200
　　贷：库存现金　　　　　　　　　　　　　　　　1200

(2)5 月 21 日记字 68 号凭证，生产车间领用一批工具(低值易耗品)，价值 800 元。记账凭证所反映的会计分录是：

借：制造费用　　　　　　　　　　　　　　　　8000
　　贷：低值易耗品　　　　　　　　　　　　　　　8000

(3)6 月 13 日记字 34 号凭证，收到大华公司归还前欠货款 58600 元，记账凭证所反映的会计分录是：

借：银行存款　　　　　　　　　　　　　　　　56800
　　贷：应收账款——大华公司　　　　　　　　　　56800

请更正错账。

项目三　施工企业设立环节会计处理

【项目导入】

公司设立登记

某建工集团总公司是湖南省属的大型国有企业。2016 年 5 月 3 日，董事会决定在湘西设立一家子公司，注册资本为 500 万元，其中母公司出资 300 万元，包括现金出资 83.5 万元、价值 200 万元的位于世纪大道 3 号的房产及一辆价值 16.5 万元的大众小车 (已开具增值税专用发票)，持有公司 60% 的股份；另有中天建筑有限责任公司和大华装饰有限责任公司分别投资 100 万元，各占 20% 的股份。公司筹建期 1 个月，期间共发生以下费用支出：工商登记注册费用共计 20938 元，庆典礼品费 4600 元；工资费用支出 8700 元；办公费 6512 元；广告费 8000 元；业务招待费 2376 元；选派职工李明外出进修学习费用 2000 元；印花税 1540 元。

你知道该如何进行公司注册登记吗？发生相关费用又该如何进行会计处理呢？

【学有所获】

通过本项目的学习，你将收获：

➢了解设立施工企业的常识；

➢懂得注册资本和实收资本的区别；

➢掌握实收资本的账务处理；

➢掌握资本公积的账务处理；

➢掌握开办费的账务处理；

➢掌握印花税的账务处理；

➢能正确处理施工企业设立环节的会计事项。

任务一　施工企业设立环节财务认知

【任务描述】

理解公司登记的定义及分类；熟悉公司设立登记管辖机关；了解公司设立登记事项；理解公司设立的条件；了解公司设立登记应提交的文件；熟悉公司设立登记程序；能指导案例中某建工集团总公司湘西子公司的设立登记。

【知识准备】

一、公司登记的定义及分类

公司登记是指公司在设立、变更、终止时，依法在公司注册登记机关由申请人提出申请，主管机关审查无误后予以核准并记载法定登记事项的行为。

公司登记通常分为公司设立登记、公司变更登记和公司解散登记等。

1. 公司设立登记

设立登记是公司设立过程中所作的登记。设立公司，应当依法向公司登记机关申请设立登记。依法设立的公司，由公司登记机关发给《企业法人营业执照》。公司凭《企业法人营业执照》刻制印章，开立银行账户，申请纳税登记。公司营业执照签发日期为公司成立日期。

2. 公司变更登记

变更登记是改变公司名称、住所、经营方式、注册资金、经营期限等原来的登记注册事项以及增设或撤销公司分支机构等所作的登记。

3. 公司解散登记

解散登记是指公司解散时进行的注销登记。

【提示】 工商行政管理机关是公司登记机关。未经公司登记机关登记的，不得以公司名义从事经营活动。

二、公司设立登记管辖

1. 国家工商行政管理总局负责下列公司的登记

(1)国务院国有资产监督管理机构履行出资人职责的公司以及该公司投资设立并持有50%以上股份的公司；

(2)外商投资的公司；

(3)依照法律、行政法规或者国务院决定的规定，应当由国家工商行政管理总局登记的公司；

(4)国家工商行政管理总局规定应当由其登记的其他公司。

2. 省、自治区、直辖市工商行政管理局负责本辖区内下列公司的登记

(1)省、自治区、直辖市人民政府国有资产监督管理机构履行出资人职责的公司以及该公司投资设立并持有50%以上股份的公司；

(2)省、自治区、直辖市工商行政管理局规定由其登记的自然人投资设立的公司；

(3)依照法律、行政法规或者国务院决定的规定，应当由省、自治区、直辖市工商行政管理局登记的公司；

(4)国家工商行政管理总局授权登记的其他公司。

3. 设区的市(地区)工商行政管理局、县工商行政管理局，以及直辖市的工商行政管理分局、设区的市工商行政管理局的区分局，负责本辖区内下列公司的登记

(1)国家工商行政管理总局和省、自治区、直辖市工商行政管理局登记管辖范围以外的公司；

(2)国家工商行政管理总局和省、自治区、直辖市工商行政管理局授权登记的公司。

(3)股份有限公司由设区的市(地区)工商行政管理局负责登记。

三、公司设立登记事项

公司的登记事项应当符合法律、行政法规的规定。登记事项包括：

(1)名称；

(2)住所；

(3)法定代表人姓名；

(4)注册资本；

(5)公司类型；

(6)经营范围；

(7)营业期限；

(8)有限责任公司股东或者股份有限公司发起人的姓名或者名称。

四、公司设立的条件

1. 设立有限责任公司应当具备的条件

(1)股东符合法定人数(50个以下)；

(2)有符合公司章程规定的全体股东认缴的出资额；

(3)股东共同制定公司章程；

(4)有公司名称，建立符合有限责任公司要求的组织机构；

(5)有公司住所。

【提示】 有限责任公司的注册资本为在公司登记机关登记的全体股东认缴的出资额。公司成立后，股东不得抽逃出资。

2. 设立股份有限公司应当具备的条件

(1)发起人符合法定人数(2人以上200人以下，其中须有半数以上的发起人在中国境内有住所)；

(2)有符合公司章程规定的全体发起人认购的股本总额或者募集的实收股本总额；

(3)股份发行、筹办事项符合法律规定；

(4)发起人制订公司章程，采用募集方式设立的经创立大会通过；

(5)有公司名称，建立符合股份有限公司要求的组织机构；

(6)有公司住所。

【提示】 股份有限公司的设立，可以采取发起设立或者募集设立的方式。发起设立，是指由发起人认购公司应发行的全部股份而设立公司。募集设立，是指由发起人认购公司应发行股份的一部分，其余股份向社会公开募集或者向特定对象募集而设立公司。

五、公司设立登记应提交的文件

1. 申请设立有限责任公司

设立有限责任公司，应当由全体股东指定的代表或者共同委托的代理人向公司登记机关申请设立登记，应当提交的文件包括：

(1)公司法定代表人签署的设立登记申请书；

(2)全体股东指定代表或者共同委托代理人的证明；

(3)公司章程；

(4)股东的主体资格证明或者自然人身份证明；

(5)载明公司董事、监事、经理的姓名、住所的文件以及有关委派、选举或者聘用的证明；

　　（6）公司法定代表人任职文件和身份证明；

　　（7）企业名称预先核准通知书；

　　（8）公司住所证明；

　　（9）国家工商行政管理总局规定要求提交的其他文件。

　　2.申请设立股份有限公司

　　设立股份有限公司，应当由董事会向公司登记机关申请设立登记。以募集方式设立股份有限公司的，应当于创立大会结束后30日内向公司登记机关申请设立登记。应当提交的文件包括：

　　（1）公司法定代表人签署的设立登记申请书；

　　（2）董事会指定代表或者共同委托代理人的证明；

　　（3）公司章程；

　　（4）发起人的主体资格证明或者自然人身份证明；

　　（5）载明公司董事、监事、经理姓名、住所的文件以及有关委派、选举或者聘用的证明；

　　（6）公司法定代表人任职文件和身份证明；

　　（7）企业名称预先核准通知书；

　　（8）公司住所证明；

　　（9）国家工商行政管理总局规定要求提交的其他文件。

　　以募集方式设立股份有限公司的，还应当提交创立大会的会议记录以及依法设立的验资机构出具的验资证明。

　　【提示】　设立公司应当申请名称预先核准。预先核准的公司名称保留期为6个月，在保留期内，不得用于从事经营活动，不得转让。

六、公司设立登记程序

　　1.申请人提出申请

　　申请人可以到公司登记机关提交申请，也可以通过信函、电报、电传、传真、电子数据交换和电子邮件等方式提出申请。

　　2.公司登记机关作出是否受理的决定

　　申请文件、材料齐全，符合法定形式的，或者申请人按照公司登记机关的要求提交全部补正申请文件、材料的，公司登记机关予以受理。对于通过信函、电报、电传、传真、电子数据交换和电子邮件等方式提出申请的，公司登记机关自收到申请文件、材料之日起5日内作出是否受理的决定。若同意受理，则出具《受理通知书》；决定不予受理的，出具《不予受理通知书》，说明不予受理的理由，并告知申请人享有依法申请行政复议或者提起行政诉讼的权利。

　　3.公司登记机关作出是否准予登记的决定

　　公司登记机关对决定予以受理的登记申请，在规定的期限内作出是否准予登记的决定。对申请人到公司登记机关提出的申请予以受理的，当场作出是否准予登记的决定；对于通过信函、电报、电传、传真、电子数据交换和电子邮件等方式提出申请的，自受理之日起15日内作出是否准予登记的决定。作出准予公司设立登记决定的，出具《准予设立登记通知书》，告知申请人自决定之日起10日内，领取营业执照。

4. 缴纳登记费

公司办理设立登记，应当按照规定向公司登记机关缴纳登记费并在规定日期内领取营业执照。费用标准为：领取《企业法人营业执照》的，设立登记费按注册资本总额的 0.8‰ 缴纳；注册资本超过 1000 万元的，超过部分按 0.4‰ 缴纳；注册资本超过 1 亿元的，超过部分不再缴纳。领取《营业执照》的，设立登记费为 300 元。

5. 公示

公司登记机关应当将公司登记、备案信息通过企业信用信息公示系统向社会公示。

【提示】 关于公司登记的新政策：

(1) 具备企业法人条件的全民所有制企业、集体所有制企业、联营企业、在中国境内设立的外商投资企业(包括中外合资经营企业、中外合作经营企业、外资企业)和其他企业，根据国家法律、法规及本细则有关规定，申请"企业法人登记"，领取《企业法人营业执照》。不具备企业法人条件的企业和经营单位，如企业法人所属的分支机构、外商投资企业设立的分支机构、其他从事经营活动的单位等应当申请"营业登记"，领取《营业执照》。

(2) 根据《国家税务总局关于落实"三证合一"登记制度改革的通知》规定，2015 年 10 月 1 日在全国全面推行"三证合一、一照一码"登记改革。所谓"三证合一"，即把过去的营业执照、组织机构代码证、税务登记证合并为一个证件；所谓"一照一码"即把过去企业拥有的工商注册号、组织代码号、税号等三个号码合并为一个代码，便于企业操作。改革后，原由工商行政管理、质量技术监督、税务三个部门分别核发不同证照，改为由工商行政管理部门核发加载法人和其他组织统一社会信用代码的营业执照，组织机构代码证和税务登记证不再发放，企业凭加载统一代码的营业执照办理相关业务。

【任务实施】

导入案例中，某建工集团总公司湘西子公司登记注册业务指导：

该子公司属于湖南省人民政府国有资产监督管理机构履行出资人职责并持有 50% 以上股份的公司；应当由全体股东指定的代表或者共同委托的代理人向湖南省工商行政管理局申请设立登记，公司类型为有限责任公司，注册资本 500 万元。申请登记应当提交的文件包括：

(1) 公司法定代表人签署的设立登记申请书；

(2) 母公司指定代表或者委托代理人的证明；

(3) 公司章程；

(4) 母公司的主体资格证明；

(5) 载明公司董事、监事、经理的姓名、住所的文件以及有关委派、选举或者聘用的证明；

(6) 公司法定代表人任职文件和身份证明；

(7) 企业名称预先核准通知书；

(8) 公司住所证明；

(9) 国家工商行政管理总局规定要求提交的其他文件。

湖南省工商行政管理局作出准予登记的决定后，出具《准予设立登记通知书》，告知申请人自决定之日起 10 日内领取营业执照。申请人缴纳登记费 4000 元($5000000 \times 0.8‰$)，领取《企业法人营业执照》。湖南省工商行政管理局将公司登记、备案信息通过企业信用信息公示系统向社会公示。公司凭《企业法人营业执照》刻制印章，开立银行账户，申请纳税登记。公司营业执照签发日期即为公司成立日期。

任务二　施工企业设立环节会计处理

【任务描述】

理解实收资本、资本公积、开办费、印花税的概念；能准确区分注册资本和实收资本；了解施工环节的资金运动；掌握实收资本的账务处理；掌握资本公积的账务处理；掌握开办费的账务处理；掌握印花税的账务处理；学会施工企业设立环节的会计处理，并完成导入案例中湘西子公司设立时的会计处理。

【知识准备】

一、实收资本的会计处理

实收资本是指企业实际收到的投资人投入的资本总额。为了反映和监督投资者投入资本的增减变动情况，企业应设置"实收资本"或"股本"账户，并按投资人设置明细账，进行明细分类核算。其贷方登记实际收到投资者投入的资本，以及资本公积、盈余资本公积转增资本数额；借方登记按规定程序减少注册资本和因企业破产或其他原因终止经营清算时退出企业的资本数额，期末贷方余额表示企业实收资本的实有数额。

企业收到所有者投入的资本后，应根据有关原始凭证(如投资清单、银行通知单等)，区别不同的出资方式进行会计处理。

【提示】　除股份有限公司以外的各类企业通过"实收资本"科目核算，股份有限公司通过"股本"科目核算。

(一)接受现金资产投资的会计处理

【例3-1】　2016年5月12日，甲、乙、丙共同投资设立H有限责任公司，注册资本为1000000元，甲、乙、丙持股比例分别为51%，29%和20%。按照章程规定，甲、乙、丙投入资本分别为510000元、290000元和200000元。H公司已如期收到投资各方一次缴足的款项。H公司在进行会计处理时，应编制会计分录如下：

借：银行存款　　　　　　　　　　　　　　1000000
　贷：实收资本——甲　　　　　　　　　　　　510000
　　　　　　——乙　　　　　　　　　　　　290000
　　　　　　——丙　　　　　　　　　　　　200000

【提示】　如果是股份有限公司，则贷方为"股本"。实收资本(股本)的构成比例即投资者的出资比例或股东的股份比例，是确定所有者在企业所有者权益中所占的份额和参与企业财务经营决策的基础，也是企业进行利润(股利)分配的依据，企业清算时以此作为所有者对净资产的要求权的依据。

(二)接受非现金资产投资的会计处理

我国《公司法》规定，股东可以用货币出资，也可以用实物、知识产权、土地使用权等非货币财产作价出资；法律、行政法规规定不得作为出资的财产除外。全体股东的货币出资金额不得低于有限责任公司注册资本的30%。对作为出资的非货币财产应当可以用货币估价并可以依法转让,且不得高估或者低估作价。法律、行政法规对评估作价有规定的,从其规定。不论以何种方式出资,投资者如在投资过程中违反投资合约,不按规定如期缴足出资额,企业可以依法追究投资者的违约责任。

企业接受非现金资产投资时,应按投资合同或协议约定价值确定非现金资产的价值(投资合同或协议约定价值不公允的除外)和在注册资本中应享有的份额。

1. 接受投入固定资产的会计处理

【例3-2】 2016年6月1日,A建筑有限责任公司收到大华公司作为资本投入的不需要安装的生产用机器设备一台,合同约定该机器设备的价值为1000000元(与公允价值相符),增值税进项税额为170000元,已取得增值税专用发票。不考虑其他因素,A建筑有限责任公司进行会计处理时,应编制会计分录如下:

借:固定资产——生产经营用设备　　　　　　　　　　　　1000000
　　应交税费——应交增值税(进项税额)　　　　　　　　　170000
　　　贷:实收资本——大华公司　　　　　　　　　　　　　　　1170000

【提示】 2016年5月1日起,建筑业实行"营改增",即停止征收营业税改征增值税,原增值税一般纳税人购进不动产取得的增值税专用发票上注明的增值税额为进项税额,准予从销项税额中抵扣。因此,增值税进项税额170000元单独列支。该项固定资产合同约定的价值与公允价值相符,因此,可按合同约定金额贷记"实收资本"科目。

2. 接受投入原材料的会计处理

【例3-3】 2016年6月1日,A建筑有限责任公司收到长丰公司作为资本投入的原材料一批,合同约定该批原材料价值为100000元(与公允价值相符),增值税进项税额为17000元。长丰公司已开具增值税专用发票,该进项税额允许抵扣。不考虑其他因素,A建筑有限责任公司在进行会计处理时,应编制会计分类如下:

借:原材料　　　　　　　　　　　　　　　　　　　　　　　100000
　　应交税费—应交增值税(进项税额)　　　　　　　　　　　17000
　　　贷:实收资本—长丰公司　　　　　　　　　　　　　　　　117000

3. 接受投入无形资产的会计处理

【例3-4】 2016年6月18日,山河装饰工程公司设立,收到花城公司作为资本投入的非专利技术一项,该非专利技术投资合同约定价值为100000元(与公允价值相符);同时收到湘东公司作为资本投入的土地使用权一项,投资合同约定含税价值为180000元(与公允价值相符)。山河装饰工程公司接受该非专利技术和土地使用权符合国家注册资本管理的有关规定,可按合同约定作为实收资本入账。不考虑税费因素,该公司在进行会计处理时,应编制会计分录如下:

借:无形资产——非专利技术　　　　　　　　　　　　　　　100000
　　　　　　——土地使用权　　　　　　　　　　　　　　　180000
　　　贷:实收资本——花城公司　　　　　　　　　　　　　　　100000
　　　　　　　　　——湘东公司　　　　　　　　　　　　　　　180000

【提示】 2016年5月1日起,建筑业实行"营改增",原增值税一般纳税人购进服务、无形资产或者不动产,取得的增值税专用发票上注明的增值税额为进项税额,准予从销项税额中抵扣;未取得增值税专用发票的不予抵扣。非专利技术与土地使用权均为无形资产,因此，取得增值税专用发票的增值税进项税额 17000 元单独列支。

二、资本公积的会计处理

资本公积是所有者权益的组成部分，指企业收到投资者出资超出其在注册资本或股本中所占的份额以及直接计入所有者权益的利得和损失等。

资本公积是与企业收益无关而与资本相关的贷项。会计准则所规定的可计入资本公积的贷项有四个内容：资本（股本）溢价、其他资本公积、资产评估增值、资本折算差额。

企业创立时，要经过筹建、试生产经营、开辟市场等过程，投资风险比较大。当企业进入正常生产经营，风险相对较小，资本利润率一般要高于创立阶段。这是企业创立者付出了代价的，所以新加入的投资者要付出大于原投资者的出资额，才能取得与原有投资者相同的投资比例。投资者投入的资本中按其投资比例计算的出资额部分，应计入"实收资本"账户；超出部分计入"资本公积——资本溢价"账户。

资本公积应设置的明细科目有"资本（或股本）溢价""其他资本公积"等明细科目。

三、开办费的会计处理

开办费是指企业在筹建期间内发生的人员工资、办公费、培训费、差旅费、印刷费、注册登记费以及不计入固定资产成本的借款费用等。具体开支范围：

（1）筹建人员的工资、保险以及职工福利费等；

（2）筹建机构的办公费、差旅费（含市内交通费）、印刷费、咨询调查费、交际应酬费、通讯费等；

（3）董事会费或者等同于董事会的机构会议费用；

（4）企业登记的费用：主要包括工商等政府机关登记费、政府机关注册的代理费、验资费、审计费、税务登记费、公证费、注册资本印花税等；

（5）职工在筹建期间外出学习培训的费用；

（6）专家进行技术指导和培训的劳务费及相关费用；

（7）企业资产的折旧、摊销、报废和毁损等；

（8）注册资本的费用：主要是指资金来往的手续费以及不计入固定资产和无形资产的汇兑损益和利息等；

（9）开工典礼费；

（10）中外合资经营企业、中外合作经营企业在其所签订的合资、合作协议（合同）被批准之前，合资、合作各方为进行可行性研究而共同发生的费用，经当地税务机关审核同意后，可准予列为企业的开办费；

（11）除中外合资经营企业、中外合作经营企业外的其他企业，经投资人确认由企业负担的进行可行性研究所发生的费用。

【提示】　筹建期是指从企业被批准筹建之日起至开始生产、经营（包括试生产、试营业）之日的期间。

筹建期间发生的下列费用不列入开办费：

（1）购建机器设备、建筑设施、各项无形资产等支出；

（2）根据合同、协议、章程的规定应由投资者自行负担的费用；

（3）外商投资企业签订合同之前投资各方为筹建企业而发生的各项费用支出，应由支出各方自行负担；

（4）投资方因投入资本自行筹措款项所支付的利息，不得计入开办费，应由出资方自行负担；

（5）以外币现金存入银行而支付的手续费，该费用应由投资者负担；

（6）以外币汇入的注册资本因投资合同中规定的记账汇率和实际汇率不同产生的差额属于资本公积。

开办费在实际发生时，借记"管理费用——开办费"，贷记"银行存款"等科目。

【提示】 新税法中开办费未明确列作长期待摊费用，企业可以在开始经营之日的当年一次性扣除，也可以按照新税法有关长期待摊费用的规定处理，但一经选定，不得改变。

四、印花税的会计处理

建筑施工企业在签订建设工程承包合同、购销合同、借款合同、建立营业账簿、财产租赁及申请办理权利、许可证照等方面都要涉及印花税问题。其适用的印花税税率分别为：工程承包合同和购销合同 0.3‰；借款合同 0.05‰；生产经营用账簿，适用固定税率，按件贴花 5 元；记载资金的账簿，按实收资本和资本公积金额之和适用 0.5‰的税率；财产租赁适用 1‰的税率；权利、许可证照适用固定税率，按件贴花 5 元。

企业应根据印花税应纳税凭证的性质，分别按比例税率或者定额税率计算。印花税计算公式如下：

$$应纳税额 = 印花税应税凭证所记载的计税金额 \times 适用的比例税率$$
$$应纳税额 = 印花税应税凭证件数 \times 固定税额$$

印花税实际发生时，借记"税金及附加——印花税"，贷记"银行存款"等科目。

【提示】 根据《财政部关于印发增值税会计处理规定的通知》(财会〔2016〕22 号)规定，全面试行营业税改征增值税后，"营业税金及附加"科目名称调整为"税金及附加"科目，该科目核算企业经营活动发生的消费税、城市维护建设税、资源税、教育费附加及房产税、土地使用税、车船使用税、印花税等相关税费。

【任务实施】

1. 分析注册资本与实收资本的区别

注册资本是企业向工商行政管理机关登记注册的资本总额，它界定了投资者对企业承担的最大偿债责任。实收资本是指投资者按照企业章程或合同、协议的约定，实际投入企业的资本，即企业收到的各投资者根据合同、协议、章程规定实际交纳的资本数额。一般情况下，企业的实收资本等于其在登记机关登记的注册资本。但是，根据公司法的规定，注册资本可以分期注入资金，因此，注册资本 = 实收资本 + 未收资本。

2. 某建工集团总公司湘西子公司收到母公司出资的会计处理

（1）分析：

3#房产的入账价值 = 2000000 ÷ (1 + 11%) = 1801801.80(元)

房产应交增值税进项税额 = (2000000 - 1801801.80) × 60% = 118918.92(元)

房产待抵扣进项税额 = (2000000 - 1801801.80) × 40% = 79279.28(元)

【提示】 2016 年 5 月 1 日后取得并在会计制度上按固定资产核算的不动产或不动产在

建工程，其进项税额应自取得之日起分 2 年从销项税额中抵扣，第一年抵扣比例为 60%，第二年抵扣比例为 40%。

大众小车的入账价值 = 165000 ÷ (1 + 17%) = 141025.64(元)

小车应交增值税的进项税额 = 165000 - 141025.64 = 23974.36(元)

【提示】 固定资产中不动产的增值税税率为 11%；动产的增值税税率为 17%。含税价格换算为不含税价格的计算公式为：含税价格 ÷ (1 + 增值税税率) = 不含税价格。

(2)根据投资合同、投资清单、银行通知单等编制会计分录如下：

借：银行存款　　　　　　　　　　　　　　　835000

固定资产——3#房产　　　　　　　　　1801801.80

固定资产——大众小车　　　　　　　　141025.64

应交税费——应交增值税(进项税额)　　142893.28

　　　　　——待抵扣进项税款　　　　79279.28

贷：实收资本——某建工集团总公司　　　3000000

3.某建工集团总公司湘西子公司收到中天建筑有限责任公司出资的会计处理

根据投资合同、银行通知单等编制会计分录如下：

借：银行存款　　　　　　　　　　　　　　　1000000

贷：实收资本——中天建筑有限责任公司　1000000

4.某建工集团总公司湘西子公司收到大华装饰有限责任公司出资的会计处理

根据投资合同、银行通知单等编制会计分录如下：

借：银行存款　　　　　　　　　　　　　　　1000000

贷：实收资本——大华装饰有限责任公司　1000000

【总结回顾】

设立公司，应当依法向工商行政管理部门申请设立登记，领取《企业法人营业执照》，凭此刻制印章，开立银行账户，申请纳税登记。公司类型主要有股份有限公司和有限责任公司，其设立条件有所不同。公司营业执照签发日期即为公司成立日期。未经公司登记机关登记的，不得以公司名义从事经营活动。施工企业在设立环节涉及的资金，主要包括实际收到的投资方投入的资金、接受捐赠、拨款转入资金以及筹建期间的开办费、印花税等，应设置"实收资本"或"股本""资本公积""应交税费""管理费用"等科目进行核算。

技能训练

一、单项选择题

1.我国公司法规定，公司的成立日期为(　　)

A.股东出资缴足以后　　　　　　　　B.营业执照签发之日

C.公司章程制定之日　　　　　　　　D.创立大会召开之日

2.某国有企业拟改制为公司。除 5 个法人股东作为发起人外，拟将企业的 190 名员工都作为改制后公司的股东，上述法人股东和自然人股东作为公司设立后的全部股东。根据我国

公司法的规定，该企业的公司制改革应当选择下列哪种方式？（　　　）

A. 可将企业改制为有限责任公司，由上述法人股东和自然人股东出资并拥有股份

B. 可将企业改制为股份有限公司，由上述法人股东和自然人股东以发起方式设立

C. 企业员工不能持有公司股份，该企业如果进行公司制改革，应当通过向社会公开募集股份的方式进行

D. 经批准可以突破有限责任公司对股东人数的限制，公司形式仍然可为有限责任公司

3. 以下关于企业登记费说法错误的是（　　　）。

A. 领取《企业法人营业执照》的，设立登记费按注册资本总额的 0.8‰ 缴纳

B. 注册资本超过 1000 万元的，超过部分按 0.4‰ 缴纳

C. 注册资本超过 1 亿元的，超过部分不再缴纳

D. 领取《营业执照》的，设立登记费按注册资本总额的 0.8‰ 缴纳

4. 以下费用开支不能计入开办费的是（　　　）。

A. 购建机器设备、建筑设施、各项无形资产等支出

B. 筹建人员的工资、保险以及职工福利费等

C. 筹建机构的办公费、差旅费（含市内交通费）、印刷费、通讯费等

D. 职工在筹建期间外出学习培训的费用

5. 企业增资扩股时，投资者实际缴纳的出资额大于其约定比例计算的其在注册资本中所占的份额部分，应记入的总账科目是（　　　）。

A. 资本溢价　　　　　　　　　　B. 实收资本

C. 资本公积　　　　　　　　　　D. 盈余公积

二、多项选择题

1. 属于公司设立的条件有（　　　）

A. 股东或发起人符合法定人数　　B. 达到法定资本最低限额

C. 必须登记前得到审批　　　　　D. 必须具有公司章程

2. 公司设立登记程序包括（　　　）

A. 申请人提出申请

B. 公司登记机关作出是否受理及准予登记的决定

C. 缴纳登记费

D. 公示

3. 以下关于公司设立登记管辖问题描述正确的有（　　　）

A. 自然人投资设立的公司由设区的市（地区）工商行政管理局负责登记

B. 股份有限公司由省、自治区、直辖市工商行政管理局负责登记

C. 外商投资的公司由国家工商行政管理总局负责登记

D. 省人民政府国有资产监督管理机构履行出资人职责的公司以及该公司投资设立并持有 50% 以上股份的公司由省工商行政管理局负责登记

4. 以下费用开支计入开办费的有（　　　）。

A. 企业注册登记的费用

B. 开工典礼费

C. 经投资人确认由企业负担的进行可行性研究所发生的费用

D. 投资方因投入资本自行筹措款项所支付的利息

三、判断题

1. 公司成立与公司设立是一回事，取得营业执照就表示公司成立了。（　　）

2. 设立公司应当申请名称预先核准。预先核准的公司名称保留期为 6 个月，在保留期内可用于从事经营活动。（　　）

3. 公司名称经公司登记机关核准后即可刻制印章，开立银行账户，然后凭《企业法人营业执照》申请纳税登记。（　　）

4. 有限责任公司的注册资本为在公司登记机关登记的全体股东认缴的出资额。公司成立后，股东不得抽逃出资。（　　）

5. 企业接受非现金资产投资时，应按投资合同约定价值确定非现金资产的价值和在注册资本中应享有的份额。（　　）

6. 企业实际收到投资者投入的资本在"实收资本"或"股本"账户的贷方进行登记，资本公积、盈余资本公积转增资本时也在贷方登记。（　　）

7. 企业筹建期间发生的开办费应计入"管理费用——开办费"的借方。（　　）

8. 实收资本（股本）的构成比例即投资者的出资比例或股东的股份比例，是企业进行利润（股利）分配的依据。（　　）

9. 增值税一般纳税人购进服务、无形资产或者不动产，取得的增值税专用发票上注明的增值税额为进项税额，准予从销项税额中抵扣，记账时应单独列支。（　　）

10. 企业应按实收资本与资本公积之和的万分之五交纳印花税，以后每年以新增数计算交纳。这笔费用应计入"应交税费"账户。（　　）

四、综合训练题

1. 李建军在建筑业摸爬滚打了十多年，积累了一些资金，计划自己开办一家工程公司，名字都想好了，就叫华夏工程公司，注册资金 300 万元，可他不懂该怎么申办。请帮他拟定一份详细的公司注册登记方案。

2. 2016 年 6 月 15 日，CC 建筑有限责任公司收到中天公司作为资本投入的原材料一批，合同约定该批原材料价值为 200000 元（与公允价值相符），增值税进项税额为 34000 元。长丰公司已开具增值税专用发票，该进项税额允许抵扣。不考虑其他因素，要求对 CC 建筑有限责任公司的该笔业务进行账务处理。

3. 兴华股份有限公司发行普通股 10000000 股，每股面值 1 元，每股发行价格 5 元。股票发行成功，股款 50000000 元已全部收到。不考虑发行过程中的税费等因素，要求对兴华股份有限公司的该笔业务进行账务处理。

4. 某施工企业由 4 个投资者各出资 50 万元设立，设立时的资金为 200 万元。3 年后，蓝天公司愿意出资 70 万元，取得公司 20% 的产权，经协商同意其加入。要求对该经济业务事项进行账务处理。

项目四　施工企业准备环节会计处理

【项目导入】

湘西公司顺利成立了。接下来，企业需要紧跟市场，积极参与工程投标，拿到建设工程合同，进行成本预测，掌握未来的成本水平及其变动趋势，并根据业务需要准确预测资金的需求量，确定筹资规模，选择合适的筹资渠道与筹资方式，及时足额地筹集生产经营所需资金，同时抓好工程物资采购及质量控制，不断提高经济效益，增强企业竞争力。你知道该如何管理好企业准备环节的这些财务活动吗？

另外，企业在准备环节发生了以下经济业务：(1)按实际成本计价核算购入材料；(2)按计划成本计价核算购入材料；(3)购入不需安装固定资产和需安装固定资产；(4)分期付款购买固定资产；(5)接受现金、非现金的直接投资；(6)假设公司发行股票进行筹资；(7)向银行分别借入3个月短期借款和2年的长期借款；(8)利用公司商业信用筹资；(9)发行债券进行筹资；(10)融资租赁方式租入一台设备。你知道以上经济业务如何进行会计处理吗？

【学有所获】

通过本项目的学习，你将收获：

➤了解工程投标常识；

➤熟悉建设工程合同的特点及类型；

➤了解工程物资采购的质量要求及控制方法；

➤理解成本预测作用与方法；

➤熟悉资金筹集的渠道、方式、原则及类型；

➤掌握筹资规模的确定方法；

➤能够进行施工企业准备环节的账务处理。

任务一　施工企业准备环节财务认知

【任务描述】

理解投标的概念；了解投标人的定义及其资格条件；熟悉建设工程合同的种类；了解物资采购的质量控制内容；了解资金需求量预测的作用；掌握资金需求量预测的方法；掌握成本预测的方法；熟悉资金筹集的渠道和方式；熟知筹资原则；了解资金筹集的类型；会根据企业生产经营需要合理确定筹资规模。

【知识准备】

一、投标人的定义及其资格条件

1. 投标及投标人

投标是指投标人应招标人特定或不特定的邀请，按照招标文件规定的要求，在规定的时间和地点主动向招标人递交投标文件并以中标为目的的行为。投标人是响应招标、参加投标竞争的法人或其他组织。

投标人参加依法必须进行招标的项目的投标不受地区或者部门的限制，任何单位和个人不得非法干涉。

与招标人存在利害关系可能影响招标公正性的法人、其他组织或者个人，不得参加投标。单位负责人为同一人或者存在控股、管理关系的不同单位，不得参加同一标段投标或者未划分标段的同一招标项目投标。违反以上规定的，相关投标均无效。

投标人发生合并、分立、破产等重大变化的，应当及时书面告知招标人。投标人不再具备资格预审文件、招标文件规定的资格条件或者其投标影响招标公正性的，其投标无效。

2. 投标人资格条件

按照《招标投标法》的规定，投标人应具备下列条件：

（1）投标人应当具备承担招标项目的能力；国家有关规定对投标人资格条件或者招标文件对投标人资格条件有规定的，投标人应当具备规定的资格条件。

（2）投标人应当按照招标文件的要求编制投标文件。投标文件应当对招标文件提出的实质性要求和条件作出响应。招标项目属于建设施工的，投标文件的内容应当包括拟派出的项目负责人与主要技术人员的简历、业绩和拟用于完成招标项目的机械设备等。

（3）投标人应当在招标文件要求提交投标文件的截止时间前，将投标文件送达投标地点。招标人收到投标文件后，应当签收保存，不得开启。投标人少于三个的，招标人应当依照本法重新招标。在招标文件要求提交投标文件的截止时间后送达的投标文件，招标人应当拒收。

（4）投标人在招标文件要求提交投标文件的截止时间前，可以补充、修改或者撤回已提交的投标文件，并书面通知招标人。补充、修改的内容为投标文件的组成部分。

（5）投标人根据招标文件载明的项目实际情况，拟在中标后将中标项目的部分非主体、非关键性工作进行分包的，应当在投标文件中载明。

（6）两个以上法人或者其他组织可以组成一个联合体，以一个投标人的身份共同投标。联合体各方均应当具备承担招标项目的相应能力；国家有关规定或者招标文件对投标人资格条件有规定的，联合体各方均应当具备规定的相应资格条件。由同一专业的单位组成的联合体，按照资质等级较低的单位确定资质等级。联合体各方应当签订共同投标协议，明确约定各方拟承担的工作和责任，并将共同投标协议连同投标文件一并提交招标人。联合体中标的，联合体各方应当共同与招标人签订合同，就中标项目向招标人承担连带责任。

（7）投标人不得相互串通投标报价，不得排挤其他投标人的公平竞争，损害招标人或者其他投标人的合法权益。投标人不得与招标人串通投标，损害国家利益、社会公共利益或者他人的合法权益。禁止投标人以向招标人或者评标委员会成员行贿的手段谋取中标。

（8）投标人不得以低于成本的报价竞标，也不得以他人名义投标或者以其他方式弄虚作假，骗取中标。

二、建设工程合同

(一)建设工程合同的概念

建设工程合同是承包人进行工程建设、发包人支付工程价款的契约(合同)。合同双方当事人应当在合同中明确各自的权利义务,以及违约时应当承担的责任。建设工程合同是一种承诺合同,合同订立生效后双方应当严格履行。建设工程合同也是一种双务有偿合同,当事人双方在合同中都有各自的权利和义务,在享有权利的同时必须履行义务。

(二)建设工程合同的特征

1. 合同主体的严格性

建设工程合同主体一般只能是法人。发包人一般只能是经过批准进行工程项目建设的法人,必须有国家批准的建设项目,落实投资计划,并且应当具备相应的协调能力;承包人则必须具备法人资格,而且应当具备相应的从事勘察、设计、施工、监理等资质,无营业执照或无承包资质的单位不能作为建设工程合同的主体,资质等级低的单位不能越级承包建设工程。

2. 合同标的的特殊性

建设工程合同的标的是各类建筑产品,建筑产品是不动产,其基础部分与大地相连,不能移动。这就决定了每个建设工程合同的标的都是特殊的,相互间具有不可替代性。另外还决定了承包方工作的流动性,建筑物所在地就是勘察、设计、施工生产场地。由于建筑产品的类别庞杂,其外观、结构、使用目的、使用人都各不相同,这就要求每一个建筑产品都需单独设计和施工,即单体性生产,这也决定了建设工程合同标的特殊性。

3. 合同履行期限的长期性

建设工程由于结构复杂、体积大、建筑材料类型多、工作量大,使得合同履行期限都较长,在合同的履行过程中,还可能因为不可抗力、工程变更、材料供应不及时等原因而导致合同期限顺延。所有这些情况,决定了建设工程合同的履行期限具有长期性。

4. 合同形式的特殊要求

考虑到建设工程的重要性、复杂性和合同履行的长期性,同时在履行过程中经常会发生影响合同履行的纠纷。因此,合同法要求建设工程合同应当采用书面形式。法律、行政法规规定合同应当办理有关手续的,还应当符合有关规定的要求。

5. 计划和程序的严格性

建设工程的计划和程序都有严格的管理制度。订立建设工程合同必须以国家批准的投资计划为前提,即使是国家投资以外的,以其他方式筹集也要受到当年的贷款规模和批准限额的限制,纳入当年投资规模的平衡,并经过严格的审批程序。建设工程合同的订立和履行还必须符合国家关于建设程序的规定。

(三)建设工程合同的种类

1. 按承发包的不同内容进行分类

按照承发包的内容不同,可分为建设工程勘察合同、建设工程设计合同与建设工程施工合同。

（1）工程勘察合同，是指勘察人（承包人）根据发包人的委托，完成对建设工程项目的勘察工作，由发包人支付报酬的合同。

（2）工程设计合同，是指设计人（承包人）根据发包人的委托，完成对建设工程项目的设计工作，由发包人支付报酬的合同。

勘察、设计合同的内容包括提交有关基础资料和文件（包括概预算）的期限、质量要求、费用以及其他协作条件等条款。

（3）工程施工合同，是指施工人（承包人）根据发包人的委托，完成建设工程项目的施工工作，发包人接受工作成果并支付报酬的合同。

施工合同的内容包括工程范围、建设工期、中间交工工程的开工和竣工时间、工程质量、工程造价、技术资料交付时间、材料和设备供应责任、拨款和结算、竣工验收、质量保修范围和质量保证期、双方相互协作等条款。

2. 按承发包的工程范围进行分类

按承发包的不同范围进行划分，建设工程合同可分为建设工程总承包合同、建设工程承包合同、建设工程分包合同。

（1）建设工程总承包合同，是指发包人将工程建设的全过程发包给一个承包人的合同。建设工程总承包的内容包括了勘察、设计、施工。其特点是：发包人与承包人都只有一个，且总承包人就其承包的全部内容对发包人负责。

（2）建设工程承包合同，是指发包人将建设工程的勘察、设计、施工等的每一项分别发包给一个承包人的合同。建设工程承包的内容只包括勘察、设计、施工中的一项或两项。因此，在建设工程承包合同中，发包方只有一方，而承包方可以是勘察人、设计人、施工人中的两个或两个以上，且各承包方相互独立，只对自己承包的内容对发包人负责。

（3）建设工程分包合同，是指经合同约定和发包人认可，从工程承包人承包的工程中承包部分工程而订立的合同。根据《建筑法》的相关规定，禁止承包单位将其承包的全部建筑工程转包给他人，禁止承包单位将其承包的全部建筑工程肢解以后以分包的名义分别转包给他人。所谓转包，是指承包人在承包工程后，又将其承包的工程建设任务转让给第三人，转让人退出承包关系，受让人成为承包合同的另一方当事人的行为。

3. 按计价（或付款）方式的不同进行分类

按不同的计价（或付款）方式进行划分，建设工程合同可分为总价合同、单价合同、成本加酬金合同。

（1）总价合同

它是指在合同中确定一个完成建设工程的总价，承包商据此完成该总价所包含的全部项目内容的合同。这种合同类型能够使建设单位在评标时易于确定报价最低的承包商，易于进行支付计算。但这类仅用于工程量不太大且能精确计算、工期较短、技术不太复杂、风险不大的项目。因而采用这种合同类型要求建设单位必须准备详细而全面的设计图纸（一般要求施工详图）和各项说明，使承包单位能准确计算工程量。

（2）单价合同

它是指承包单位在投标时，按定额及有关规定计算出各分部分项工程的单价，再按招标文件就分部分项工程所列出的工程量确定各分部分项工程费用的合同类型。这类合同的适用范围比较宽，其风险可以得到合理的分摊，并且能鼓励承包单位通过提高工效等手段从成本节约中提高利润。这类合同能够成立的关键在于双方对单价和工程量计算方法的确认。在合同履行中需要注意的问题则是双方对实际工程量计量的确认。

（3）成本加酬金合同

它是指由业主向承包单位支付建设工程的实际成本，并按事先约定的某一种方式支付酬金的合同类型。在这类合同中，业主需承担项目实际发生的一切费用，因此，也就承担了项目的全部风险。而承包单位由于无风险，其报酬往往也较低。这类合同的缺点是业主对工程总造价不易控制，承包商也往往不注意降低项目成本。这类合同主要适用于以下项目：①需要立即开展工作的项目，如震后的救灾工作；②新型的工程项目，或对工程内容及技术经济指标未确定的项；③风险很大的项目。

三、工程物资采购

工程建设过程中的物资包括建筑材料（含构配件）和设备等。工程材料设备供应的质量控制，是整个工程质量控制的基础。工程物资的质量直接影响到工程的质量，因而在订货、生产（加工）、运输、储存、使用（安装）等全过程均需严格管理。建筑材料、构配件生产及设备供应单位对其生产或者供应的产品质量负有责任，而材料设备的需方则应根据买卖合同的规定进行质量验收。

1. 材料设备供应单位的要求

材料生产和设备供应单位应具备法定条件。建筑材料、构配件生产及设备供应单位必须具备相应的生产条件、技术装备和质量保证体系，具备必要的检测人员和设备，把好产品设计、生产、检验、储存、运输的质量关。

2. 材料设备质量的要求

（1）符合国家或者行业现行有关技术标准规定的合格标准和设计要求。

（2）符合在建筑材料、构配件及设备或其包装上注明采用的标准，符合以建筑材料、构配件及设备说明、实物样品等方式表明的质量状况。

（3）材料设备及其包装上的标识应符合以下要求：①有产品质量检验合格证明；②有中文标明的产品名称、生产厂家厂名和厂址；③产品包装和商标样式符合国家有关规定标准和要求；④设备应有产品详细的使用说明书，电气设备还应附有线路图；⑤实施生产许可证或使用产品质量认证标志的产品，应有许可证或质量认证的编号，批准日期和有效日期。

3. 发包人供应材料设备时的质量控制

（1）双方约定发包人供应材料设备的一览表。对于由发包人供应的材料设备，双方应当约定发包人供应材料设备的一览表，作为合同附件。一览表的内容应当包括材料设备种类、规格、型号、数量、单价、质量等级、提供的时间和地点。发包人按照一览表的约定提供材料设备。

（2）发包人供应材料设备的清点。发包人应当向承包人提供其供应材料设备的产品合格证明，对其质量负责。发包人应在其所供应的材料设备到货前 24 小时，以书面形式通知承包人，由承包人派人与发包人共同清点。

（3）材料设备清点后的保管。发包人供应的材料设备经双方共同清点后由承包人妥善保管，发包人支付相应的保管费用。发生损坏丢失，由承包人负责赔偿。发包人不按规定通知承包人清点，发生的损坏丢失由发包人负责。

（4）发包人供应的材料设备与约定不符时处理。发包人供应的材料设备与约定不符时，应当由发包人承担有关责任，具体按照下列情况进行处理：

①材料设备单价与合同约定不符时，由发包人承担所有差价。

②材料设备种类、规格、型号、数量、质量等级与合同约定不符时，承包人可以拒绝接收保管，由发包人运出施工场地并重新采购。

③发包人供应材料的规格、型号与合同约定不符时，承包人可以代为调剂调换，发包人承担相应的费用。

④到货地点与合同合同约定不符时，发包人负责运至合同约定的地点。

⑤供货数量少于合同约定的数量时，发包人将数量补齐；多于合同约定的数量时，发包人负责将多出部分运出施工场地。

⑥到货时间早于合同约定时间，发包人承担因此发生的保管费用；到货时间迟于合同约定的供应时间，由发包人承担相应的追加合同价款。发生延误，相应顺延工期，发包人赔偿由此给承包方造成的损失。

⑦发包人供应材料设备的重新检验，发包人供应的材料设备进入施工现场后需要重新检验或者试验的，由承包人负责检验或试验，费用由发包人负责。即使在承包人检验通过之后，如果还发现材料设备有质量问题的，发包人仍应承担重新采购及拆除重建的追加合同价款，并相应顺延由此延误的工期。

4.承包人采购材料设备的质量控制

对于合同约定由承包人采购的材料设备，应当由承包人选择生产厂家或者供应商，发包人不得指定生产厂家或者供应商。

（1）承包人采购材料设备的清点。承包方根据专用条款的约定，按设计和有关标准要求采购工程需要的材料设备，并提供产品合格证明，对其质量负责。承包人在材料设备到货前24小时通知工程师清点。

（2）承包人采购的材料设备与要求不符时的处理。承包人采购的材料设备与设计或者标准要求不符时，由承包人按照工程师要求的时间运出施工场地，重新采购符合要求的产品，并承担由此发生的费用，由此延误的工期不予顺延。

（3）承包人使用代用材料。承包人需要使用代用材料时，须经工程师认可后方可使用，由此增减的合同价款由双方以书面形式议定。

四、成本预测

随着生产日益社会化和现代化，企业规模不断扩大，工艺过程愈加复杂，生产过程中某一环节或者是某一短暂时期内的生产耗费一旦失去控制，都有可能给企业造成无可挽回的经济损失。因此，为了防止成本费用管理的失控现象，必须科学地预见生产耗费的趋势和程度，以便在此基础上采取有效措施，从而搞好成本管理工作。

1.成本预测的概念

成本预测是指运用一定的科学方法，对未来成本水平及其变化趋势作出科学的估计。

成本预测对于企业管理具有重要意义，它是企业进行成本决策和编制成本计划的依据，是降低产品成本的重要措施，是增强企业竞争力和提高企业经济效益的主要手段。通过成本预测，掌握未来的成本水平及其变动趋势，有助于减少决策的盲目性。

成本预测可分为长期预测和短期预测。长期预测指对一年以上期间进行的预测如三年或五年；短期预测指一年以下的预测，如按月，按季或按年。企业可以在制订计划或方案阶段进行成本预测，也可以在计划实施过程中开展成本预测。

2. 成本预测的方法

成本预测的方法有定量预测法与定性预测法。

定性预测法是预测者根据掌握的专业知识和丰富的实际经验，运用逻辑思维方法对未来成本进行预计推断的方法。

定量预测法是指根据历史资料以及成本与影响因素之间的数量关系，通过建立数学模型来预计推断未来成本的方法。常用的方法有趋势预测法、因果预测法、高低点法。

五、资金需求量预测

(一)资金需求量预测的概念

资金需求量预测是指企业根据生产经营的要求，对未来所需资金的估计和推测。企业筹集资金，首先要对资金需求量进行预测分析，即对企业未来组织生产经营活动的资金需求量进行估计和分析。

(二)资金需求量预测的作用

在企业的财务管理中，资金始终是一项值得高度重视的资产，是企业管理的核心内容，资金管理的好坏不仅是衡量一个企业财务管理水平的重要标志，而且直接影响企业的经济效益，甚至关系到企业的生存与发展。

企业持续的生产经营的活动，不断地产生对资金的需求，同时企业进行对外投资和调整资本结构，也需要筹措资金。企业所需要的这些资金，一部分来自企业内部，另一部分通过外部融资取得。由于对外融资时，企业不但需要寻找资金提供者，而且还需要做出还本付息的承诺或提供企业盈利前景，使资金提供者确信其投资是安全的并可获利，这个过程往往需要花费较长的时间。因此企业需要预先知道自身的财务要求，确定资金的需要量，提前安排融资计划，以免影响资金周转。

(三)资金需求量预测的方法

资金的需求量是筹资的数量依据，必须科学合理地进行预测。预测筹资规模的基本目的，是保证筹集的资金既能满足生产经营的需要，又不会产生资金多余而闲置。预测方法主要有因素分析法、销售百分比法、资金习性预测法。

1. 因素分析法

因素分析法又称分析调整法，是以有关项目及其年度平均资金需求量为基础，根据预测年度的生产经营任务和资金周转加速的要求，进行分析调整，来预测资金需求量的一种方法。

因素分析法的计算公式如下：

资金需要量 =（基期资金平均占用额 - 不合理资金占用额）×（1 ± 预测期销售增减率）

×（1±预测期资金周转速度变动率）

这种方法计算简便，容易掌握，但预测结果不太精确。它通常用于预测品种繁多、规格复杂、资金用量较小的项目。

2.销售百分比法

销售百分比法，是根据销售增长与资产增长之间的关系，预测未来资金需要量的方法。企业的销售规模扩大时，要相应增加流动资产；如果销售规模增加很多，还必须增加长期资产。为取得扩大销售所需增加的资产，企业需要筹措资金。这些资金，一部分来自留存收益，另一部分通过外部筹资取得。通常，销售增长率较高时，仅靠留存收益不能满足资金需要，即使获利良好的企业也需外部筹资。预先了解筹资需求，提前安排筹资计划，企业就可避免发生资金短缺问题。

销售百分比法首先假设某些资产与销售额存在稳定的百分比关系，根据销售与资产的比例关系预计资产额，根据资产额预计相应的负债和所有者权益，进而确定筹资需要量。该方法的优点是，能为筹资管理提供短期预计的财务报表，以适应外部筹资的需要，且易于使用。

3.资金习性预测法

资金习性预测法，是指根据资金习性预测未来资金需要量的一种方法。所谓资金习性，是指资金的变动同产销量变动之间的依存关系。按照资金同产销量之间的依存关系，可以把资金区分为不变资金、变动资金和半变动资金。

不变资金是指在一定的产销量范围内，不受产销量变动的影响而保持固定不变的那部分资金。也就是说，产销量在一定范围内变动，这部分资金保持不变。这部分资金包括：为维持营业而占用的最低数额的现金，原材料的保险储备，必要的成品储备，厂房、机器设备等固定资产占用的资金。

变动资金是指随产销量的变动而同比例变动的那部分资金。它一般包括直接材料构成产品实体的原材料、外购件等占用的资金。另外，在最低储备以外的现金、存货、应收账款等也具有变动资金的性质。

半变动资金是指虽然受产销量变化的影响，但不成同比例变动的资金，如一些辅助材料上占用的资金。半变动资金可采用一定的方法划分为不变资金和变动资金两部分。

六、资金筹集

（一）筹资的概念

筹资是指企业根据其生产经营活动对资金需求数量的要求，通过一定的渠道，采取适当的方式，获取所需资金的一种行为。

筹资是企业资本运作的起点，任何企业都应适时、适量和低成本地筹集并有效运用各项资金，以确保企业经营目标的实现。在进行筹资决策时，必须对各种可能的筹资规模和时间、筹资方式、筹资成本和筹资后企业资本结构的变化等诸多因素，作综合的比较和分析，选择最合理的筹资方案。

企业筹资的基本目的是为了自身的生存和发展。具体说来，筹资动机有以下几种：

（1）设立性筹资动机。这是企业设立时为取得资本金而产生的筹资动机。

（2）调整性筹资动机。这是企业因调整现有资金结构的需要而产生的筹资动机。随着企业经营情况的变化，需要对资本结构进行相应的调整。

（3）扩张性筹资动机。这是企业为扩大生产经营规模或增加对外投资而产生的动机。具有良好的前景，处于扩张期的企业一般具有这样的筹资动机。

（4）混合性筹资动机。这是企业为同时实现扩大规模以及调整资金结构等几个目标而产生的筹资动机。

（二）筹资渠道

筹资渠道是指客观存在的筹措资金的来源方向与通道。认识和了解各筹资渠道及其特点，有助于企业充分拓宽和正确利用筹资渠道。

目前，我国企业的筹资渠道主要包括：

（1）国家财政资金。国家对企业的直接投资是国有企业特别是国有独资企业获得资金的主要渠道。现有的国有企业的资金来源中，其资本部分大多是由国家财政以直接拨款方式形成的，除此以外，还有些是国家对企业"税前还贷"或减免各种税款而形成的。不管是何种形式形成的，从产权关系上看，它们都属于国家投入的资金，产权归国家所有。

（2）银行信贷资金。间接融资是中国企业最主要的融资方式，而在间接融资中，银行信贷资金又是最重要的方式，因此银行对企业的各种贷款，成为了我国目前各类企业最为重要的资金来源。

（3）其他金融机构资金。其他金融机构主要指信托公司、保险公司、租赁公司、证券公司、财务公司等。它们所提供的各种金融服务，既包括信贷资金投放，也包括物资的融通，还包括为企业承销证券等金融服务。

（4）其他企业资金。企业在生产经营过程中，往往形成部分暂时闲置的资金，并为一定的目的而进行相互投资；另外，企业间的购销业务可以通过商业信用方式来完成，从而形成企业间的债权债务关系，形成债务人对债权人的短期信用资金占用。企业间的相互投资和商业信用的存在，使其他企业资金也成为企业资金的重要来源。

（5）居民个人资金。企业职工和居民个人的结余资金，作为游离于银行及非银行金融机构等之外的个人资金，可用于对企业进行投资，形成民间资金来源渠道，从而为企业所用。

（6）企业自留资金。它是指企业内部形成的资金，也称企业内部留存，主要包括提取公积金和未分配利润等。这些资金的重要特征之一是它们无需企业通过一定的方式去筹集，而直接由企业内部自动生成或转移。

不同的筹资渠道提供资金的数量和筹资的方便程度不尽相同。有些渠道的资金供应量比较多，如银行信贷资金和非银行金融机构资金等，而有些相对较少，如企业自由资金等。这种资金供应量的多少，在一定程度上取决于财务管理环境的变化，特别是宏观经济体制、银行体制和金融市场发展速度等因素。因此，企业需要根据自身情况以及宏观环境确定适合自身的筹资渠道。

（三）筹资方式

筹资方式是指可供企业在筹措资金时选用的具体筹资形式。目前我国企业筹资方式主要有以下几种：

（1）吸收直接投资。吸收直接投资指企业通过协议等形式吸收投资者直接投入资金的筹资方式。

（2）发行股票。发行股票指股份公司通过股票发行筹措资金的一种筹资方式。

（3）银行借款。银行借款是指企业按照借款合同从银行等金融机构贷款而获得债务资金的一种筹资方式。

（4）商业信用。商业信用是企业通过赊购商品、预收货款等商品交易行为获得债务资金的一种筹资方式。

（5）发行债券。发行债券指企业按照债券发行协议通过发售债券直接筹资，形成企业债务资金的一种筹资方式。

（6）融资租赁。融资租赁是指企业按照租赁合同租入资产从而筹措资金的特殊筹资方式。

（四）筹资原则

企业筹资应遵循四项基本原则：筹措及时、规模适当、来源合理、方式经济。

1. 筹措及时原则

企业财务人员在筹集资金时必须熟知货币时间价值的原理和计算方法，以便根据资金需求的具体情况，合理安排资金的筹集时间，适时获取所需资金。这样，既能避免过早筹集资金形成资金投放前的闲置，又能防止取得资金的时间滞后，错过资金投放的最佳时间。一般说来，期限越长，手续越复杂的筹款方式，其筹款时效越差。

2. 规模适当原则

企业筹资规模受到注册资本限额、企业债务契约约束、企业规模大小等多方面因素的影响，且不同时期企业的资金需求不断变化。因此，企业财务人员要认真分析企业的经营状况，采用一定的方法，合理确定筹资规模。这样，既能避免因资金筹集不足，影响生产经营的正常进行，又可防止资金筹集过多，造成资金闲置。

3. 来源合理原则

资金的来源渠道和资金市场为企业提供了资金的源泉和筹资场所，它反映资金的分布状况和供求关系，决定着筹资的难易程度。不同来源的资金，对企业的收益和成本有不同影响。因此，企业应该认真研究资金来源渠道和资金市场，合理选择资金来源。

4. 方式经济原则

在确定筹资数量、筹资时间、资金来源的基础上，企业在筹资时还必须认真研究各种筹资方式。企业筹集资金必然要付出一定的代价，不同筹资方式条件下的资金成本有高有低。为此，就需要对各种筹资方式进行分析、对比，选择经济、可行的筹资方式。与筹资方式相联系的问题是资金结构问题，企业应确定合理的资金结构，以便降低成本，减少风险。

（五）筹资类型

1. 权益资金与负债资金

企业可以从不同的渠道，利用不同的形式来筹集资金。筹集的资金可以从资金来源的性质上划分为两种类型：一是权益资金，它是企业通过吸收直接投资、发行股票和以内部留存收益等方式从国家、法人、个人等投资者那里取得而形成的自有资金，包括资本金（或股本）、资本公积、盈余公积和未分配利润；二是负债资金，企业通过银行借款、发行债券、利用商业信用和租赁等方式，从金融机构、其他企业、个人等各种债权人那里取得的资金，包括流动负债和长期负债。各种类型资金的结合就构成了企业具体的筹资组合。

2. 短期资金与长期资金

企业筹集的资金，按资金的使用期限可分为短期资金与长期资金两类。

(1)短期资金。短期资金是指使用期限在1年以内的资金，一般是为满足企业周转性资金的需要。短期资金主要通过短期借款、商业信用、发行短期债券等方式筹集。短期资金，由于其期限较短，风险较小，其资金成本也相对较低。但是其较短的偿还期造成企业较大的偿本付息压力。在一定程度上又增大了企业的财务风险。

(2)长期资金。长期资金是相对于短期资金的一个概念，指企业使用期限在1年以上的资金，一般为企业的长期经营发展提供可靠保证。主要用于新产品的开发和推广，生产规模的扩大、厂房和设备的更新。一般需要几年甚至十几年才能收回。企业的长期资金主要通过吸收直接投资、发行股票、发行长期债券、长期借款、融资租赁等方式筹集。长期资金由于期限较长，风险较大，其资金成本也相对较高，但其到期还本付息压力较小，在一定程度上降低了企业的财务风险，并且，还可以长期稳定地使用，这是短期资金所无法具备的优点。

3. 直接筹资与间接筹资

企业筹资活动，按是否通过金融机构可以划分为直接筹资与间接筹资两类。

(1)直接筹资。直接筹资是指企业不通过金融机构而是直接面对资金供应者进行的筹资活动。一般是通过吸收直接投资、发行股票、发行债券等方式进行筹集。随着金融法规的逐渐健全、证券市场的不断完善，我国居民、企业参与直接融资的机会大大增加，参与方式也日趋多样化。所以，直接筹资的范围会越来越广。

(2)间接筹资。间接筹资是企业通过金融媒介进行的筹资活动，一般是通过银行或其他金融机构完成。这种筹资具有筹资手续简单、效率高、费用低等优点，但筹资范围相对较窄，筹资渠道与方式相对单一。长期以来，间接筹资一直在我国企业的筹资活动中占主导地位。但是，随着金融市场的不断完善，间接筹资的地位比以前有所削弱，尤其是伴随着现代企业制度建设，股份制改造的深化，越来越多的企业把筹资方式转向资本市场，进行直接融资。

【任务实施】

结合上述知识，以4~5个同学为一组，讨论项目导入案例中湘西公司在准备环节应如何管理好财务活动。

任务二　施工企业准备环节账务处理

【任务描述】

理解材料、固定资产、临时设施的概念；掌握材料的账务处理；掌握固定资产及购入时增值税的账务处理；掌握临时设施的账务处理；掌握资金筹集的账务处理；学会处理施工企业准备环节的会计事项。

【知识准备】

一、材料采购的账务处理

(一)施工企业材料的概念

施工企业的材料是指企业用于建筑安装工程施工的各种材料,包括主要材料、结构件、机械配件和其他材料等。

(1)主要材料是指用于工程施工并构成工程实体的各种材料,如黑色金属材料(如钢材)、有色金属材料(如铜材、铝材)、木材、硅酸盐材料(如水泥、砖瓦、石灰、砂、石等)、小五金材料、电器材料、化工原料(如油漆材料等)。

(2)结构件是指经过吊装、拼砌或安装即能构成房屋建筑实体的各种金属的、钢筋混凝泥土的和木质的结构和构件。如钢窗、木门、钢筋混凝土预制件等。

(3)机械配件是指在施工生产中使用的施工机械、生产设备、运输设备等替换、维修用的各种零件和配件,以及为设备的各种备用备件。如曲轴、活塞、轴承、齿轮、阀门等。

(4)其他材料是指不构成工程实体,但有助于工程形成或便于施工生产进行的各种材料,如燃料、油料、催化剂、石料等。

(二)材料的计价

1. 材料采购成本的组成

放工企业材料的采购成本主要包括买价、运杂费、税金和采购保管费。

(1)买价,是指供货单位开具的发票所填制的价款,也就是材料原价;

(2)运杂费,是指材料从供应单位运到工地仓库以前所发生的包装费、运费、装卸和仓储中转整理挑选费用及合理的损耗费等。如果同时运输多种材料,发生的运杂费应按材料重量、体积或买价的比例分摊计入采购成本。

(3)税金,指按规定应计入成本的有关税费。

(4)采购保管费是指企业材料供应部门和仓库在组织材料采购供应和保管过程中所生的各项费用。它属于共同性费用,应先通过"采购保管费"账户归集,月终再分摊计入各种材料的采购成本。

【提示】　一般纳税人购入材料取得增值税专用发票的,可以抵扣的增值税不记入买价,不能抵扣的增值税应计入买价。小规模纳税人购入材料相关的增值税计入买价。

2. 材料计价的方法

施工企业材料计价方法有两种:实际成本计价法和计划成本计价法。

(1)实际成本计价法。材料收发均按实际成本入账,采购保管费一般不计入材料采购成本,而是在发出材料时直接分配计入用料对象的成本。该方法适用于规模较小、材料品种简单的施工企业。

(2)计划成本计价法。材料的收发、结存都按预先确定的计划成本计价,计划成本与实际成本的差额在月末进行调整,计算出材料收、发、存的实际成本。目前大多数施工企业采用计划成本法。

(三)购进材料的核算

1. 材料购进按实际成本计价的核算

材料按实际成本计价进行核算的企业,应设置"原材料""在途物资"等账户进行核算。

"原材料"账户,核算企业各种库存材料的实际成本。借方登记入库材料的实际成本,贷方登记发出材料的实际成本,期末借方余额反映库存材料的实际成本。本账户应设置"主要材料""结构件""机械配件""其他材料"四个二级明细账,并按材料的品种、规格和保管地点设置明细账户进行核算。

"在途物资"账户,核算企业已付款或已开出承兑商业汇票但尚未到达或尚未验收入库的各种材料的实际成本。借方登记已付款但尚未入库的材料的实际成本,贷方登记验收入库材料的实际成本,期末借方余额表示在途材料的实际成本。

(1)货款已经支付,发票账单已到,材料已验收入库。

【例4-1】 向新生水泥厂购进水泥150吨,取得增值税专用发票,不含税价45000元,税额7650元,材料已验收入库,货款已通过银行支付。

借:原材料	45000
应交税费—应交增值税(进项税额)	7650
贷:银行存款	52650

(2)如果货款尚未支付,发票账单已到,材料已验收入库。

【例4-2】 向宝山钢铁厂购进钢材10吨,取得增值税专用发票,不含税价35000元,税额5950元,材料已验收入库,货款尚未支付。

借:原材料	35000
应交税费—应交增值税(进项税额)	5950
贷:应付账款—宝山钢铁厂	40950

(3)如果货款尚未支付,发票账单未到,材料已验收入库,月末先按合同价格入账,下月初用红字做同样的记账凭证予以冲回,待结算凭证到达后再按正常程序进行账务处理。

【例4-3】 向鞍山钢铁厂购进钢材15吨,合同价格54000元,材料已验收入库,货款尚未支付,月末发票账单尚未到达。

借:原材料—钢材	54000
贷:应付账款—暂估应付账款	54000

下月初用红字编制会计分录冲回:

借:应付账款—暂估应付账款	54000
贷:原材料	54000

(4)货款已经支付,发票账单已到,材料尚未验收入库。

【例4-4】 向强盛砖厂购进普通砖20万块,取得增值税专用发票,不含税价80000元,税额13600元,货款已通过银行支付,月末材料尚未验收入库。

借:在途物资—强盛砖厂	80000
应交税费—应交增值税(进项税额)	13600
贷:银行存款	93600

待材料收到，并验收入库

借：原材料　　　　　　　　　　　　　　　　　　　　93600

　　贷：在途物资—强盛砖厂　　　　　　　　　　　　　93600

（5）购入材料发生短缺和毁损的核算

企业购入材料在验收时发生短缺和毁损的情况，必须查明原因，分清责任，区别不同情况进行处理。

①属于合理损耗的，只相应提高入库材料的单位成本，不另作账务处理。

②由运输部门造成的短缺，应由运输单位进行赔偿。短缺材料的价款加上相应的进项税，全部记入"其他应收款"账户核算。购货方与运输部门之间并没有发生交易行为，短缺部分材料的增值税进项税额需转出。

③由于供货方责任负责赔偿时，应区分两种情况处理：当货款未付时，应按短缺数量计算拒付金额，并按实际支付金额借记"原材料"账户，贷记"银行存款"账户；当货款已付时，应向供货单位提出索赔，根据有关凭证借记"其他应收款"账户，贷记"在途物资"账户。

【提示】　供货方根据赔偿金额开具增值税红字发票，购货方取得增值税红字发票即可将短缺部分原材料对应的进项税冲减"应交税费—应交增值税（进项税额）"。

④以于需要报请批准或尚待查明原因的短缺，应将其价款通过"待处理财产损益"账户核算。待批准或查明原因后，再根据不同情况进行账务处理：属于应由运输部门、供货单位、保险公司或过失人赔偿的损失，记入"其他应收款"账户；属于自然灾害等非正常原因造成的损失，应将扣除残料价值、过失人和保险公司赔偿后的净损失，记入"营业外支出"账户；属于无法收回的超定额损耗，计入材料采购成本。

【例4-5】　承例4-4，假设向强盛砖厂购进的普通砖验收入库时，发现毁损1万块，经查明原因，应由供货单位赔偿，其余材料已入库。

借：其他应收款　　　　　　　　　　　　　　　　　　4000

　　原材料—普通砖　　　　　　　　　　　　　　　　76000

　　应交税费—应交增值税（进项税额）　　　　　　　　13600

　　　贷：在途物资—强盛砖厂　　　　　　　　　　　　93600

待收到供货单位根据赔偿金额开具增值税红字发票时：

借：其他应收款　　　　　　　　　　　　　　　　　　680

　　贷：应交税费—应交增值税（进项税额）　　　　　　　680

2.材料购进按计划成本计价的核算

材料购进采用计划成本计价进行日常核算的企业，应设置"原材料""在途物资""材料采购""材料成本差异"账户进行总分类核算。

"材料采购"账户用以核算企业采用计划成本计价核算下购入材料的采购成本，本账户应当按照供货单位和物资品种进行明细核算。借方登记的是采购的原材料或商品的实际成本，贷方登记已付款并验收入库材料的计划成本及短缺材料的实际成本，期末借方余额反映企业的在途材料的实际成本。

"材料成本差异"账户用以核算企业各种材料的实际成本与计划成本的差异，本账户明细账的设置应与"材料采购"账户一致。借方登记实际成本大于计划成本的差异额（超支额）及发出材料应负担的节约差异，以及调整库存材料计划成本时，调整减少的计划成本。贷方登记实际成本小于计划成本的差异额(节约额)以及发出材料应负担的超支差异,以及调整库存材料计划成本时,调整减少的计划成本。期末借方余额,反映企业库存原材料等的实际成本大于计划成本的差异;贷方余额反映企业库存原材料等的实际成本小于计划成本的差异。

【提示】 采用计划成本核算的企业,"原材料"账户核算的是各种材料的计划成本。

(1)企业支付材料价款和运杂费等时,按应计入材料采购成本的金额,借记"材料采购",按可抵扣的增值税额,借记"应交税费—应交增值税(进项税额)"科目,按实际支付或应付的款项,贷记"银行存款""现金""其他货币资金""应付账款""应付票据""预付账款"等科目。

小规模纳税人等不能抵扣增值税的,购入材料按应支付的金额。借记"材料采购",贷记"银行存款""应付账款""应付票据"等科目。

【例4-6】 向湘水砂厂购进砂石200吨,每吨150元,发生运杂费2000元,货款及运杂费均已通过银行支付,材料已验收入库。砂石的计划成本为每吨145元。

①根据发票及银行结算凭证:

借:材料采购—砂石　　　　　　　　　　　　　32000
　　贷:银行存款　　　　　　　　　　　　　　　32000

②根据收料单:

借:原材料—砂石　　　　　　　　　　　　　　29000
　　贷:材料采购—砂石　　　　　　　　　　　　29000

(2)月末,企业应将仓库转来的外购收料凭证,分别下列不同情况进行处理:

①对于已经付款或已开出、承兑商业汇票的收料凭证,应按实际成本和计划成本分别汇总,按计划成本借记"原材料"等科目,按实际成本贷记"材料采购"。

②对于尚未收到发票账单的收料凭证,应按计划成本暂估入账,借记"原材料"等科目,贷记"应付账款—暂估应付账款"科目,下月初用做相反分录予以冲回。

③如已付款但尚未验收入库的材料,其买价和运杂费作为在途材料保留在"材料采购"账户的借方,待以后验收入库后,再根据收料单作结转材料计划成本的会计处理。

④计算并结转书入材料的成本差异。将实际成本大于计划成本的差异,借记"材料成本差异"科目,贷记"材料采购";实际成本小于计划成本的差异,做相反的会计分录。

(3)在计划成本法下,针对外购原材料发生短缺的会计核算程序与实际成本法下购入原材料发生短缺的处理是相同的。

【例4-7】 月末,结转本月购入材料的成本差异,其中:水泥为超支差14600元,钢材为节约差19600元。

借:材料采购—水泥　　　　　　　　　　　　　14600
　　贷:材料成本差异—水泥　　　　　　　　　　14600
借:材料成本差异—钢材　　　　　　　　　　　19600
　　贷:材料采购—钢材　　　　　　　　　　　　19600

二、购进固定资产的账务处理

固定资产是为生产商品、提供劳务、出租或经营管理而持有的,使用寿命超过一个会计年度的有形资产。

固定资产同时满足下列条件的，才能予以确认：

(1)与该固定资产有关的经济利益很可能流入企业

(2)该固定资产的成本能够可靠地计量

【提示】　环保设备和安全设备也应确认为固定资产。虽然环保设备和安全设备不能直接为企业带来经济利益，但有助于企业从相关资产获得经济利益，或者将减少企业未来经济利益的流出。

企业应设置"固定资产"账户用以核算和监督固定资产的增减变动和实有情况。借方登记增加的固定资产的原始价值，贷方登记减少的固定资产的原始价值，期末借方余额表示现有固定资产的原始价值。

外购固定资产的成本包括买价、不能抵扣的增值税进项税额、进口关税等相关税费，以及为使固定资产达到预定可使用状态前所发生的可直接归属于该资产的其他支出，如运输费、装卸费、安装费和专业人员服务费等。企业购入的固定资产，按购入后是否可以直接使用，分别"不需要安装"和"需要安装"两种情况进行核算。

【提示】　2016年5月1日后取得并在会计制度上按固定资产核算的不动产或者2016年5月1日后取得的不动产在建工程，其进项税额应自取得之日起分2年从销项税额中抵扣，第一年抵扣比例为60%，第二年抵扣比例为40%。

下列项目的进项税额不得从销项税额中抵扣：

(1)用于简易征收项目、非增值税应税项目、免征增值税项目、集体福利或者个人消费的固定资产进项税额不得抵扣。非增值税应税项目，是指提供非增值税应税劳务、转让无形资产、销售不动产和不动产在建工程。个人消费包括交际应酬费。

(2)非正常损失的购进固定资产进项税额不得抵扣。非正常损失，是指因管理不善造成被盗、丢失、霉烂变质的损失。

(3)非正常损失的在产品、产成品所耗用的购进固定资产进项税额不得抵扣。

(4)国务院财政、税务主管部门规定的纳税人自用消费品进项税额不得抵扣。但如果是外购后销售的，属于普通货物，仍可以抵扣进项税额。

(5)上述4项固定资产的运输费用和销售免税固定资产的运输费用，进项税额不得从销项税额中抵扣。

(一)购入不需要安装的固定资产，按实际支付的价款减去可以抵扣的增值税进项税额后的金额作为固定资产入账。

【例4-8】　湘西公司购入运输用载重汽车一辆，买价450000元，增值税76500元，保险费等15000元，价款及费用通过银行支付，汽车已交公司使用。

1.取得时：

借：固定资产—载重汽车　　　　　　　　　　　465000

　　应交税费—应交增值税(进项税额)　　　　　45900

　　应交税费—待抵扣进项税额　　　　　　　　30600

　　　贷：银行存款　　　　　　　　　　　　　　　541500

2.取得第13个月时：

借：应交税费—应交增值税(进项税额)　　　　　30600

　　　贷：应交税费—待抵扣进项税额　　　　　　　30600

（二）购入需要安装的固定资产，在安装完毕前不能作为固定资产入账，其发生的各项费用先通过"在建工程"账户核算，待安装完毕后，再转作固定资产。

【例 4-9】 湘西公司购入一台需要安装的机械设备，买价 90000 元，增值税 15300 元，运杂费 6000 元，均以银行存款支付。购入后发生安装费用 8000 元，其中：领用材料的计划成本为 5000 元，应负担材料成本差异 300 元，应付安装人员的工资 2700 元。设备已安装完毕，交付使用。

1. 购入时：

借：在建工程—安装工程 　　　　　　　　　　　　　96000
　　应交税费—应交增值税(进项税额) 　　　　　　　　9180
　　应交税费—待抵扣进项税额 　　　　　　　　　　　6120
　　贷：银行存款 　　　　　　　　　　　　　　　　　　　111300

2. 发生安装费用时：

借：在建工程—安装工程 　　　　　　　　　　　　　8000
　　贷：原材料 　　　　　　　　　　　　　　　　　　　　5000
　　　　材料成本差异 　　　　　　　　　　　　　　　　　300
　　　　应付职工薪酬 　　　　　　　　　　　　　　　　　2700

3. 取得第 13 个月时：

借：应交税费—应交增值税(进项税额) 　　　　　　6120
　　贷：应交税费—待抵扣进项税额 　　　　　　　　　　6120

4. 固定资产达到预定可使用状态时：

借：固定资产 　　　　　　　　　　　　　　　　　104000
　　贷：在建工程 　　　　　　　　　　　　　　　　　　104000

（三）以一笔款项购入多项没有单独标价的固定资产，应当按照各项固定资产的公允价值比例对总成本进行分配。

（四）分期付款购买固定资产，且在合同中规定的付款期限较长，超过了正常信用条件时，该项购买合同实质上具有融资性质，购入固定资产的成本应以各期付款额的现值之和确定。固定资产购买价款的现值，应当按照各期支付的价款选择恰当的折现率进行折现后的金额加以确定。折现率是反映当前市场货币时间价值和延期付款债务特定风险的利率。该折现率实质上是供货单位的必要报酬率。各期实际支付的价款之和与其现值之间的差额，在达到预定可使用状态之前符合《企业会计准则第 17 号—借款费用》中规定的资本化条件的，应当通过在建工程计入固定资产成本，其余部分应当在信用期间内确认为财务费用，计入当期损益。其账务处理为：

购入固定资产时，按购买价款的现值，借记"固定资产"或"在建工程"等科目，按应支付的金额，贷记"长期应付款"科目，按其差额，借记"未确认融资费用"科目。

【例 4-10】 2016 年 7 月 1 日，湘西公司向天华公司购入需安装的特大型设备一台。合同约定，湘西公司采用分期付款方式支付价款。该设备价款共计 900 万元(不考虑增值税)，在 2016 至 2021 年的 5 年内每半年支付 90 万元，每年的付款日期分别为当年 6 月 30 日和 12 月 31 日。公司适用的 6 个月折现率为 10%。

2016 年 7 月 1 日，设备到达湘西公司并开始安装。2017 年 6 月 30 日，设备达到预定可使用状态，发生安装费 398530.60 元，已用银行存款付讫。

（1）购买价款的现值为：

$$900000 \times (P/A, 10\%, 10) = 900000 \times 6.1446 = 5530140（元）$$

2016 年 7 月 1 日甲公司的账务处理如下：

借：在建工程——××设备　　　　　　　　　　　　　　5530140

　　未确认融资费用　　　　　　　　　　　　　　　　　3469860

　　贷：长期应付款——天华公司　　　　　　　　　　　　　　9000000

（2）确定信用期间未确认融资费用的分摊额，如表 4-1 所示。

表 4-1　未确认融资费用分摊表

2016 年 7 月 1 日　　　　　　　　　　　　　　　　　　　单位：元

日期	分期付款额	确认的融资费用	应付本金减少额	应付本金余额
①	②	③ = 期初⑤ × 10%	④ = ② - ③	期末⑤ = 期初⑤ - ④
2016.7.1				5530140
2016.12.31	900000	553014	346986	5183154
2017.6.30	900000	518315.40	381684.60	4801469.40
2017.12.31	900000	480146.94	419853.06	4381616.34
2018.6.30	900000	438161.63	461838.37	3919777.97
2018.12.31	900000	391977.80	508022.20	3411755.77
2019.6.30	900000	341175.58	558824.42	2852931.35
2019.12.31	900000	258293.14	614706.86	2238224.47
2020.6.30	900000	223822.45	676177.55	1562046.92
2020.12.31	900000	156204.69	743795.31	818251.61
2021.6.30	900000	81748.39*	818251.61	0
合计	9000000	3469860	5530140	0

*尾数调整：81748.39 = 900000 - 818251.61，818251.61 为最后一期应付本金余额。

（3）2016 年 7 月 1 日至 2016 年 12 月 31 日为设备的安装期间，未确认融资费用的分摊额符合资本化条件，计入固定资产成本。

2016 年 12 月 31 日，湘西公司的账务处理如下：

借：在建工程——××设备　　　　　　　　　　　　　　553014

　　贷：未确认融资费用　　　　　　　　　　　　　　　　553014

借：长期应付款——天华公司　　　　　　　　　　　　　900000

　　贷：银行存款　　　　　　　　　　　　　　　　　　900000

2017 年 6 月 30 日，湘西公司的账务处理如下：

借：在建工程——××设备　　　　　　　　　　　　　　518315.40

　　贷：未确认融资费用　　　　　　　　　　　　　　　　518315.40

借：长期应付款——天华公司　　　　　　　　　　　900000
　　贷：银行存款　　　　　　　　　　　　　　　　　900000
借：在建工程——××设备　　　　　　　　　　398530.60
　　贷：银行存款　　　　　　　　　　　　　　　398530.60
借：固定资产——××设备　　　　　　　　　　7000000
　　贷：在建工程——××设备　　　　　　　　　7000000
　　固定资产的成本＝5530140＋553014＋518315.40＋398530.60＝7000000(元)

（4）2017年7月1日至2021年6月30日，该设备已经达到预定可使用状态，未确认融资费用的分摊额不再符合资本化条件，应计入当期损益。

2017年12月31日，湘西公司应作如下账务处理：

借：财务费用　　　　　　　　　　　　　　　480146.94
　　贷：未确认融资费用　　　　　　　　　　　480146.94
借：长期应付款——天华公司　　　　　　　　　900000
　　贷：银行存款　　　　　　　　　　　　　　900000

以后期间的账务处理与2017年12月31日相同。

【提示】　固定资产的各组成部分具有不同使用寿命，或者以不同方式为企业提供经济利益，适用不同折旧率或折旧方法的，应当分别将各组成部分确认为单项固定资产。

三、取得临时设施的账务处理

临时设施是指建筑业企业为保证施工和管理的进行而建造的各种简易设施，包括现场临时作业棚、机具棚、材料库、办公室、休息室、厕所、化灰池、储水池、沥青锅灶等设施；临时道路、围墙；临时给排水、供电、供热等管线；临时性简易周转房，以及现场临时搭建的职工宿舍、食堂、浴室、医务室、理发室、托儿所等临时福利设施。在工程完工以后，这些临时设施就失去了它原来的作用，必须拆除或作其他处理。

施工现场的临时设施一般由施工企业自行搭建，由施工企业以临时设施包干费的形式向建设单位或总包单位收取费用。应通过"固定资产"账户核算，临时设施的摊销、维修以及拆除报废等业务可以比照固定资产的核算方法组织核算。

【提示】　购入临时设施或2016年5月1日后新建的临时设施自建工程时，外购的板房或者集装箱房屋属于货物，适用17%的税率，发生的地基基础及安装费用属于建筑服务，适用11%的税率或3%的征收率。对于施工现场的临时设施，允许一次性抵扣进项税额。如果临时设施属于专用于简易计税方法计税项目情形，也应取得专票并申报抵扣，同时将相应进项税额转出，待以后用于一般计税项目时，再按照规定的方法转入抵扣。

四、资金筹集的账务处理

（一）吸收直接投资

1. 接受现金资产投资的核算

【例4－11】　接受公司职工个人投入的资本1000000元，款项已全部存入银行。

借：银行存款　　　　　　　　　　　　　　　1000000

　　　　贷：实收资本　　　　　　　　　　　　　　　　　　　1000000

2.接受非现金资产投资的核算

企业收到以非现金资产投入的资本时，应按投资各方确认的价值（公允价值）借记"固定资产""原材料""无形资产"等账户，同时按投资合同或协议约定的其在注册资本中所占的份额，贷记"实收资本"账户。对于投资各方确认的资产价值超过其在注册资本中所占份额的部分，应贷记"资本公积"。

【例4-12】　收到瑞海公司投入的设备一台，账面原值3000000元，累计折旧350000元，经评估确认的价值为2750000元。

　　借：固定资产　　　　　　　　　　　　　　　　　　　2750000
　　　　贷：实收资本　　　　　　　　　　　　　　　　　　　2750000

【例4-13】　假设上例中，湘西公司在工商行政管理部门注册的资本金为50000000元，瑞海公司投入设备准备湘西公司注册资本的5%。

　　借：固定资产　　　　　　　　　　　　　　　　　　　2750000
　　　　贷：实收资本　　　　　　　　　　　　　　　　　　　2500000
　　　　　　资本公积　　　　　　　　　　　　　　　　　　　250000

若投资双方约定的价值不公允，则按照公允价值作为非现金资产的入账价值，按合同协议约定的其在注册资本中所占的份额记入"实收资本"账户，差额记入"资本公积"账户。

【例4-14】　赤水公司以专利权作为投资投入湘西公司，双方确认的价值为2000000元，该资产公允价为3200000元，核定的注册资本份额为2400000元。

　　借：无形资产　　　　　　　　　　　　　　　　　　　3200000
　　　　贷：实收资本　　　　　　　　　　　　　　　　　　　2400000
　　　　　　资本公积　　　　　　　　　　　　　　　　　　　800000

（二）发行股票

股份公司应设置"股本"账户核算股东投入企业的股本，其结构与"实收资本"账户的结构完全相同。股票的发行价格有平价、溢价和折价三种，但我国不允许折价发行股票。在平价发行股票的情况下，企业发行股票取得的收入，应按股票面值作为"股本"的入账价值；在溢价发行股票的情况下，企业发行股票取得的收入中，等于股票面值的部分作为"股本"核算，超出股票面值的部分作为股本溢价计入"资本公积"。

与发行股票直接相关的手续费、佣金等交易费用应从溢价中抵扣。无溢价或溢价不足以抵扣发行费用的，应将不足抵扣的部分冲减盈余公积和未分配利润。

【例4-15】　假设湘西公司平价发行普通股2000万股，每股面值1元，款项已全部存入银行。

　　借：银行存款　　　　　　　　　　　　　　　　　　　20000000
　　　　贷：股本　　　　　　　　　　　　　　　　　　　　20000000

【例4-16】　假设湘西公司委托证券公司代理发行普通股2000万股，每股面值1元，发行价3元。双方约定按发行收入的2%向证券公司支付发行费用，由证券公司从发行收入中扣除。股票发行成功，款项已划入湘西公司的银行账户。

　　　　　　股票发行费用 = 20000000 × 3 × 2% = 1200000（元）

$$实际收到的款项 = 20000000 \times 3 - 1200000 = 58800000 \, 元$$

借：银行存款　　　　　　　　　　　　　58800000

　　贷：股本　　　　　　　　　　　　　　20000000

　　　　资本公积——股本溢价　　　　　　38800000

（三）银行借款

银行借款是企业从银行或其他金融机构筹集资金的重要方式。按偿还期限的不同，分类短期借款和长期借款。一般为满足正常生产经营流动资金周转的需要而借入。

1. 短期借款的核算

短期借款是企业向银行或其他金融机构借入的期限在一年以内（含一年）的各种借款。

企业应设置"短期借款"账户，贷方登记借入的本金，借方登记归还的本金，期末贷方余额表示尚未归还的本金。企业应当按照贷款单位、借款种类和币种进行明细核算。

【例4-17】　向银行申请借款2000000元，期限6个月，到期一次还本付息，年利率6%。

（1）借入短期借款时

借：银行存款　　　　　　　　　　　　　2000000

　　贷：短期借款　　　　　　　　　　　　2000000

（2）每月末按规定利率计算短期借款利息费用

$$月末计提短期借款利息 = 2000000 \times 6\% \div 12 = 10000（元）$$

借：财务费用　　　　　　　　　　　　　10000

　　贷：应付利息　　　　　　　　　　　　10000

（3）实际支付利息时

$$利息合计 = 10000 \times 6 = 60000（元）$$

借：应付利息　　　　　　　　　　　　　60000

　　贷：银行存款　　　　　　　　　　　　60000

（4）归还短期借款时

借：短期借款　　　　　　　　　　　　　2000000

　　贷：银行存款　　　　　　　　　　　　2000000

2. 长期借款

长期借款是企业向银行或其他金融机构借入的期限在一年以上（不含一年）的各种借款。一般用于扩大经营规模，如购建固定资产。

企业应设置"长期借款"账户，应按贷款单位、借款种类，分别"本金""利息调整"进行明细核算。

企业借入长期借款，应按实际收到的金额借记"银行存款"科目，按借款本金贷记"长期借款——本金"科目，如存在差额，还应借记"长期借款-利息调整"科目。

长期借款利息调整是指借款合同中约定的本金和借款所实际收到款项产生的差额，产生差额的原因是由于长期借款的实际利率与合同利率不一致所造成的。利息调整将在长期借款的存续期间按实际利率进行摊销。

资产负债表日，应按确定的长期借款的利息费用，借记"在建工程""制造费用""财务费用""研发支出"等科目，按确定的应付未付利息，贷记"应付利息"科目，按其差额，贷(或借)记"长期借款——利息调整"等科目。

【例 4－18】 2016 年 1 月 1 日向银行借入资金 10000000 元，借款利率 7%，借款期限 2 年，到期一次还本付息。实际利率与合同利率相同。该借款用于建造办公楼，共发生建造支出 9500000 元，于当年 12 月 31 日完工交付使用。

(1)借入款项时

借：银行存款　　　　　　　　　　　　　10000000

　　贷：长期借款——本金　　　　　　　　　　　　10000000

(2)建造办公楼发生支出时

借：在建工程　　　　　　　　　　　　　9500000

　　贷：银行存款　　　　　　　　　　　　　　　　9500000

(3)12 月 31 日计算年利息＝10000000×10%＝1000000 元，可全部予以资本化

借：在建工程　　　　　　　　　　　　　1000000

　　贷：应付利息　　　　　　　　　　　　　　　　1000000

(4)工程竣工交付使用

借：固定资产　　　　　　　　　　　　　9500000

　　贷：在建工程　　　　　　　　　　　　　　　　9500000

(5)次年 12 月 31 日计算利息

借：财务费用　　　　　　　　　　　　　1000000

　　贷：应付利息　　　　　　　　　　　　　　　　1000000

(6)到期偿还本金和利息

借：长期借款——本金　　　　　　　　　10000000

　　应付利息　　　　　　　　　　　　　2000000

　　贷：银行存款　　　　　　　　　　　　　　　　1200000

(四)发行债券

应付债券是指企业为筹集长期资金而发行的债券。在我国，债券发行有平价发行和溢价发行两种情况。企业债券发行价格的高低一般取决于债券票面金额、债券票面利率、发行当时的市场利率以及债券期限的长短等因素。

企业应设置"应付债券"账户，并在该账户下设置"面值""利息调整""应计利息"等明细账，分别核算应付债券发行、计提利息、还本付息等情况。

1.公司债券的发行

无论是平价发行、溢价发行、折价发行，均按债券面值贷记"应付债券——面值"科目，实际收到的款项，借记"银行存款"等科目，实际收到的款项与票面价值之间的差额，贷记或借记"应付债券——利息调整"。

2.利息调整的摊销

利息调整应在债券存续期间内采用实际利率法进行摊销。实际利率法是指按照应付债券的实际利率计算其摊余成本及各期利息费用的方法；实际利率是指将应付债券在债券存续期间的未来现金流量，折现为该债券当前账面价值所使用的利率。

资产负债表日，对于分期付息、一次还本的债券，企业应按应付债券的摊余成本和实际利率计算确定的债券利息费用，借记"在建工程""制造费用""财务费用"等科目，按票面利率计算确定的应付未付利息，贷记"应付利息"科目，按其差额，借记或贷记"应付债券——利息调整"。

3. 债券的偿还

企业发行的债券通常分为到期一次还本付息或一次还本、分期付息两种。采用一次还本付息方式的，企业应于债券到期支付债券本息时，借记"应付债券——面值、应计利息"科目，贷记"银行存款"科目。采用一次还本、分期付息方式的，在每期支付利息时，借记"应付利息"科目，贷记"银行存款"科目；债券到期偿还本并支付最后一期利息时，借记"应付债券——面值""在建工程""财务费用""制造费用"等科目，贷记"银行存款"科目，按借贷双方之间的差额，借记或贷记"应付债券——利息调整"科目。

【例 4-19】 2016 年 12 月 31 日，湘西公司经批准发行 5 年期一次还本、分期付息的公司债券 10000000 元，债券利息在每年 12 月 31 日支付，票面利率为年利率 6%。假定债券发行时的市场利率为 5%。

(1)2016 年 12 月 31 日发行债券时

实际发行价格 $= 10000000(P/F, 5\%, 5) + 10000000 \times 6\%(P/A, 5\%, 5) = 10432700(元)$

```
借：银行存款                    10432700
    贷：应付债券——面值                10000000
          ——利息调整                   432700
```

(2)采用实际利率法和摊余成本计算确定利息费用，见表 4-2。（单位：元）

表 4-2 债券利息计算表

付息日期	支付利息	利息费用	摊销的利息调整	摊余成本
2016 年 12 月 31 日				10432700
2017 年 12 月 31 日	600000	521635	78365	10354335
2018 年 12 月 31 日	600000	517716.75	82283.25	10272051.75
2019 年 12 月 31 日	600000	513602.59	86397.41	10185654.34
2020 年 12 月 31 日	600000	509282.72	90717.28	10094937.06
2021 年 12 月 31 日	600000	505062.94*	94937.06	10000000
*尾数调整				

(3)2017 年 12 月 31 日计算利息费用时

```
借：财务费用                      521635
    应付债券——利息调整              78365
    贷：应付利息                        600000
```

其余各年计算利息费用时账务处理相同。

(4)2021 年 12 月 31 日归还债券本金及最后一期利息费用时

借：财务费用　　　　　　　　　　　　　　　　505062.94

　　应付债券——面值　　　　　　　　　　　　10000000

　　　　　　——利息调整　　　　　　　　　　94937.06

　　贷：银行存款　　　　　　　　　　　　　　　　　　10600000

（五）融资租赁

企业采用融资租赁方式租入的固定资产，尽管从法律形式上其所有权在租赁期间仍然属于出租方，但由于资产租赁期基本上包括了资产的有效使用年限，承租方实质上获得了租赁资产所提供的主要经济利益，同时也承担与该资产有关的风险。因此，企业应将融资租入固定资产视同自有资产计价入账，同时确认相应的负债，并按期计提折旧。

企业在计算最低租赁付款额的现值时，能够取得出租人的租赁内含利率，应当采用租赁内含利率作为折现率；否则，应当采用租赁合同规定的利率作为折现率。无法取得出租人的租赁内含利率且租赁合同没有规定利率的，应当采用同期银行贷款利率作为折现率。

【提示】　未确认融资费用的摊销与分期付款购买固定资产的核算相同。

【例4-20】　湘西公司2016年6月1日以融资租赁方式租入一台设备，租金总额为1500000元，合同约定租赁期开始日预付600000元，以后每年年末支付300000万元，分3年于2019年5月31日全部付清租金，假设银行同期贷款利率为10%。

（1）2016年6月1日

　　　　租入固定资产的入账价值 $=600000+300000(P/A,10\%,3)=1346070$ 元

　　　　　　　未确认融资费用 $=1500000-1346070=153930$ 元

借：固定资产　　　　　　　　　　　　　　　　1346070

　　未确认融资费用　　　　　　　　　　　　　153930

　　贷：长期应付款　　　　　　　　　　　　　　　　900000

　　　　银行存款　　　　　　　　　　　　　　　　　600000

（2）2017年5月31日，支付第一期应付款：

借：长期应付款　　　　　　　　　　　　　　　300000

　　贷：银行存款　　　　　　　　　　　　　　　　　300000

　　　　应摊销的未确认融资费用 $=(900000-153930)\times10\%=74607$ 元

借：财务费用　　　　　　　　　　　　　　　　74607

　　贷：未确认融资费用　　　　　　　　　　　　　　74607

（3）2018年5月31日，支付第二期应付款：

借：长期应付款　　　　　　　　　　　　　　　300000

　　贷：银行存款　　　　　　　　　　　　　　　　　300000

　未确认融资费用 $=[(900000-300000)-(153930-74607)]\times10\%=52067.70$ 元

借：财务费用　　　　　　　　　　　　　　　　52067.70

　　贷：未确认融资费用　　　　　　　　　　　　　　52067.70

（4）2019年5月31日，支付第三期应付款：

借：长期应付款　　　　　　　　　　　　　　　300000

　　贷：银行存款　　　　　　　　　　　　　　　　　300000

应摊销的未确认融资费用 = 153930 - 74607 - 52067.70 = 27255.30(元)

借：财务费用   27255.30

    贷：未确认融资费用   27255.30

(六) 商业信用

商业信用是指商品交易中的延期付款或延期交货所形成的借贷关系，是企业之间的一种直接信用关系。商业信用的主要形式是应付账款和预收账款，即赊购商品和预收货款，表现为货款欠账和延期交货，或购货企业开出期票或商业汇票以示承诺等。

【任务实施】

表 4 - 3

项目导入问题	例题及解答
1. 按实际成本计价核算购入材料	例 4 - 1、例 4 - 2、例 4 - 3、例 4 - 4、例 4 - 5
2. 按计划成本计价核算购入材料	例 4 - 6、例 4 - 7
3. 购入不需安装固定资产和需安装固定资产	例 4 - 8、例 4 - 9
4. 分期付款购买固定资产	例 4 - 10
5. 接受现金、非现金的直接投资	例 4 - 11、例 4 - 12、例 4 - 13、例 4 - 14
6. 假设公司发行股票进行筹资	例 4 - 15、例 4 - 16
7. 向银行分别借入 3 个月短期借款和 2 年的长期借款	例 4 - 17、例 4 - 18
8. 利用公司商业信用筹资	例 4 - 19、例 4 - 20、例 4 - 21、例 4 - 22
9. 发行债券进行筹资	例 4 - 23
10. 融资租赁方式租入一台设备	例 4 - 24

【总结回顾】

材料的核算方法有按实际成本核算和按计划成本核算两种。材料按计划成本核算时，应将材料实际成本与计划成本的差额，设置"材料成本差异"账户单独核算。购入固定资产分需要安装和不需要安装两种情况，购入需要安装固定资产时应通过"在建工程"账户核算，待工程完工再转入"固定资产"账户。分期付款购入固定资产，应将实际支付价款与购买价款之差额按照实际利率法摊销。临时设施的核算与固定资产相同。吸收直接投资按投入资本的形式不同可以分为现金投资和非现金投资。企业应设置"实收资本"账户核算和监督投资者投入资本的增减变动情况。股份公司应设置"股本"账户核算股东投入企业的股本。商业信用是指企业在商品交易中因延期付款(赊购)或预收货款而形成的借贷关系，主要有应付账款、预收账款和应付票据。公司可按面值或溢价发行债券，应设置"应付债券"账户，核算与监督债券的发行、计息、利息调整以及还本付息等情况。银行存款按偿还期限不同，分为短期借款和长期借款。企业应将融资租入固定资产视同自有资产计价入账，同时确认相应的负债。

技能训练

1. 金贝建筑公司为增值税一般纳税人，存货按计划成本核算，甲材料单位计划成本为 10 元/kg，本月初有关甲材料资料如下：原材料期初余额为 20000 元，材料成本差异账户期初贷方余额为 700 元，材料采购账户期初余额为 38800 元；当月发生下列业务：

(1)10 日，上月采购的甲材料 4040 kg，如数收到并验收入库。

(2)18 日，从 A 公司购入甲材料 8000 kg，价款 85400 元，增值税进项税额 14518 元，银行存款付讫，材料未入库。

(3)22 日，18 日购入的甲材料运到，验收入库时发现短缺 40 kg，经查明，系运输公司责任所致，按实收数量验收入库，短缺部分向运输公司索赔。

要求：

①分别对上述业务编制会计分录；

②分别计算本月甲材料的成本差异率；

③分别计算并结转本月发出甲材料应负担的成本差异额。

2. 假设金贝建筑公司存货按实际成本核算，经济业务见训练题 1 中当月发生的业务。

要求：根据业务编制会计分录。

3. 伟达建筑公司 2014 年 1 月 1 日从长江公司购入一台不需要安装的大型机械设备作为固定资产使用，该设备已收到。购货合同约定设备的总价为 2000 万元，分 3 年支付，2014 年 12 月 31 日支付 1000 万元，2015 年 12 月 31 日支付 600 万元，2016 年 12 月 31 日支付 400 万元。假设伟达公司 3 年期银行借款年利率为 6%，不考虑增值税、固定资产折旧的计提等其他因素。

要求：编制购入固定资产、未确认融资费用摊销和支付长期应付款的会计分录。

4. 光华建筑公司 2014 年 1 月份发生下列经济业务，请写出会计分录：

(1)1 日，收到甲公司投入的货币资金 300000 元，存入银行。

(2)4 日，接受乙公司投入的仓库一幢，双方协商价为 200000 元，丙公司投入机器设备一台，协商价 150000 元。

(3)6 日，收到丁公司投入的土地使用权，双方协商以 300000 元作为投入资本入账。

(4)8 日，向建设银行银行借入期限为 1 年的借款 100000 万元，存入银行。年利率为 6%。

(5)10 日，计提上项借款的本月银行借款利息 500 元。

(6)15 日，收到甲公司作为资本投入的 A 材料一批，投资协议约定价值 100000 元，增值税进项税额为 17000 元，甲公司已开具了增值税专用发票。

(7)20 日，以银行存款偿还以前月份借入的短期借款 200000 元。

(8)23 日，收到戊公司投入货币资金 100000 元，存入银行。投资合同规定，戊公司享有的权益为 90000 元，其余作为资本公积处理。

(9)25 日，从建设银行借入 3 年期的借款 500000 元，年利率为 6.5%，存入银行。

(10)假设公司委托证券公司代理发行普通股 500 万股，每股面值 1 元，每股发行价 3元。双方约定证券公司按发行收入的 3% 收取代理发行手续费，由证券公司从发行收入中扣除。股票发行成功，款项已划入大华公司银行账户。

(11)公司于 2014 年 1 月 1 日，溢价发行面值为 1 元，票面利率为 6%，期限为 3 年的债券 8000 张，发行价格为 5 元。每年 12 月 31 日计算并支付利息一次，到期还本并支付最后一期利息。假设实际利率为 4%，对债券发行、计提支付利息、利息调整和到期还本付息进行账务处理。

(12)公司于 2012 年 1 月 1 日，折价发行面值为 100 元，票面利率为 5%、期限为 5 年的债券 3000 张，发行价格为 96 元。每年 12 月 31 日计算并支付利息一次，到期还本并支付最后一期利息，假设实际为 8%，对债券发行、计提支付利息、利息调整和到期还本付息进行账务处理。

(13)向长城公司购入材料一批，收到的增值税专用发票上注明的价款为 500000 元，增值税进项税额 85000 元。商品已收到，并验收入库，款项尚未支付，约定的现金折扣条件为 2/10(即 10 日内付款可享受 2% 的折扣)。

(14)公司于第 6 日以银行存款支付了上述材料款。

(15)公司采用融资租赁方式租入不需要安装的大型设备一台，租赁价款为 1000000 元，租赁资产的公允价值为 850000 元，租赁价款分 5 年于每年年末支付。租赁内含利率为 5%，租赁期满，该设备转归承租企业拥有。作出租入设备、支付费用有关账务处理。

要求：根据上述经济业务编制会计分录。

项目五　施工企业施工环节会计处理

【项目导入】

科泰工程有限责任公司(增值税一般纳税人,以下简称"科泰公司"),具有国家房屋建筑二级施工资质,有各类在职人员150人。其书院家园项目部有 A 和 B 两栋10层小高层正在施工(以下简称 A 工程和 B 工程),建筑面积40000 m^2。A、B 两栋楼根据建设方(增值税一般纳税人)设计要求是相同的混砖框剪结构和户型,中标价格为4480万元(含税价款)。合同形式为固定总价合同。工期15个月。质量标准为合格。公司计划实现目标利润400万元。项目部于2015年9月初开始动工,为了保证施工机械的正常运转,专门成立了一个机修车间。A 工程先行施工,截止2016年6月30日 A 工程已完工,B 工程正在施工。

科泰公司规定:每月10日前通过银行转账发放上月职工薪酬。公司实行实际成本计价核算。书院家园项目部发出材料采用移动加权平均法,固定资产折旧(除房屋建筑物使用年限为20年外,其余机器设备和办公设备使用年限均为5年,按固定资产类别分别计算折旧额)和无形资产摊销均采用平均年限法,周转材料根据使用的具体情况采用不同的摊销方法。临时设施摊销采用工期法摊销(考虑到临时设施的特殊性,该公司临时设施仍单独核算,但其日常计量、摊销和后续支出以及处置等遵循的是固定资产的相关规定)。供水公司和城南电业局采取向公司开户银行委托收款的方式结算水费、电费,银行收到供水公司和城南电业局的委托收款通知书和销售发票后,便会自动扣款转账。公司施工过程中使用的机械设备全是自有机械,且不外租,使用台班分配法分配机械作业的实际成本;根据书院家园施工的工程项目性质,A、B 建筑工程发生的施工间接费用采用直接费分配法分配计入工程成本。

你知道在施工过程中库存现金的开支范围吗?银行存款有哪些结算方式,如何清查货币资金并进行相关账务处理?施工环节中,成本控制的关键是什么?施工企业的原材料如何领用,需要填制哪些凭证,办理哪些相关手续?职工薪酬如何核算?周转材料如何摊销?如何进行固定资产折旧(临时设施摊销)、无形资产摊销和处置呢?施工行业应交税费到底包括哪些具体的内容?工程成本与生产费用有何区别和联系?为了正确核算施工环节中的施工成本,需要开设哪些账簿?又该如何设置工程成本明细账和工程成本卡呢?

【学有所获】

通过本项目的学习,你将收获:

➤了解施工企业施工环节的财务常识;

➤掌握货币资金的账务处理;

➤掌握发出材料按实际成本计价核算的方法及其账务处理;

➤熟悉发出材料按计划成本计价核算的方法及其账务处理;

➤掌握周转材料领用和摊销的方法及其账务处理；

➤掌握固定资产折旧的方法与处置的账务处理；

➤掌握临时设施摊销的方法及其账务处理；

➤掌握无形资产摊销与处置的账务处理；

➤掌握应付职工薪酬的确认和计量及其账务处理；

➤理解工程成本与生产费用的区别，掌握工程成本核算的程序及其账务处理；

➤熟悉施工行业常用的应交税费具体内容，掌握其账务处理；

➤学会施工企业施工环节的会计处理。

任务一 施工企业施工环节财务认知

【任务描述】

了解材料管理的重要性及改进管理的途径；了解机械设备管理的重要性及改进管理的方法；掌握施工项目成本的组成，理解施工项目成本控制的定义和依据，了解施工项目成本控制的原则和途径；懂得项目导入中科泰公司正在施工的书院家园 A 工程和 B 工程的施工项目材料如何从"量"上实施管理，掌握其成本控制的依据、步骤和方法。

【知识准备】

一、材料管理

现阶段的工程施工过程中，需要大量的建筑材料，其数量多、品种繁杂、需求量大，工程材料的基本作用是保证项目工程能够高质量完成。由于施工企业普遍存在缺少专业的材料采购人员，甚至有些工程材料因为质量不过关，材料在使用过程中经常会出现安全事故，严重威胁施工人员的生命及财产安全。工程材料管理工作开展得好坏，对建筑施工质量将会产生巨大的影响。

工程材料管理可从以下几个方面着手：

1. 统一采购模式

将工程材料采购模式进行高效统一，能够有效解决材料分散管理过程中存在的种种弊端。

2. 工程材料管理实现信息化

在工程材料管理过程中，传统的管理模式已经不能适应现代企业发展需求，因此建立信息化的工程材料管理模式，已经成为现阶段需要重点研究的工作。

3. 提高工程材料管理人员专业素质

对于工程材料管理人员来说，需要积极对其进行培训和教育，通过培训教育，不断提升其自身的专业素质和业务水平。在培训过程中，要进一步明确自身材料管理能力方面的责任和义务，保证在材料采购之前切实做好成本预测和采购计划编订。此外，还应该结合项目工程的实际情况，制定完善的奖惩机制，不断激励工程材料管理人员发挥工作潜力。

二、机械设备管理

施工类的企业中，机械设备是固定资产重要的组成部分。在施工过程中使用的机械设备，通常包括自有的机械设备和租赁的机械设备两种。不论是哪种情况的机械设备，如果操作、维修、保养不当，均会造成人力、物力、财力浪费。因此，工程机械的管理水平影响工程的效益，工程机械设备的管理工作是施工企业管理的重要组成部分。

(一) 工程机械设备管理存在的问题

1. 管理机构不健全，管理制度不完善

工程机械设备管理方面，一些施工企业没有建立完善的规章制度对机械设备进行管理，并且在台账、技术资料档案等方面有待进一步完善。

2. 工程机械设备的使用与保养相互脱节

使用设备机械的时候存在不规范的情况。在施工过程中，为了赶工期、抢进度，一味地拼设备，使得机械设备超负荷工作，或者机械设备"带病作业"，甚至操作人员违章操作，进一步加速了工程机械设备的磨损老化速度。虽然施工企业都制定实施了定人定机制度，但是在日常工作中，且没有将机械设备的维修保养责任落实到个人。

3. 旧机械装备落后，盲目购置新机械

为了适应当前的市场形势，有些企业没有结合自身的实际情况制定机械设备发展使用规划和购置方案，进而出现所购设备与实际的施工要求不相适应的现象。

4. 机械设备的维修手段过于落后，维修不及时

机械设备管理的重要环节是机械设备的维修。通常，机械设备的作业环境较为恶劣，这会增加机械设备的磨损程度。部分施工企业往往还局限于设备维修管理的"事后维修"。

(二) 工程机械设备管理的方法

1. 建立健全设备管理制度
2. 落实设备维修和保养制度

建立和完善机械设备保养与维修条例，制定相应的规章制度对机械设备的使用进行监管。为了防止设备出现故障，除了定期检查外，还要对设备进行保养工作。

3. 加大对设备投入力度，适时更新换代
4. 将经济管理与机械资产进行有效结合

对于建筑施工企业来说，需要将经济管理与机械资产进行有效结合，对资产结构进行优化整合，进一步提高机械设备的使用率，有效调整资产结构，进而在一定程度上获得更高的经济效益。

此外，需要采取措施，对工程机械设备做好前期的管控工作，在机械设备选型方面，需要进行科学分析，对工程机械使用方案进行合理配置，创新工程机械设备的管控方式，对工程机械设备加强管理，全面提升工程机械设备的管控效果。

三、施工项目成本控制

(一) 施工项目成本控制的概念

施工项目成本是指建筑企业以施工项目为成本核算对象的施工过程中所耗费的全部生产费用总称。它是建筑企业的产品成本，也称工程成本，包括主要材料、结构件、机械配件、周

转材料；生产工人的工资；机械使用费；组织施工管理所发生的费用等，如表5-1所示。

表5-1 合同价、费用和工程成本

合同价（工程造价）	费用	工程成本	直接费用	人工费
				材料费
				机械使用费
				其他直接费
			间接费用（临时设施费和现场管理费）	
	期间费用		管理费用	
			财务费用	
	利润、税金		利润、税金	

工程造价 = 工程成本 + 期间费用 + 利润 + 税金

施工项目成本控制是指从工程投标报价开始，直至项目竣工结算完成、保修期满收回质押金为止，贯穿于项目实施的全过程的控制。在施工中通过对人工费、材料费和施工机械使用费，及工程分包等费用进行控制。施工成本控制就是要在保证工期和质量的满足要求的前提下，采取相应管理措施，包括组织措施、经济措施、技术措施、合同措施，把实际成本控制在计划成本范围内，并进一步寻求最大程度的成本节约，以保证目标成本实现的一个系统过程。

（二）施工项目成本控制的依据

施工项目成本控制的依据主要包括以下内容：

1. 工程承包合同

工程承包合同明确规定了合同双方的权利义务和合同价。合同价是成本控制的主要依据。

2. 施工成本计划

以货币形式编制施工项目的计划期内的生产费用，成本水平，成本降低率以及为降低成本所采取的主要措施和规划的书面方案，它是建立施工项目成本管理责任制，开展成本控制和核算的基础，它是该项目降低成本的指导性文件。

3. 进度报告

进度报告提供了每一时刻工程实际完成量、工程实际成本和实际支付情况等重要信息，施工成本控制正是通过实际情况与施工成本计划相比较，找出两者之间的差别，分析偏差产生的原因，从而采取措施改进以后的工作。

4. 工程变更与索赔资料

在项目的实施过程中，由于各方面的原因，工程变更是很难避免。施工成本管理人员就应当通过对变更当中各类数据的计算、分析，随时掌握变更情况，包括已发生工程量、将要发生的工程量、工期是否拖延、支付情况等重要信息，判断变更以及变更可能带来的索赔额度等。

在国际工程承包市场上，中标靠低价，赚钱靠索赔是许多建筑施工企业的经验之谈。正常情况下，施工项目能取得的利润为工程成本的 3% ~ 5%，而在国外，通过索赔增加的工程收入能达到工程成本的 10% ~ 20%。因此做好索赔资料的收集和管理，对成本控制至关重要。

5. 施工组织设计

施工组织设计与成本控制有着密切的关系，施工组织设计的内容有：工程概况、施工条件分析、施工方案选择、施工进度计划、施工平面图等，其中，施工方案的确定，如施工机械的选择、施工工艺等直接影响着项目成本，在保证工程质量和满足工期的前提下，优化施工方案是成本控制的重要依据。

6. 分包合同

由于建筑工程是由多工种、多专业密切配合完成的劳动密集型工作，在施工过程中，部分专业工程或项目是采用分包形式完成。为加强成本控制，增加经济效益，分包项目一般通过招标方式产生，通过招标确定施工责任成本中分包项目的分包成本。因此，想要做好成本控制，必须做好分包合同管理工作。

（三）施工项目成本控制的原则

施工项目成本控制应遵循以下七项原则：全面控制原则、开源与节流相结合原则、目标管理原则、责权利相结合原则、节约原则、中间控制原则和例外管理原则。

1. 全面控制原则

全面控制包括全员和全过程、全方位控制。

（1）全员控制项目成本。项目成本的控制需要大家共同关心，有关的项目经理部、施工队、班组和个人都要肩负成本责任，把成本目标落实到每个班组乃和个人，真正树立起全员控制的观念。

（2）全过程控制项目成本。项目成本的发生涉及到项目整个周期，因此从投标开始至中标后的实施及竣工验收、保修阶段，都要有成本控制意识。在投标阶段做好成本的预测，签好合同；在中标后的施工过程中，要制订好成本计划和成本目标，并采取技术和经济相结合的有效手段控制好成本；在竣工验收阶段要办理工程结算及追加的合同价款，做好成本的核算和分析，使施工自始至终处于有效控制中，是一个动态的成本管理过程。

（3）全方位控制成本项目。成本控制不能单纯的强调降低成本，而必须兼顾各方面的利益，既要考虑国家、集体和个人利益，又考虑眼前利益和长远利益，还要考虑工期、质量和费用等，即进行全方位综合考虑。

2. 开源与节流相结合的原则

成本控制的目的是提高经济效益，其途径包括降低成本支出和增加预算收入两个方面，这就需要在成本形成过程中一方面以收定支，定期进行成本核算和分析，以便及时发现成本节、超的原因；另一方面加强合同管理，及时办理价外款的结算，以提高项目成本的管理水平。

3. 目标管理原则

目标管理是进行任何一项管理工作的基本方法和手段，成本控制也应遵循这一原则，即目标设定、分解,目标的责任到位和执行,检查目标的执行结果,评价和修正目标,从而形成目标管理的P计划→D实施→C检查→A处理的循环,即PDCA循环。在实施目标管理循环过程中,关键是抓住A处理阶段,把成功的经验制定成技术或管理的标准、规范,防止以后再出现同样的错误。只有将成本控制置于良性循环中,成本目标才能实现。

4.责、权、利相结合的原则

它是成本控制得以实现的重要保证。在成本控制过程中,项目经理及各专业管理人员都负有一定的成本责任,从而形成了整个项目成本控制的责任网络。要使成本责任得以落实,责任人应享有一定的权限,即在规定的权力范围内,可以决定某项费用能否开支、如何开支和开支多少,对项目成本进行实质控制。

5.节约原则

节约人力、物力、财力是提高经济效益的核心,也是成本控制的一项最重要的基本原则。应做好三方面的工作:一是严格执行成本开支范围、费用开支标准和有关财务制度,对各项成本费用的支出进行限制和监督;二是提高施工项目科学管理水平、优化施工方案、提高生产效率;三是采取预防成本控制失控的技术组织措施,制止可能发生的浪费,真正做到向管理要效益,向技术要效率,确保成本目标的实现。

6.中间控制原则

对一次性的施工项目,竣工阶段的成本控制,由于成本盈亏已成定局,即使发生了偏差,也不能再纠正。因此,把成本控制的重心放在基础、结构、装饰等主要施工阶段上,是十分必要的。

7.例外管理原则

例外管理是西方国家的常用原则。在项目建设过程中,会有一些不经常的“例外”问题,它们往往影响成本目标的实现,对这些“例外”问题的发生,要进行重点检查,深入分析,并采取相应的积极措施进行纠正

(四)施工项目成本控制的途径

1.按照“量、价”分离原则,控制工程直接成本

工程直接成本主要是指在施工项目成本形成过程中直接构成工程实体和有助于工程形成的人工费、材料费、机械使用费及其他直接费。

(1)材料成本控制,应抓好材料用量控制和材料价格控制。

(2)人工费控制,主要从用工数量方面进行控制。

(3)机械费控制,包括使用台班数量和台班单价控制两个方面。

2.精简项目经理部、合理配置项目部成员、降低间接成本

项目机构的设置要根据工程规模大小和工程难易程度等因素,按照组织设计原则,因事设职,因职选人,各司其职,各负其责。选配一专多能的复合型人才,降低管理人员的费用。当前,特别应控制的是项目部的招待费,要根据工作制定出招待标准,从内部做起,严格控制。

3.加强质量管理,控制质量成本

质量成本是指项目为保证和提高产品质量而支出的一切费用,以及未达到质量标准而产生的一切损失费用之和。它包括两个主要方面:质量保证成本和质量损失成本。质量保证成

本包括预防成本和鉴定成本,与质量水平成正比关系;质量损失成本包括内部故障成本和外部故障成本,与质量水平成反比关系。当前迫切需要的是降低损失成本。

4. 组织连续、均衡、有节奏的施工,合理使用资源,降低工期成本

5. 从"开源"原则出发,增加预算收入

(1)认真研究招标文件,树立正确的时间和成本观念;

(2)强化索赔观念,加强索赔管理;

(3)用好调价文件,正确计算价差,及时办理结算。

【任务实施】

科泰公司施工项目材料管理措施:

由于工程材料是构成科泰公司正在施工的书院家园 A 工程和 B 工程主体的主要生产要素,施工项目材料管理应主要从"量"上做文章。只有在切实抓好准确估料、严格审核、限额领料、合理下料的同时,办理完整有效的变更签证和如实的"假退料",才能为降低成本、提高效益提供可靠的物资保证。具体措施如下:

1. 推行单线图施工估料方法

单线图就是以工程项目的工艺流程或系统图为基础,根据平面、剖面的布置及空间走向所勾画的单线示意图。由于单线图直观、易懂,能准确地计算出所需的材料、配件等。

2. 运用材料 ABC 分类法进行估料审核

对施工所使用的各种材料,按其需用量大小,占用资金多少,结合重要程序分成 A、B、C 三类,审核估料时采取不同的办法,如表 5 - 2 所示。

表 5 - 2 材料 ABC 分类法

项目	A 类材料	B 类材料	C 类材料
品种种类占总品种数的比例	约 10%	约 20%	约 70%
价值占存货总价值的比例	约 70%	约 20%	约 10%
存货控制策略	严密控制	一般控制	灵活处理

3. 做好技术质量交底的同时做好用料交底

施工技术管理人员除了熟读施工图纸,吃透设计思想并按规程规范向施工作业班组进行技术质量交底外,还必须将自己的施工估料意图灌输给项目现场施工部门,以单线图的形式做好用料交底,防止班组下料时长料短用、整料零用、优料"劣"用,做到物尽其用,杜绝浪费,减少边角料,把材料消耗降到最低限度。

4. 周密安排月、旬要料计划,执行限额领料

根据施工程序及工程形象进度周密安排分阶段的要料计划,不仅能保证工期与作业的连续性,而且是用好用活流动资金、降低库存、强化材料成本管理的有效措施,在资金周转困难的情况下尤为重要。

5. 及时、完整地办理签证及变更手续

工程设计变更和增加签证在项目施工中会经常发生。工程变更时,往往会造成材料积压,这是由于备料在前、变更在后所致。项目经理部在接收工程变更通知书执行前,应有因

变更造成材料积压的处理意见，原则上要由业主收购，否则，如果处理不当就会造成材料积压，无端地增加材料成本。

另外，应注意甲方现场代表须具有法定委托权，可通过协调会的会议记录或文件进行双方确认，才能保证工程变更签证的有效性。对甲方口头通知的变更，项目经理部应主动办理工程变更书，并由甲方代表签字确认，既体现顾客至上的服务意识，又不损害企业利益。

6.认真处理"假退料"及边角料回收

"假退料"亦称假退库，指月末将已领未用的原材料等填制红字领料单，退回仓库；下月初填制相同内容的蓝字领料单等额领回，而实物不需移动的一种会计处理程序。具体操作时必须实事求是，严格认真。要防止把"假退料"当成调整施工项目责任成本核算、考核的"防空洞"，人为地造假，造成材料成本管理失控。

边角料的回收是施工项目材料成本管理不可忽视的最终环节，除对规格型号进行分门别类外，应注意材质的编号，以利再用。

书院家园工程项目部应依据工程承包合同、施工成本计划、进度报告、工程变更、施工组织设计及分包合同等实施成本控制。

任务二　施工企业施工环节会计处理

本任务包括八项子任务：一、货币资金的会计处理；二、发出原材料的账务处理；三、周转材料领用与摊销的账务处理；四、固定资产折旧（临时设施摊销）与处置的账务处理；五、无形资产摊销与处置的账务处理；六、职工薪酬的账务处理；七、工程成本与费用的账务处理；八、应交税费的账务处理。

子任务一　货币资金的会计处理

【任务描述】

理解库存现金的使用范围和库存现金限额，学会库存现金清查的账务处理；了解银行的结算方式和其他货币资金的核算范围，掌握银行存款余额调节表的编制方法；能准确进行货币资金的会计核算；能够独立完成导入案例中科泰公司在施工环节中涉及的货币资金业务的账务处理。

【知识准备】

货币资金是企业生产经营过程中以货币形态存在的资产，包括库存现金、银行存款和其他货币资金。

为保证货币资金的安全完整和合理使用，根据财政部《内部会计控制规范》中提出的"不相容职务分离"的原则，货币资金的收支业务应由专职的出纳人员经办。出纳应根据审核无误的收、付款凭证进行货币资金的收、付，并负责登记现金日记账和银行存款日记账。

【提示】　出纳人员不得兼管收入、费用、债权、债务等账簿的登记、稽核以及会计档案的保管工作。出纳不得登记库存现金、银行存款总分类账，此项工作应由总账会计负责登记。

一、库存现金的会计处理

1. 库存现金的使用范围

（1）职工工资、津贴；

（2）个人劳务报酬；

（3）根据国家规定颁发给个人的科学技术、文化艺术、体育等各种奖金；

（4）各种劳保、福利费用以及国家规定的对个人的其他支出；

（5）向个人收购农副产品和其他物资的价款；

（6）出差人员必须随身携带的差旅费；

（7）结算起点以下的零星支出；

（8）中国人民银行确定需要支付现金的其他支出。

【提示】　按照《现金管理暂行条例》的规定，现行银行结算起点为 1000 元。所谓银行结算起点是指办理每一笔银行转账结算业务的最低金额。

2. 库存现金限额

库存现金限额是指为保证各单位日常零星支付按规定允许留存库存现金的最高数额。由开户行根据开户单位的实际需要和距离银行远近等情况核定。其限额一般按照单位 3 ~ 5 天日常零星开支所需现金确定。边远地区和交通不便地区的开户单位的库存现金限额，可按多余 5 天、但不得超过 15 天的日常零星开支的需要确定。

库存现金限额计算公式为：

$$库存现金限额 = 每日零星支出额 \times 核定天数$$

每日零星支出额 = 月（或季）平均现金支出额（不包括定期性的大额现金支出和不定期的大额现金支出）/ 月（或季）平均天数

企业必须严格执行核定的的库存现金限额，超过限额的库存现金，应及时送存银行；库存现金不足，可签发现金支票从开户银行提取。

3. 库存现金的账务处理

库存现金的核算，应包括它的总分类核算和明细分类核算。为了详细反映库存现金的收支情况，企业应设置"现金日记账"，由出纳根据审核无误的原始凭证和记账凭证，按业务发生的顺序逐笔登记。库存现金的总分类核算是通过设置"库存现金"账户进行的。"库存现金"账户是资产类账户，借方反映库存现金的收入，贷方反映库存现金的支出，余额在借方，表示库存现金的余额。

值得注意的是：将现金存入银行，只需编制库存现金的付款凭证；从银行提取现金，只需编制银行存款的付款凭证。

【例 5 - 1】　出纳将现金 2000 元存入开户银行。应编制会计分录如下：

　　借：银行存款　　　　　　　　　　　　　　　　　　　2000

　　　　贷：库存现金　　　　　　　　　　　　　　　　　　2000

【例 5 - 2】　出纳开出现金支票，从银行提取现金 30000 元，准备发放临时工工资。应编制会计分录如下：

　　借：库存现金　　　　　　　　　　　　　　　　　　　30000

　　　　贷：银行存款　　　　　　　　　　　　　　　　　　30000

【例 5－3】 机修车间修理工张刚预借差旅费 3000 元到沈阳出差，其填制的借支单，经过领导批准，付给现金。应编制会计分录如下：

借：其他应收款——机修车间（张刚）　　　　　　　3000
　　贷：库存现金　　　　　　　　　　　　　　　　　　　　3000

4. 库存现金的清查

为了保证现金的安全完整，企业应当按规定对库存现金进行定期和不定期的清查，一般采用实地盘点法，对于清查的结果应当编制现金盘点报告单。如果账款不符，发现长款或短款，应先通过"待处理财产损益"科目核算。

"待处理财产损益"科目，核算公司在清查财产过程中查明的各种财产物资的盘盈、盘亏和毁损。本科目下设置"待处理固定资产损益"和"待处理流动资产损益"两个明细科目。盘盈财产物资的实际成本以及经批准转销的盘亏数贷记本科目，盘亏和毁损财产物资的实际成本以及经批准转销的盘盈数借记本科目，期末该科目通常无余额。"待处理财产损益"是资产类账户。由于企业盘盈的固定资产，一般是以前年度发生的会计差错，所以不通过该科目核算。

盘盈、盘亏是指财产清查中实物与账面的差异，盘点实物存数或价值大于账面存数或价值，就是盘盈（长款）；盘点实物存数或价值小于账面存数或价值就是盘亏（短款）。

库存现金清查后的长、短款，必须经有管理权限的部门和领导经批准后，分别按以下情况处理：

（1）短款。有责任人的，计入其他应收款，无法查明原因的，计入管理费用等账户。

【例 5－4】 某建筑公司开展内部突击审计，清点出纳库存现金，发现短款 540 元。其中 500 元属于行政科王军私人借支（白条抵库），另 40 元无法查明原因。根据领导批准处理意见，短款的 40 元由公司承担。应编制会计分录如下：

（1）批准前，根据现金盘点报告单

借：待处理财产损益——待处理流动资产损益　　　　540
　　贷：库存现金　　　　　　　　　　　　　　　　　　　　540

（2）批准后

借：其他应收款——行政科（王军）　　　　　　　　500
　　管理费用　　　　　　　　　　　　　　　　　　　40
　　贷：待处理财产损益——待处理流动资产损益　　　　　540

（2）长款。属于应支付的款项，计入其他应付款，属于无法查明原因的，计入营业外收入。

【例 5－5】 长江公司在财产清查中，发现库存现金溢余 50 元。经反复核查，上述库存现金长款无法查明原因。根据批准处理意见，转作营业外收入。

（1）批准前，根据现金盘点报告单

借：库存现金　　　　　　　　　　　　　　　　　　50
　　贷：待处理财产损益——待处理流动资产损益　　　　　50

（2）批准后

借：待处理财产损益——待处理流动资产损益　　　　50
　　贷：营业外收入　　　　　　　　　　　　　　　　　　50

二、银行存款的会计处理

(一)银行存款账户

中国人民银行《支付结算办法》规定,企业应在银行开立账户,办理存、取款和转账等结算,企业在银行开立存款账户,必须遵守《银行账户管理办法》。单位和个人办理支付结算,不准签发空头支票和远期支票,套取银行信用;不准签发、取得和转让没有真实交易和债权债务的票据,以套取他人和银行资金;不准无理拒绝付款,任意占用他人资金;不准违反规定开立和使用账户。

银行存款账户分为基本存款账户、一般存款账户、临时存款账户和专用存款账户。基本存款账户是存款人办理日常转账结算和现金收付的账户。企业的工资、奖金等现金的支取,只能通过本账户办理。一般存款账户是存款人在基本存款账户以外的银行借款转存、与基本存款账户的存款人不在同一地点的附属非独立核算单位开立的账户。企业可以通过本账户办理转账结算和现金缴存,但不能办理现金支取。临时存款账户是存款人因临时经营活动需要开立的账户。企业可以通过本账户办理转账结算和根据国家现金管理的规定办理现金收付。专用存款账户是存款人因特定用途需要开立的账户。

【提示】 存款人只能选择在一家银行开立一个基本存款账户,不得在多家银行机构开立基本存款账户;不得在同一家银行的几个分支机构开立一般存款账户。

(二)银行结算方式

企业发生的货币资金收付业务,可以采用银行汇票、银行本票、商业汇票、支票、信用卡、汇兑、委托收款、托收承付、信用证、支付宝等方式进行结算。上述结算方式可分为异地结算和同城结算两类。异地结算是指收付双方不在同一票据交换区域的支付结算,包括汇兑、托收承付和信用证结算方式;同城结算是指收付双方均在同一票据交换区域的支付结算,包括支票、银行本票结算方式。银行汇票、商业汇票、委托收款、信用卡和支付宝等结算方式,既可用于异地结算,又可用于同城结算。

1.银行汇票

银行汇票是汇款人将款项交存当地银行,由银行签发给汇款人可持往异地办理转账结算或支取现金的票据。

银行汇票的付款期为 1 个月,逾期的票据,代理付款银行不予受理,银行汇票具有使用灵活,票随人到,兑现性强等特点。

2.商业汇票

商业汇票是收款人或付款人(或承兑申请人)签发,由承兑人承兑,并于到期日向收款人或被背书人支付款项的票据。按其承兑人的不同,分为商业承兑汇票和银行承兑汇票。商业汇票的付款期限由交易双方商定,但最长不得超过 6 个月。商业汇票的提示付款期限自汇票到期日起 10 日内。

商业汇票一律记名,允许背书转让。符合条件的商业承兑汇票的持票人可持未到期的商业汇票向银行申请贴现。贴现,是指持票人将未到期的票据向银行融通资金,银行将汇票到期金额扣除贴现利息后的余额支付给持票人的一种行为。

3. 银行本票

银行本票是申请人将款项交存银行，由银行签发的承诺自己在见票时无条件支付确定的金额给收款人或者持票人的票据。银行本票按照其金额是否固定可分为不定额和定额两种。其提示付款期限自出票日起最长不得超过 2 个月。银行本票，见票即付，不予挂失，当场抵用，付款保证程度高。

4. 支票

支票是银行的存款人签发给收款人办理结算或委托开户银行将款项支付给收款人的票据。支票结算是同城结算中应用比较广泛的一种结算方式。

支票分为现金支票和转账支票。现金支票不可以转账，转账支票不能支取现金。支票的持票人应自出票日起 10 日内提示付款。

签发支票时，应使用碳素墨水，将支票上的各要素填写齐全，并在支票上加盖预留银行的印鉴。支票上的日期要大写。支票的日期、金额、收款人不得更改，更改了的票据无效。

5. 汇兑

汇兑是汇款人委托银行将款项汇给外地收款人的结算方式。汇兑分信汇、电汇两种，由汇款人选择使用。信汇指汇款人委托银行通过邮寄方式将款项划给收款人；电汇是指汇款人委托银行通过电报方式将款项划给收款人。

6. 委托收款

委托收款是收款人委托银行向付款人收取款项的结算方式。同城或异地均可使用，不受金额起点限制。单位或个人凭已承兑的商业汇票、债券、存单等付款人债务证明办理款项的结算，均可使用委托收款结算方式。

委托收款分邮划和电划两种，由收款人选用。

7. 托收承付

托收承付是根据购销合同由收款人发货后委托银行向异地付款人收取款项，由付款人向银行承兑付款的结算方式。托收承付结算方式的结算程序与委托收款结算方式基本相同。

采用托收承付结算方式时，购销双方必须有符合《经济合同法》的购销合同，并在合同上订明使用托收承付结算方式。

8. 信用证

信用证是在异地商品交易中，由购货方先将货款交存当地银行，由银行向外地销货方开户银行签发的一种保证支付款项的书面证明。一般用于国际贸易，以保证购货方不会拖欠销货方的货款。

9. 信用卡

信用卡是商业银行向个人和单位发行的，凭此向特约单位购物、消费和向银行存取现金，具有消费信用的特制载体卡片，其形式是一张正面印有发卡银行名称、有效期、号码、持卡人姓名等内容，背有磁条、签名条的卡片。多数情况下，具有完全民事行为能力（中国大陆地区为年满 18 周岁的公民）的、有一定直接经济来源的公民，或没有直接经济来源的在校大学生，可以向发卡行申请信用卡。有时，法人也可以作为申请人。信用卡按信用等级可分为：普通卡（银卡）、金卡、白金卡、无限卡等。

10. 支付宝

支付宝是全球领先的第三方支付平台，由阿里巴巴集团创办。自 2014 年开始成为当前全球最大的移动支付厂商。支付宝主要提供支付及理财服务，包括网购担保交易、网络支付、转账、信用卡还款、手机充值、水电煤缴费、个人理财等多个领域。

（三）银行存款的账务处理

为了核算和反映企业存入银行或其他金融机构的各种存款，企业会计制度规定，应设置"银行存款"科目，该科目的借方反映企业存款的增加，贷方反映企业存款的减少，期末借方余额，反映企业期末存款的余额。企业应严格按照制度的规定进行核算和管理，企业将款项存入银行或其他金融机构，借记"银行存款"科目，贷记"库存现金"等有关科目；提取和支出存款时，借记"库存现金"等有关科目，贷记"银行存款"科目。

"银行存款日记账"应按开户银行和其他金融机构、存款种类等，分别设置，由出纳人员根据收付款凭证，按照业务的发展顺序逐笔登记，每日终了应结出余额。

【例5-6】　通过银行收到建设单位前欠的工程款100000元。应编制会计分录如下：

借：银行存款　　　　　　　　　　　　　　　　100000
　　贷：应收账款——应收工程款（建设单位）　　　　　　100000

【例5-7】　签发转账支票，支付公司行政办公室固定电话费2060元。应编制会计分录如下：

借：管理费用——通讯费　　　　　　　　　　　　2060
　　贷：银行存款　　　　　　　　　　　　　　　　2060

（四）银行存款清查

银行存款清查的方法是定期与银行核对账目。为了准确掌握银行存款实际金额，防止发生差错，至少每月核对一次，通常在月末进行。

企业在将银行存款日记账与银行提供的对账单逐笔核对时，往往会发现银行存款日记账上的余额与银行对账单的企业存款余额不一致。产生这种情况的原因，除了记账差错外，还可能是由于存在未达账项。未达账项是由于凭证传递上的时间差引起的一方已经登记入账，而另一方尚未入账的款项。通常包括以下四种情况：

（1）企业已经收款入账，而银行尚未入账的款项。
（2）企业已经付款入账，而银行尚未入账的款项。
（3）银行已经收款入账，而企业尚未入账的款项。
（4）银行已经付款入账，而企业尚未入账的款项。

企业对于在核对账目中发现的未达账项，应编制"银行存款余额调节表"进行调节。

银行存款余额调节表的编制方法一般是在双方账面余额的基础上，分别补记对方已记而本方未记的账项金额，然后验证调节后的双方账目是否相符。相关计算公式如下：

企业银行存款日记账调节后的余额＝企业银行存款日记账余额－银行已付而企业未付账项＋银行已收而企业未收账项

银行对账单调节后的存款余额＝银行对账单存款余额－企业已付而银行未付账项＋企业已收而银行未收账项

通过核对调节，"银行存款余额调节表"上的双方余额相等，一般可以说明双方记账没有差错。如果经调节仍不相等，要么是未达账项未全部查出，要么是一方或双方记账出现差错，需要进一步采用对账方法查明原因，加以更正。调节相等后的银行存款余额是当日可以动用的银行存款实有数。对于银行已经划账，而企业尚未入账的未达账项，要待银行结算凭证到达后，才能据以入账，不能以"银行存款余额调节表"作为记账依据。

【例5-8】 某企业2015年12月31日银行存款日记账账面余额为40000元，开户行送到的对账单所列本企业存款余额35000元，经逐笔核对，发现未达账项如下：

(1)12月5日，企业收到购买单位转账支票一张，计52000元，已开具送款单送存银行，但银行尚未入账。

(2)12月5日，银行计算企业存款利息50000元，已记入企业存款户，企业尚未接到通知而未入账。

(3)12月23日，企业为支付职工的差旅费开出现金支票一张，计2000元，持票人尚未到银行取款。

(4)12月23日，企业经济纠纷案败诉，银行代扣违约罚金5000元，企业尚未接到通知而未入账。

根据以上未达账项，会计编制"银行存款余额调节表"，如表5-3。

表5-3　银行存款余额调节表

项目	金额	项目	金额
银行存款日记账余额	40000	银行对账单余额	35000
加：银行已收、企业未收款	50000	加：企业已收、银行未收款	52000
减：银行已付、企业未付款	5000	减：企业已付、银行未付款	2000
调节后余额	85000	调节后余额	85000

上表说明，企业实际可用的银行存款是调节后的余额85000，而不是银行存款日记账余额40000。

【提示】 银行存款余额调节表是会计档案，不是原始凭证，不能作为记账的依据。

三、其他货币资金的会计处理

其他货币资金是指除库存现金和银行存款以外的其他各种货币资金，包括企业的外埠存款、银行本票存款、银行汇票存款、信用卡存款、信用证保证金存款、存出投资款等。

为了反映和监督其他货币资金的增减变动情况，企业应设置"其他货币资金"总账账户，并按照其他货币资金的类别(外埠存款、银行本票存款、银行汇票存款、信用卡存款、信用证保证金存款、存出投资款等)设置有关明细账户进行明细核算。其借方登记增加数，贷方登记减少数，期末借方余额表示结存数。

企业增加其他货币资金，借记"其他货币资金"科目，贷记"银行存款"科目；支用其他货币资金，借记有关科目，贷记"其他货币资金"科目。

【例5-9】 华立工程公司是增值税一般纳税人，2016年1月8日，汇往上海采购某型号彩钢款500000元，存入上海的银行开立采购专户，采购共花费491400元，收到的增值税专用发票注明彩钢420000元，增值税71400元。余款采购后退回开户银行(新型彩钢已验收入库）。应编制会计分录如下：

1.将款项汇到外地开立专户时：

借：其他货币资金——外埠存款　　　　　　　　　　　　500000

　　贷：银行存款　　　　　　　　　　　　　　　　　　　　500000

2.收到新型彩钢时：

借：原材料——彩钢　　　　　　　　　　　　　　　　　420000

　　应交税费——应交增值税（进项税额）　　　　　　　　71400

　　贷：其他货币资金——外埠存款　　　　　　　　　　　　491400

3.收回多余的款项时：

借：银行存款　　　　　　　　　　　　　　　　　　　　8600

　　贷：其他货币资金——外埠存款　　　　　　　　　　　　8600

【例5-10】　红星建筑企业要委托某证券公司从深圳证券交易所购入丁上市公司股票，先在该公司以企业名义开立证券资金户头并存入资金600万。编制会计分录如下：

借：其他货币资金——存出投资款　　　　　　　　　　　6000000

　　贷：银行存款　　　　　　　　　　　　　　　　　　　　6000000

该证券公司从深圳证券交易所购入丁上市公司股票50万股（假设价值为400万元，不考虑交易手续费），并将其划分为交易性金融资产。编制会计分录如下：

借：交易性金融资产　　　　　　　　　　　　　　　　　4000000

　　贷：其他货币资金——存出投资款　　　　　　　　　　　4000000

红星建筑企业将多余的资金转回原开户银行。编制会计分录如下：

借：银行存款　　　　　　　　　　　　　　　　　　　　2000000

　　贷：其他货币资金——存出投资款　　　　　　　　　　　2000000

【提示】　"交易性金融资产"主要是指企业为了近期内出售而持有的金融资产，例如企业以赚取差价为目的从二级市场购入的股票、债券、基金等。企业应设置"交易性金融资产"科目，本科目核算企业持有的以公允价值计量且其变动计入当期损益的金融资产，包括为交易目的所持有的债券投资、股票投资、基金投资、权证投资和直接指定为以公允价值计量且其变动直接计入当期损益的金融资产。

该科目应当按照交易性金融资产的类别和品种，分别设置"成本""公允价值变动"明细科目进行核算，"公允价值变动损益"科目核算企业会计期末交易性金融资产等公允价值变动而形成的应计入当期损益的利得或损失。取得该资产所发生的相关交易费用，应在发生时计入投资收益的借方。

【任务实施】

导入案例中货币资金业务的账务处理：

（1）1日，机修车间（书院家园项目部）张刚报销沈阳差旅费4800元（上月预借5000元），退回多余现金200元。编制会计分录如下：

借：库存现金　　　　　　　　　　　　　　　　　　　　200

　　生产成本——辅助生产成本（机修车间）　　　　　　　4800

　　贷：其他应收款——机修车间（张刚）　　　　　　　　　5000

【提示】　假设张刚报销沈阳学习差旅费5000元（上月预借5000元），

编制会计分录如下：

借：生产成本——辅助生产成本（机修车间）　　　　5000

　　贷：其他应收款——机修车间（张刚）　　　　　　　5000

【提示】　假设张刚报销沈阳学习差旅费5200元（上月预借5000元），差额付给现金200元。

编制会计分录如下：

借：生产成本——辅助生产成本（机修车间）　　　　5200

　　贷：其他应收款——机修车间（张刚）　　　　　　　5000

　　　　库存现金　　　　　　　　　　　　　　　　　　200

（2）3日，科泰公司为保证书院家园项目施工顺利进行，专门从宏远水泥厂购进水泥200吨，已验收入库，且已收到水泥厂开具的增值税专用发票。发票上注明，水泥价款45000元，增值税7650元。款已通过银行支付。编制会计分录如下：

借：原材料——主要材料（水泥）　　　　　　　　　45000

　　应交税费——应交增值税（进项税额）　　　　　　7650

　　贷：银行存款　　　　　　　　　　　　　　　　　52650

（3）3日，另从湘江砂石厂购进黄砂100吨，金额合计15000元（含税价），已验收入库，由于该砂石厂是增值税小规模纳税人，因此公司收到的是该厂出具的增值税普通发票，款未付。编制会计分录如下：

借：原材料——主要材料（黄砂）　　　　　　　　　15000

　　贷：应付账款——湘江砂石厂　　　　　　　　　　15000

【提示】　增值税专用发票不仅是购销双方收付款的凭证，而且可以用作购买方扣除增值税进项税额（认证抵扣）的凭证。增值税普通发票不能抵扣增值税进项税额。增值税专用发票一般只能由增值税一般纳税人领购使用，小规模纳税人需要使用的，只能经税务机关批准后由当地的税务机关代开；普通发票则可以由从事经营活动并办理了税务登记的各种纳税人领购使用，未办理税务登记的纳税人也可以向税务机关申请领购使用普通发票。

子任务二　发出原材料的账务处理

【任务描述】

了解材料发出的凭证；掌握材料发出按实际成本计价核算的方法及其账务处理；了解材料发出按计划成本计价的核算的方法及其账务处理；掌握委托加工发出材料实际成本计价核算的账务处理；学会项目5导入案例中书院家园项目部施工环节中发出材料经济业务的账务处理。

【知识准备】

一、材料发出的凭证

施工企业材料发出的凭证，包括："领料单""定额领料单""大堆材料耗用计算单""集中配料耗用计算单"等。

1.领料单

是一种一次性使用的领料凭证，格式见表5-4。领料单通常是一式四联。第一联为存根联，留领料部门备查；第二联为记账联，留会计部门作为出库材料核算依据；第三联为保管联，留仓库作为登记材料明细账依据；第四联为业务联，留供应部门作为物质供应统计依据。领料单属于自制的原始凭证，而且是一次性凭证和汇总原始凭证。

表 5 - 4
领料单

领料日期：＿＿＿＿＿＿＿＿＿＿＿＿＿＿

领料单号：＿＿＿＿＿＿＿＿＿＿＿＿＿＿

工程项目：＿＿＿＿＿＿ 领料人：＿＿＿＿＿ 退料人：＿＿＿＿＿ 表号：

序号	品番（材料编号）	中文品名（材料名称）	规格尺寸/型号/颜色	用途	单位	领用数量	退回数量	备注
1								
2								
3								
4								
5								

操作流程：

领料人：到仓库领取物料→现场管理员：填写表单内容，同意领料→仓管：确认已领料（库存管控）

表单位适用范围：现场材料领用［材料，辅料（劳保用品、五金件、工具、缠绕膜等），备品］

2. 限额领料单

又称定额领料单，是一种可在规定的领用限额内多次使用的累计领料凭证。它适用于经常领用并规定有消耗定额的各种材料。限额领料单通常是一式两联。一份交领料部门，一份交发料仓库，分别作为领发料的依据。领料时，由领料部门向仓库部门说明领用数量，发料后，由仓库在两份限额领料单内填明实发数，并结出限额结余，并由领料人和发料人同时签章；月末，结出实发数量和金额，交会计部门据以记账。格式见表 5 - 5。

表 5 - 5
限额领料单

材料科目：＿＿＿＿ 材料类别：

领料车间（部门）：＿＿＿＿ 年 月 编号：

用途：＿＿＿＿ 仓库：

材料编号	材料名称	规格	计量单位	领用限额	实际领用			备注
					数量	单位成本	金额	

日期	请领		实发			退回			限额结余	
	数量	领料单位	数量	发料人签章	领料人签章	数量	领料人签章	退料人签章		
合计										

第二联 财务核算联

生产计划部门负责人： 供应部门负责人： 仓库负责人：

3.大堆材料耗用计算单

主要适用于用料时既不易点清数量，又难于分清用料对象的砖、砂、石、石灰等材料。具体做法是：采用实地盘存制，于月末盘点结存数，倒算出本月耗用数，并以定额耗用量为标准分配计算出各用料对象的耗用量，编制"大堆材料耗用计算单"。其计算公式：

本月实际耗用总量 ＝ 月初结存数量 ＋ 本月购进材料数量 － 月末结存数量

某成本核算对象本月实际耗用量 ＝ 该成本核算对象的定额用量 × [本月实际耗用总量 ÷ 各成本核算对象本月定额耗用量]

【提示】 存货的两种盘存制度分别为：永续盘存制和实地盘存制。

永续盘存制又称"账面盘存制"，它是指平时对各项实物财产的增减变动都必须根据会计凭证逐日逐笔地在有关账簿中登记，并随时结算出其账面结存数量的一种盘存方法。采用这种盘存方法，需按实际财产的项目设置数量金额式明细账并详细记录，以便及时地反映各项实物财产的收入、发出和结存的情况。其计算公式如下：

期末结存数 ＝ 期初结存数 ＋ 本期增加数 － 本期减少数

其优点：是有利于加强对实物财产的管理。缺点：日常的工作量较大。

实地盘存制又称"定期盘存制"，也叫"以存计销制"或"以存计耗制"。它是指平时只在账簿中登记各项实物资产的增加数，不登记减少数，期末通过实物盘点来确定其实有数，并据以倒算出本期实物财产减少数的一种盘存方法。其计算公式如下：

本期减少数 ＝ 期初结存数 ＋ 本期增加数 － 期末实有数。

优点：实地盘存制可以简化日常工作。缺点：不能随时反映库存财产物资的发出结存情况，也不利于加强财产物资的管理。

4.集中配料耗用计算单

对领料时虽能点清数量，但系集中配料或统一下料的材料，如油漆、木材、钢筋等，必须按耗用配制成的综合料的数量计入有关用料对象的成本。仓库发料时，应在领料单上填明"工程集中配料"字样。月终，计算出配制成的综合料的成本，按实际耗用和定额耗用的比例分配给有关用料对象负担。集中配料材料的计算和分配，应通过编制"集中配料耗用计算单"进行。

二、材料发出按实际成本计价的核算

1.发出材料实际成本计价方法的确定

材料按实际成本核算时，由于采购批别或采购地点的不同，同一材料的采购成本往往不相同。发出材料时，可以选用先进先出法、月末一次加权平均法、移动加权平均法和个别计价法等确定其实际成本。

(1)先进先出法

先进先出法是以先购进的材料先发出为假定前提，对发出材料和期末材料进行计价的方法。材料发出时，先按第一批进库的材料计价；第一批进库的材料发完后，再按第二批进库的材料计价；第二批进库的材料发完后，再按第三批进库的材料计价，以此类推。

【例5－11】 某建筑公司2015年8月不锈钢冷拉扁钢的收发、结存情况如表5－6所示。采用先进先出法确定发出扁钢的成本。

表5-6 不锈钢冷拉扁钢明细账 （数量/吨，单价/元，金额/元）

2015		凭证编号	摘要	入库			发出			结存		
月	日			数量	单价	金额	数量	单价	金额	数量	单价	金额
8	1	略	期初结存							10	850	8500
	5		购进	5	4200	21000				10	850	8500
										5	4200	21000
	7		发出				10	850	8500	5	4200	21000
	20		购进	5	4400	22000				5	4200	21000
										5	4400	22000
	22		发出				5	4200	21000			
							2	4400	8800	3	4400	13200
	28		购进	10	4000	40000				3	4400	13200
										10	4000	40000
	31		发出				3	4400	13200			
							4	4000	16000	6	4000	24000
			合计	20		83000	24		67500	6		24000

7日发出扁钢的成本 $= 10 \times 850 = 8500$（元）

22日发出扁钢的成本 $= 5 \times 4200 + 2 \times 4400 = 29800$（元）

31日发出扁钢的成本 $= 3 \times 4400 + 4 \times 4000 = 29200$（元）

8月份发出扁钢的实际成本 $= 8500 + 29800 + 29200 = 67500$（元）

（2）月末一次加权平均法

月末一次加权平均法是以月初材料结存数量和本月收入材料数量为权数，于月末一次计算出材料的加权平均单价，并以此单价计算本月发出材料成本和结存材料成本的方法。其计算公式为：

加权平均单价 = （月初结存金额 + 本月收入金额）/（月初结存数量 + 本月收入数量）

发出材料的实际成本 = 发出材料数量 × 加权平均单价

结存材料的实际成本 = 结存材料数量 × 加权平均单价

【例5-12】 沿用【例5-11】资料，如表5-7所示。采用月末一次加权平均法确定发出扁钢的成本。

表 5-7　不锈钢冷拉扁钢明细账　　（数量/吨，单价/元，金额/元）

| 2015 | | 凭证编号 | 摘要 | 入库 | | | 发出 | | | 结存 | | |
月	日			数量	单价	金额	数量	单价	金额	数量	单价	金额
8	1	略	期初结存							10	850	8500
	5		购进	5	4200	21000				15		
	7		发出				10			5		
	20		购进	5	4400	22000				10		
	22		发出				7			3		
	28		购进	10	4000	40000				13		
	31		发出				7			6		
			合计	20		83000	24	3050	73200	6	3050	18300

加权平均单价 = (8500 + 83000)/(10 + 20) = 3050(元/吨)

8 月末结存扁钢的实际成本 = 6 × 3050 = 18300(元)

发出扁钢实际成本 = 3050 × 24 = 73200(元)

或：

8 月发出扁钢的实际成本 = 8500 + 83000 − 18300 = 73200(元)

（3）移动加权平均法

移动加权平均法是指以每次进货材料的成本加上原有库存材料的成本，除以每次进货材料数量与原有库存材料数量之和，据以计算移动加权平均单价，作为在下次进货前计算各次发出材料成本的依据。移动加权平均单价的计算公式为：

移动加权平均单价 = (本次收入前结存金额 + 本次收入金额)/

(本次收入前结存数量 + 本次收入数量)

发出材料的实际成本 = 发出材料实际数量 × 本次移动加权平均单价

期末结存材料的成本 = 期末结存数量 × 本次移动加权平均单价

【提示】　如果移动加权平均单价不是整数，也可先计算出发出材料的实际成本，再倒推出期末结存材料的成本。

期末结存材料的实际成本 = 期初结存材料实际成本 + 本期收入材料实际成本 − 本期发出材料实际成本

【例 5-13】　仍沿用【例 5-11】资料，如表 5-8 所示。采用移动加权平均法确定发出扁钢的成本。（四舍五入取整数）

136

表 5 – 8　不锈钢冷拉扁钢明细账　　（数量/吨，单价/元，金额/元）

2015		凭证编号	摘要	入库			发出			结存		
月	日			数量	单价	金额	数量	单价	金额	数量	单价	金额
8	1	略	期初结存							10	850	8500
	5		购进	5	4200	21000				15	1967	29500
	7		发出				10	1967	19670	5	1967	9830
	20		购进	5	4400	22000				10	3183	31830
	22		发出				7	3183	22281	3	3183	9549
	28		购进	10	4000	40000				13	3812	49549
	31		发出				7	3812	26684	6	3811	22865
			合计	20		83000	24		68635	6	3811	22865

7 日发出扁钢的移动加权平均单价 = (8500 + 21000) ÷ (10 + 5) ≈ 1967(元)

7 日发出扁钢的实际成本 = 10 × 1967 = 19670(元)

7 日结存扁钢的实际成本 = 8500 + 21000 − 19670 = 9830(元)

22 日发出扁钢的移动加权平均单价 = (9830 + 22000) ÷ (5 + 5) = 3183(元)

22 日发出扁钢的实际成本 = 7 × 3183 = 22281(元)

22 日结存扁钢的实际成本 = 9830 + 22000 − 22281 = 9549(元)

31 日发出扁钢的移动加权平均单价 = (9549 + 40000) ÷ (3 + 10) ≈ 3812(元)

31 日发出扁钢的实际成本 = 7 × 3812 = 26684(元)

31 日结存扁钢的实际成本 = 9549 + 40000 − 26684 = 22865(元)

8 月份发出扁钢的实际成本 = 19670 + 22281 + 26684 = 68635(元)

（4）个别计价法

个别计价法是指每次发出材料的金额按其购入时的实际成本分别计价的方法。这种方法所确定的材料发出成本和结存成本最为准确，且可以随时结转，但是核算工作量大，因此只能适用于单位成本较高、容易辨认的存货，或为特定项目专门购制并单独存放的存货。如：金刚钻，珠宝，名表等。

企业可根据材料收发的具体情况，选择适用的计价方法。计价方法一经确定，一般不得随意变更，以保持会计核算资料的一贯性和可比性。

2. 发出材料的账务处理

施工企业材料的领发业务频繁。为了简化核算工作，平时只登记仓库设置的材料明细账，反映各种材料的收发和结存金额。月末，财会部门根据领料凭证，按领料部门和用途汇总编制"发出材料汇总表"，据以进行发出材料的账务处理。

【例 5 – 14】　某工程公司根据领料单汇总编制的发出材料汇总表，见表 5 – 9。

表 5-9　发出材料汇总表

2015 年 8 月 31 日

序号	用料对象 材料成本	主要材料		结构件	机械配件	其他材料	合计
		黑色金属	硅酸盐				
1	甲工程	4000	50000	11280			65280
2	乙工程	6000	28000	12920			46920
3	机械作业				5100		5100
4	辅助生产					2040	2040
5	施工项目部					1020	1020
	合计	10000	78000	24200	5100	3060	120360

根据表 5-12，编制会计分录如下：

结转发出材料的直接成本

借：工程施工——合同成本（甲工程）　　　　　　　　65280

　　　　　　——合同成本（乙工程）　　　　　　　　46920

　　机械作业　　　　　　　　　　　　　　　　　　　5100

　　生产成本——辅助生产成本　　　　　　　　　　　2040

　　工程施工——间接费用　　　　　　　　　　　　　1020

　　贷：原材料——主要材料（黑色金属）　　　　　　　　10000

　　　　　　——主要材料（硅酸盐）　　　　　　　　　　78000

　　　　　　——结构件　　　　　　　　　　　　　　　　24200

　　　　　　——机械配件　　　　　　　　　　　　　　　5100

　　　　　　——其他材料　　　　　　　　　　　　　　　3060

三、材料发出按计划成本计价的核算

按计划成本计价进行材料核算的企业，也应根据各种领料凭证编制"发出材料汇总表"，据以进行发出材料的账务处理。"发出材料汇总表"上应分别反映发出材料的计划成本和成本差异两部分内容。因为领料凭证上反映的仅是领用材料的计划成本，还须同时结转发出材料应负担的成本差异，才能将发出材料的计划成本调整为实际成本。

1. 发出材料成本差异的确定

发出材料的成本差异，按以下方法确定：

发出材料应负担的材料成本差异＝发出材料的计划成本×材料成本差异率

材料成本差异率的计算公式如下：

本月材料成本差异率＝（月初结存材料的成本差异＋本月收入材料的成本差异）÷（月初结存材料的计划成本＋本月收入材料的计划成本×100%）

上月材料成本差异率＝月初结存材料的成本差异÷月初结存材料的计划成本×100%

【例 5-15】　长城工程公司 2016 年 4 月主要材料明细账有关资料如下：月初结存材料的

计划成本为 30000 元，本月收入材料的计划成本为 170000 元；月初结存材料的成本差异为超支差(借差)1000 元，本月收入材料的成本差异为节约差(贷差)3000 元，本月发出材料的计划成本为 150000 元。计算如下：

本月材料成本差异率 = [(1000 - 3000) ÷ (30000 + 170000)] × 100% = -1%

本月发出材料应负担的材料成本差异 = 150000 × (-1%) = -1500(元)

【提示】　原则上，发出材料应负担的材料成本差异，必须按月分配。不得在季末或年末一次计算。除委托外部加工发出材料可按期初成本差异率计算外，应当使用当月的差异率计算分配；如果上月材料成本差异率与本月材料成本差异率相差不大，可以按上月的成本差异率计算。计算方法一经确定，不得随意变更。

2. 发出材料的账务处理

按计划成本计价的企业，应分别结转发出材料的计划成本和成本差异。发出材料应负担的成本差异，一律从"材料成本差异"账户的贷方转出。结转超支差时用蓝字登记，结转节约差时用红字登记。

【例 5 - 16】　根据表 5 - 10，编制会计分录如下：

表 5 - 10　发出材料汇总表

2015 年 10 月 31 日

序号	材料成本 用料对象	主要材料		结构件		机械		其他		合计	
		计划成本	成本差异1%	计划成本	成本差异-2%	计划成本	成本差异2%	计划成本	成本差异-3%	计划成本	成本差异
1	甲工程	60000	600	10000	-200					70000	400
2	乙工程	90000	900	30000	-600					120000	300
3	施工机械					4000	80			4000	80
4	施工管理部门							2000	-60	2000	-60
	合计	150000	1500	40000	-800	4000	80	2000	-60	196000	720

(1) 结转发出材料的计划成本

借：工程施工——合同成本(甲工程)　　　　70000

　　　　——合同成本(乙工程)　　　　12000

　　　　——间接费用　　　　2000

　　机械作业　　　　4000

　　贷：原材料——主要材料　　　　150000

　　　　——结构件　　　　40000

　　　　——机械配件　　　　4000

　　　　——其他材料　　　　2000

(2) 结转发出材料应承担的材料成本差异

借：工程施工——合同成本(甲工程)　　　　400

　　　　——合同成本(乙工程)　　　　300

——间接费用		60
机械作业	80	
贷：材料成本差异——主要材料	1500	
——结构件		800
——机械配件	80	
——其他材料		60

四、委托加工材料的核算

根据工程施工的需要，施工企业常将某种材料委托外单位加工、改制成另一种材料。材料经加工、改制后，其性能发生了变化，成本也会增加。

委托加工材料的成本包括：

(1)耗用原材料的实际成本；

(2)支付的加工费；

(3)发生的往返运杂费等；

(4)税金。

【提示】 委托加工材料的成本中包含税金有两种情况：

(1)施工企业是小规模纳税人；

(2)加工企业(或单位)是小规模纳税人。

如果委托加工的施工企业和加工企业都是一般纳税人，委托加工材料的成本不包括税金。

企业应设置"委托加工物资"账户，核算委托加工材料的实际成本。其借方登记发送外单位加工的材料物资的实际成本、支付的加工费、税金、运杂费等，贷方登记加工完成并已验收入库的材料物资的实际成本以及退回的剩余材料物资的实际成本，期末借方余额反映尚未加工完成的或尚未验收入库委托加工材料物资的实际成本以及发生的运杂费和加工费。本账户应按加工合同和受托加工单位设置明细账户进行明细分类核算。

【例5－17】 星海建筑公司委托鸿运加工厂加工铝合金窗，发出铝合金10吨，单价30000元/吨。星海建筑公司已收到鸿运加工厂开具的增值税专用发票，发票上注明加工费8000元，增值税1360元，开出转账支票一张。铝合金窗加工完成后，鸿运加工厂退回多余的铝合金0.4吨，星海建筑公司已全部验收入库。星海建筑公司和鸿运加工厂均是增值税一般纳税人(实际成本计价核算)。编制会计分录如下：

①发出铝合金

借：委托加工物资	300000	
贷：原材料——主要材料(有色金属)		300000

②支付加工费和税金

借：委托加工物资	8000	
应交税费——应交增值税(进项税额)	1360	
贷：银行存款		9360

③收到退回的铝合金

```
借:原材料——主要材料(有色金属)              12000
    贷:委托加工物资                                12000
```
④铝合金窗验收入库
```
借:原材料——结构件(铝合金窗)              296000
    贷:委托加工物资                              296000
```

【例 5 – 18】　同【例 5 – 17】。只是星海建筑公司已收到鸿运加工厂开具的增值税普通发票,发票上注明加工费 8000 元,增值税 240 元,星海建筑公司是增值税一般纳税人,鸿运加工厂是增值税小规模纳税人,适用 3% 的增值税税率。(实际成本计价核算)。编制会计分录如下:

①发出铝合金
```
借:委托加工物资                              300000
    贷:原材料——主要材料(有色金属)              300000
```
②支付加工费和税金
```
借:委托加工物资                                8240
    贷:银行存款                                    8240
```
③收到退回的铝合金
```
借:原材料——主要材料(有色金属)              12000
    贷:委托加工物资                                12000
```
④铝合金窗验收入库
```
借:原材料——结构件(铝合金窗)              296240
    贷:委托加工物资                              296240
```

结合现行建筑施工行业实践需要,委托加工物资的计划成本计价核算,此处略。

五、存货的清查

在存货的日常收发过程中,由于计量误差、自然损耗以及管理不善等原因,往往会发生盘盈、盘亏和毁损,造成账实不符。为了保证存货的安全完整,准确反映存货资产的实际情况,必须对存货进行清查。

存货清查通常采用实地盘点的方法,即通过盘点确定各种存货的实际库存数,并与账面数核对,核实盘盈、盘亏和毁损的数量,查明原因,编制"存货盘盈盘亏报告表",报经有关部门批准后,在期末结账前处理完毕。

企业应设置"待处理财产损益"账户,核算财产物资的盘盈、盘亏和毁损情况。本账户应按盘盈、盘亏资产的种类和项目进行明细核算。物资在运输途中发生的非正常短缺与损耗,也通过"待处理财产损益"账户核算。

1. 存货盘盈的核算

盘盈的存货在未经批准前,应先按同类或类似存货的市场价格作为其实际成本,调整存货的账面结存数,借记"原材料"等存货科目,贷记"待处理财产损益——待处理流动资产损益"账户;经有关部门批准后,借记"待处理财产损益——待处理流动资产损益"账户,贷记"工程施工""管理费用"等科目,冲减有关成本费用。例题具体可参考【例 5 – 5】,此处略。

2.存货盘亏和毁损的核算

盘亏和毁损的存货,在报经批准之前,应按实际成本借记"待处理财产损益——待处理流动资产损益"账户,贷记"原材料"等存货账户。报经批准后,再根据造成盘亏和毁损的原因,按残料价值,借记"原材料"等科目,按可收回的保险赔偿或过失人赔偿,借记"其他应收款"科目,全部损失扣除保险赔款后的净损失,借记"营业外支出""工程施工——间接费用"等科目,贷记"待处理财产损益——待处理流动资产损益"账户。例题具体参考【例5-75】,此处略。

【任务实施】

科泰公司书院家园项目部2016年5月31日原材料账户余额如表5-11。

表5-11　原材料余额明细表　　　　　　　　　　金额:元

科目编码	材料名称	数量	单位	单价	5月末余额
1403	原材料				260600
140101	主要材料				78000
14010104	水泥	40	吨	255	10200
14010105	黄砂	20	吨	120	2400
14010109	立邦漆	205	桶	200	41000
……					
140302	结构件				36000
14010207	塑钢门	50	扇	120	6000
14010208	塑钢窗	180	m²	80	14400
……					

2016年6月发生如下经济业务(续子任务一任务实施):

(4)3日,A工程领用塑钢门30扇,单价120元/扇,计3600元;塑钢窗150m²,单价80元/m²,计12000元;立邦漆200桶,单价200元/桶,计40000元。

编制会计分录如下:

A工程领用塑钢门、塑钢窗

借:工程施工——合同成本(A工程)　　　　　　　　55600

贷:原材料——主要材料(立邦漆)　　　　　　　　40000

——结构件(塑钢门)　　　　　　　　3600

——结构件(塑钢窗)　　　　　　　　12000

(5)10日,B工程领用水泥180吨,领用黄砂120吨(科泰公司实行实际成本计价核算,书院家园项目部发出材料采用移动加权平均法)

B工程领用水泥180T(资料结合表5-11和子任务一任务实施二),领用黄砂120T(资料结合表5-11和子任务一任务实施三)

分析:水泥的移动加权平均单价=(10200+45000)÷(40+200)=230(元)

142

领用水泥的金额 $=180×230=41400(元)$

黄砂的移动加权平均单价 $=(2400+15000)÷(20+100)=145(元)$

领用黄沙的金额 $=120×145=17400$ 元

借：工程施工——合同成本(B 工程)　　　　　58800

　　贷：原材料——主要材料(水泥)　　　　　　　　41400

　　　　　　　——主要材料(黄砂)　　　　　　　　17400

予任务三　周转材料领用与摊销的账务处理

【任务描述】

了解周转材料按在施工中不同生产用途的分类；掌握周转材料摊销的方法；掌握周转材料发出、摊销、盘亏、毁损、报废、退库和转移工地的账务处理；理解并学会导入案例书院家园项目部施工环节中与周转材料有关的经济业务活动的账务处理。

【知识准备】

周转材料是指施工企业在施工过程中能够多次使用，起着劳动资料作用的材料，即通常所说的"工具性材料，材料型工具"。由于周转材料能在施工过程中反复使用，并保持原有的物质形态，其价值随着使用逐渐损耗，因此在核算上既要反映其原值，又要反映其损耗价值。为适应这一核算要求，需要采用一定的摊销方法，将周转材料的价值摊销计入工程成本。

一、周转材料的分类

按在施工生产中的不同用途，周转材料可分为以下几类：包装物、低值易耗品、模板、挡板、架料和其他周转材料等。

(1)包装物。是指为包装产品而储备的各种包装容器，如桶、箱、瓶、坛、袋等用于储存和保管产品的材料。

(2)低值易耗品。是指不能作为固定资产的各种用具物品，如工具、管理用具、玻璃器皿、劳动保护用品，以及在经营过程中周转使用的容器等。其特点是单位价值较低，使用期限相对于固定资产较短，在使用过程中基本保持其原有实物形态不变。

(3)模板。指浇灌混凝土用的木模、钢模或钢木组合的模型板，以及配合模板使用的支撑材料、滑模材料等。

(4)挡板。指土石方工程用的挡土板以及支撑材料等。

(5)架料。指搭建脚手架用的竹、木杆和跳板、钢管及扣件等。

(6)其他。除以上各类之外，作为流动资产管理的其他周转材料。如塔吊使用的轻轨、枕木等。

《企业会计准则第 1 号——存货》应用指南中"周转材料"处理和财政部印发《企业会计准则 – 应用指南》的通知(财会[2006]18 号)附录中指出：企业的包装物、低值易耗品，也可以单独设置"包装物""低值易耗品"科目。那就是：企业的"包装物""低值易耗品"既可以是一级总账科目，也可以是"周转材料"的二级明细账科目。本教材采用将包装物、低值易耗品作为"周转材料"的二级明细账科目，因此对于低值易耗品不再单独复述。

【提示】　实践中，一般是以是否需要继续安装才能发挥其作用作为周转材料和低值易耗品区分的标准。低值易耗品一般是指工具、管理用具、玻璃器皿等，它们不需要继续安装就能发挥作用，比如钳子，拿来就能使用。而周转材料主要是指钢模、木模板、脚手架等。它们都需要进行安装后才能发挥作用。如脚手架需要用卡扣安装搭建后才能使用。

二、周转材料的摊销方法

施工企业应当根据具体情况对周转材料采用一次转销、分期摊销、分次摊销或者定额摊销的方法。

（1）一次转销法。是指在领用时将周转材料的全部价值一次计入成本、费用的方法，一般应限于易腐、易糟的周转材料。

（2）分期摊销法。根据周转材料的预计使用期限，计算其每期摊销额的方法，分期摊入成本、费用，也称"直线法"。这种方法一般适用于经常使用或使用次数较多的周转材料，如脚手架、跳板、吊轨及枕木等。

$$周转材料分期摊销额 = \frac{\left[周转材料原价 \times (1 - 预计净残值率)\right]}{预计使用期限}$$

预计净残值是假定实物资产预计使用寿命已满并处于使用寿命终了时的预期状态，企业能够从该项资产处置中获得的扣除预计处置费用后的金额。

预计净残值率 = 预计净残值 ÷ 周转材料原价

【例 5-19】 某工程领用脚手架一批，原值 20000 元，预计使用 16 个月，预计残值率为 8%，计算本月周转材料摊销额。

$$周转材料每月摊销额 = [20000 \times (1 - 8\%)] \div 16 = 1150(元)$$

（3）分次摊销法。首先根据周转材料的预计使用次数，计算出每次的摊销额，再根据期内实际使用次数计算某期摊销额的方法，然后摊入成本、费用。

这种方法一般适用于使用次数较少或不经常使用的周转材料，如预制钢筋混凝土构件所使用的定型模板和土方工程使用的挡板。

$$周转材料每次摊销额 = \frac{\left[周转材料原价 \times (1 - 预计净残值率)\right]}{预计使用次数}$$

$$某期周转材料摊销额 = 该期使用次数 \times 周转材料每次摊销额$$

【例 5-20】 某工程领用定型模板原价 8000 元，预计净残值率为 10%，预计使用 6 次，本月使用 2 次，计算本月周转材料摊销额。

$$周转材料每次摊销额 = 8000 \times (1 - 10\%)/6 = 1200(元)$$
$$周转材料本月摊销额 = 2 \times 1200 = 2400(元)$$

（4）定额摊销法。根据实际完成的实物工程量和预算定额规定的周转材料消耗定额，计算确认本期摊入成本、费用的金额。这种方法适用于各种模板的周转材料。

$$本期周转材料摊销额 = 本期完成的实物工程量 \times 单位工程量周转材料消耗定额$$

【例 5-21】 某施工单位现场预制混凝土构件，领用木板一批。根据预算定额规定，完成每立方米工程量木模板的消耗定额为 80 元，本月实际完 100m³。计算本月木模板摊销额如下：

$$本月周转材料摊销额 = 100 \times 80 = 8000(元)$$

在实际工作中，无论采用哪几种方法摊销，都不能与实际损耗完全一致，这是由于施工企业都是露天作业，周转材料的使用、堆放都受到自然条件的影响，另外，施工过程中安装拆卸的技术水平、工艺水平，都对周转材料的使用寿命影响很大。因此，企业无论采用何种方法对周转材料进行摊销，都应在工程竣工时或定期对周转材料进行盘点，以调整各种摊销方法的计算误差，确保工程或产品计算的正确性。

三、周转材料的账务处理

"周转材料"科目核算施工企业库存和在用的各种周转材料的实际成本或计划成本。该科目应设置"在库周转材料""在用周转材料"和"周转材料摊销"三个明细科目，并按周转材料的种类设置明细账，进行明细核算。"周转材料"科目期末借方余额，反映施工企业在库周转材料的实际成本或计划成本，以及在用周转材料的摊余价值。

【提示】　采用一次转销法的，可以不设置以上三个明细科目。

采用计划成本进行周转材料收发核算的企业，还应于领用时结转应分摊的成本差异。通过"材料成本差异"科目，记入有关成本、费用科目。周转材料收入的核算与材料采购的核算方法相同。结合施工企业实际核算方式，以下主要介绍周转材料按实际成本计价领用时的核算。

1. 周转材料领用的账务处理

采用一次转销法的，领用时，将其全部价值计入有关的成本、费用，借记"工程施工"等科目，贷记"周转材料"。采用其他摊销法的，领用时，按其全部价值，借记"周转材料——在用周转材料"，贷记"周转材料——在库周转材料"。

【例5-22】　安居工程领用安全网一批，实际成本5000元（采用一次摊销法）；领用木模板10 m³，实际成本13000元（采用定额摊销法）；领用架料一批，实际成本75000元（采用分期摊销法）。应编制会计分录如下：

（1）领用安全网

借：工程施工——合同成本（安居工程）　　　　　　5000
　　贷：周转材料——安全网　　　　　　　　　　　　　5000

（2）领用木模板和架料

借：周转材料——在用周转材料（木模板）　　　　　13000
　　　　——在用周转材料（架料）　　　　　　　75000
　　贷：周转材料——在库周转材料（木模板）　　　　　13000
　　　　——在库周转材料（架料）　　　　　　　75000

2. 周转材料摊销的账务处理

周转材料摊销时，除一次转销法外，按摊销额，借记"工程施工"等科目，贷记"周转材料——周转材料摊销"。

【5-23】　沿用【例5-22】，架料预计可使用10个月，预计净残值率为10%；本月完成混凝土构件750 m³，混凝土构件的木模摊销定额为8 元/m³。

架料的每月摊销额＝[75000×（1-10%）]÷10＝6750（元）
木模板的本月摊销额＝750×8＝6000（元）

应编制会计分录如下：

借：工程施工——合同成本（安居工程）　　　　　　12750

贷：周转材料——周转材料摊销（架料）　　　　　　6750
　　　　　　　　——周转材料摊销（木模板）　　　　6000

3. 周转材料盘亏、毁损、报废的账务处理

企业于年度终了或工程竣工时，应对周转材料进行清查盘点，确定其盘亏、毁损、报废的数量、实有数量及成色。

对于盘亏、毁损的周转材料，应通过"待处理财产损溢"账户进行核算（账务处理类似"库存现金的清查"一节）。报批前，按"周转材料——在用周转材料"与"周转材料——周转材料摊销"二者之差额，借记"待处理财产损溢"，贷记"周转材料——在用周转材料"；同时将已提摊销额，借记"周转材料——周转材料摊销"，贷记"周转材料——在用周转材料"。报批后，借记成本、费用类等科目，贷记"待处理财产损溢"。

报废的周转材料，采用一次摊销法的，应按报废周转材料的残料价值，借记"原材料"等科目，贷记"工程施工"等科目。采用其他摊销法的，按应补提摊销额，借记"工程施工"等科目，贷记"周转材料——周转材料摊销"；按报废周转材料的残料价值，作为当月周转材料摊销额的减少，冲减有关成本、费用，借记"原材料"等科目，贷记"工程施工"等科目，同时将已提摊销额，借记"周转材料——周转材料摊销"，贷记"周转材料——在用周转材料"。

$$补提的摊销额 = 应提摊销额 - 已提摊销额$$

$$应提摊销额 = 报废周转材料的原价 - 残料价值$$

$$已提摊销额 = 报废周转材料的原价 \times \frac{该类在用周转材料已提摊销额}{该类在用周转材料原价}$$

【例 5-24】 沿用【例 5-22】，安居工程使用的架料，于 6 个月后报废一批，价值 15000 元，收回残料 500 元。

$$应提摊销额 = 15000 - 500 = 14500（元）$$

$$已提摊销额 = 15000 \times [（6 \times 6750）\div 75000] = 8100（元）$$

$$补提的摊销额 = 14500 - 8100 = 6400（元）$$

应编制会计分录如下：

（1）补提报废的摊销额

借：工程施工——合同成本（安居工程）　　　　　　6400
　　贷：周转材料——周转材料摊销（架料）　　　　　6400

（2）结转报废架料的成本以及残料入库

借：原材料　　　　　　　　　　　　　　　　　　　　500
　　周转材料——周转材料摊销　　　　　　　　　　14500
　　贷：周转材料——在用周转材料（架料）　　　　15000

4. 周转材料退库或转移工地的账务处理

周转材料退库时，按其全部价值，借记"周转材料——在库周转材料"，贷记"周转材料——在用周转材料"。对于工程完工或施工中不再需要的周转材料，应盘点数量，确定其成色（新旧程度），计算应补提的摊销额，计入工程成本。

$$应提摊销额 = 退库（或转移）周转材料的原价 \times （1 - 确定的成色率）$$

$$已提摊销额 = 退库（或转移）周转材料的原价 \times \frac{该类在用周转材料已提摊销额}{该类在用周转材料原价}$$

补提摊销额 = 应提摊销额 - 已提摊销额

【例 5 - 25】　沿用【例 5 - 22】，使用数月后，安居工程将木模板 80% 退库。退库时，估计的成色为 3 成新，已提摊销额 7500 元。

$$退库木模板的账面价值 = 13000 × 80\% = 10400$$
$$应提摊销额 = 10400 ×(1 - 30\%) = 7280(元)$$
$$补提摊销额 = 7280 - 7500 = -220(元)$$

应编制会计分录如下：

(1) 补提摊销额

借：工程施工——合同成本(安居工程)　　　　　　　220

　　贷：周转材料——周转材料摊销(在用木模板)　　　　220

(2) 结转退库木模板的账面价值

借：周转材料——在库周转材料(木模板)　　　　　10400

　　贷：周转材料——在用周转材料(木模板)　　　　10400

(3) 结转摊销额

借：周转材料——周转材料摊销(在用木模板)　　　7280

　　贷：周转材料——周转材料摊销(在库木模板)　　　7280

【任务实施】

书院家园项目部周转材料根据使用的具体情况采用不同的摊销方法。项目导入案例中涉及周转材料的业务处理如下：

(6) 13 日，B 工程领用在库钢模板(采用定额摊销法)337500 元，按 40 元/m³ 计算摊销额，实际完成工程量 1500 m³；领用在库脚手架(采用分期摊销法)8400 元，预计净残值率为 2%，预计使用期限为 8 个月。编制会计分录如下：

领用钢模板和脚手架

借：周转材料——在用周转材料(钢模板)　　　　　337500

　　　　　　　——在用周转材料(脚手架)　　　　　　8400

　　贷：周转材料——在库周转材料(钢模板)　　　　337500

　　　　　　　　——在库周转材料(脚手架)　　　　　8400

钢模板和脚手架摊销

$$钢模板 6 月摊销额 = 1500 × 40 = 60000 元$$
$$脚手架每月摊销额 = [8400 ×(1 - 2\%)] ÷ 8 = 1029(元)$$

借：工程施工——合同成本(B 工程)　　　　　　61029

　　贷：周转材料——周转材料摊销(脚手架)　　　　1029

　　　　　　　　——周转材料摊销(钢模板)　　　　60000

(7) 13 日，领用新安全帽(采用分次摊销法)145 顶，每顶 16 元，共 2320 元，预计使用 20 次，领用情况：B 工程施工人员 1600 元；机修车间 240 元；项目经理部 320 元，公司管理部门 160 元。本月已平均使用安全帽 8 次。

编制会计分录如下：

领用新安全帽

借：周转材料——低值易耗品(在用)　　　　　　　　　　2320
　　贷：周转材料——低值易耗品(在库)　　　　　　　　　　　2320
安全帽摊销

$$安全帽每次摊销额 = 2320 \div 20 = 116(元)$$
$$本月安全帽摊销额 = 8 \times 116 = 928(元)$$
$$B 工程领用安全帽应分配的摊销额 = 1600 \times [928 \div 2320] = 640(元)$$
$$机修车间领用安全帽应分配的摊销额 = 240 \times [928 \div 2320] = 96(元)$$
$$项目经理部领用安全帽应分配的摊销额 = 320 \times [928 \div 2320] = 128(元)$$
$$管理部门领用安全帽应分配的摊销额 = 160 \times [928 \div 2320] = 64(元)$$

借：工程施工——合同成本(B 工程)　　　　　　　　　640
　　　　　　——间接费用　　　　　　　　　　　　　　128
　　生产成本——辅助生产成本(机修车间)　　　　　　　96
　　管理费用　　　　　　　　　　　　　　　　　　　　64
　　贷：周转材料——低值易耗品(摊销)　　　　　　　　　　928

(8)25 日，转移 B 工程钢模板一批到 A 工程，价值18000 元，8 成新。
转移钢模板一批到 A 工程

$$应提摊销额 = 18000 \times (1 - 80\%) = 3600(元)$$
$$已提摊销额 = 18000 \times [60000 \div 337500] = 3200(元)$$
$$补提摊销额 = 3600 - 3200 = 400(元)$$

编制会计分录如下：
补提转移钢模板的摊销额
借：工程施工——合同成本(B 工程)　　　　　　　　　400
　　贷：周转材料——周转材料摊销(钢模板—B 工程)　　　400
转移钢模板至 A 工程
借：周转材料——在用周转材料(钢模板 - A 工程)　　　18000
　　贷：周转材料——在用周转材料(钢模板 - B 工程)　　　18000
同时，结转移库钢模板的摊销额
借：周转材料——周转材料摊销(钢模板 - B 工程)　　　3600
　　贷：周转材料——周转材料摊销(钢模板 - A 工程)　　　3600

(9)月末，B 工程施工人员领用的安全帽中有 25 个因损坏严重不能再使用，经批准报废，收回残料价值40 元。

$$报废安全帽的价值 = 25 \times 16 = 400(元)$$
$$应提摊销额 = 400 - 40 = 360(元)$$
$$已提摊销额 = 400 \times [640 \div 1600] = 160(元)$$
$$补提摊销额 = 360 - 160 = 200(元)$$

编制会计分录如下：
补提摊销额
借：工程施工——合同成本(B 工程)　　　　　　　　　200
　　贷：周转材料——低值易耗品(摊销)　　　　　　　　　　200

结转报废安全帽成本及残料入库

借：原材料   40

 周转材料——低值易耗品(摊销)   360

 贷：周转材料——低值易耗品(在用)   400

予任务四 固定资产折旧(临时设施摊销)与处置的账务处理

【任务描述】

了解固定资产折旧需要考虑的因素，理解折旧的空间范围和时间范围，掌握计提折旧的方法；掌握固定资产计提折旧、后续支出、处置、清查的账务处理；了解"固定资产——临时设施"科目的理论知识及其在实践中的具体运用方式，掌握临时设施摊销的方法及其账务处理，掌握临时设施处置的账务处理；理解并学会导入案例——书院家园项目部施工环节中与固定资产(临时设施)折旧、处置等有关的经济业务活动的账务处理。

【知识准备】

一、固定资产折旧

固定资产折旧是指固定资产在使用过程中损耗的价值。固定资产损耗的价值，应当在固定资产的有效使用年限内分摊计入各期成本，并从各期的经营收入中得到补偿。这个分摊固定资产成本的过程称为计提固定资产折旧。

企业计提固定资产折旧，是将固定资产应计提的折旧总额在固定资产的预计使用年限内合理分摊。某项固定资产应计提的折旧总额为固定资产的原始价值减去预计净残值后的余额。因此，企业在计算一定会计期间应计提的折旧额时，需要考虑以下因素：

1. 固定资产原值

固定资产原值是固定资产取得时的初始成本，是计提固定资产折旧的基数。

2. 预计净残值

预计净残值是指固定资产的预计残值收入扣除预计清理费用后的余额。其中，预计残值收入是指预计固定资产报废时可以收回的残余价值。

3. 预计使用年限

固定资产使用年限的长短直接影响到折旧率的高低，是影响各期应计折旧的重要因素。在确定固定资产使用年限时，应当考虑固定资产的预计生产能力、有形损耗和无形损耗等因素。

企业至少应于每年年度终了，对固定资产使用寿命、预计净残值和折旧方法进行复核，做出相应调整。固定资产使用寿命、预计净残值和折旧方法的改变应作为会计估计变更，按照会计估计变更的方法处理。

二、固定资产折旧的计算方法

折旧的计算方法，是指将固定资产应计提的折旧总额分摊于各受益期的方法。企业应当根据与固定资产有关的经济利益的预期实现方式，合理选择固定资产折旧方法。

企业可以采用的折旧方法包括年限平均法、工作量法、双倍余额递减法和年数总和法等。折旧方法一经选定，不得随意变更。

1. 年限平均法

年限平均法也称直线法，是将固定资产的应计折旧总额均衡地分摊到各期的一种方法。计算公式如下：

$$固定资产年折旧额 = \frac{固定资产原值 - 预计净残值}{预计使用年限}$$

在实际工作中，通常根据固定资产原值乘以折旧率来计算折旧额。折旧率是指一定时期内固定资产折旧额与固定资产原值的比率。其计算公式如下：

$$固定资产年折旧率 = \frac{固定资产年折旧额}{固定资产原值} \times 100\%$$

或：

$$固定资产年折旧额 = \frac{1 - 预计净残值率}{预计使用年限}$$

$$月折旧率 = \frac{固定资产年折旧率}{12}$$

$$月折旧额 = 固定资产原值 \times 月折旧率$$

【提示】 预计净残值率 = 预计净残值 ÷ 固定资产原值

【例5-26】 某施工机械，预计可使用8年，原值40000元，预计净残值为1000元，采用直线法计算年折旧额，月折旧额，年折旧率。

$$年折旧额 = (40000 - 1000) \div 8 = 4875(元)$$

$$月折旧额 = 4875 \div 12 = 406.25$$

$$年折旧率 = (4875 \div 40000) \times 100\% \approx 12.19\%$$

平均年限法最大的优点是简单明了，易于掌握，简化了会计核算。按单项固定资产计算折旧额（率）的，称为个别折旧；按固定资产类别分别计算每类固定资产的平均折旧额（率）的，称为分类折旧（企业一般采用分类折旧率计算固定资产折旧额）；按企业全部固定资产计算的平均折旧额（率），称为综合折旧。分类折旧率，应先将固定资产按性质、结构和使用年限进行分类，再按类计算折旧率，并以各类固定资产原值与该类固定资产的折旧率相乘，计算各类固定资产折旧额。因此在实际工作中得到了广泛的应用。综合折旧仅用于总体考核企业的折旧水平，不得用于日常核算实务。

【例5-27】 某工程公司房屋、建筑物类固定资产原值为9000000元，规定的折旧年限为20年，预计净残值率为4%，采用直线法计算此类固定资产的月折旧额。

$$年折旧率 = [(1 - 4\%) \div 20] \times 100\% = 4.8\%$$

$$月折旧率 = 4.8\% \div 12 = 0.4\%$$

$$月折旧额 = 9000000 \times 0.4\% = 36000(元)$$

在实际工作中，又有哪些固定资产使用平均年限法比较合适呢？根据影响折旧方法的合理性因素。当一项固定资产在各期使用情况大致相同，其负荷程度也相同时。修理和维护费用在资产的使用期内没有显著的变化。资产的收入在整个年限内差不多时。满足或部分满足这些条件时，选择平均年限法比较的合理。在实际工作中，平均年限法适用于房屋，建筑物等固定资产折旧的计算。

2.工作量法

工作量法是根据固定资产在施工生产过程中实际完成的工作量计算折旧的一种方法。
其计算公式如下：

$$单位工作量应提折旧额 = \frac{固定资产原值 \times (1 - 预计净残值率)}{预计总工作量}$$

某项固定资产月折旧额 = 该固定资产单位工作量应提折旧额 × 本月该固定资产实际完成的工作量

【例5－28】 某挖掘机，原值50000元，预计使用3000台班，预计残值收入1500元，预计清理费100元，当月实际使用500台班。采用工作量法计算挖掘机的月折旧额。

$$单位台班折旧额 = [50000 - (1500 - 100)] \div 3000 = 16.2(元)$$
$$月折旧额 = 500 \times 16.2 = 8100(元)$$

3.加速折旧法

加速折旧法也称为快速折旧法或递减折旧法，其特点是在固定资产有效使用年限的前期多提折旧，后期少提折旧，从而相对加快折旧的速度，以使固定资产成本在有效使用年限中加快得到补偿。

常用的加速折旧法有两种：

(1)双倍余额递减法

双倍余额递减法是在不考虑固定资产残值的情况下，根据每一期期初固定资产账面净值和双倍直线法折旧额计算固定资产折旧的一种方法。计算公式如下：

$$年折旧率 = (2 \div 预计的折旧年限) \times 100\%$$
$$月折旧率 = 年折旧率 \div 12$$
$$月折旧额 = 固定资产账面净值 \times 月折旧率$$

这种方法没有考虑固定资产的残值收入，因此不能使固定资产的账面折余价值降低到它的预计残值收入以下，即实行双倍余额递减法计提折旧的固定资产，应当在其固定资产折旧年限到期的最后两年，将固定资产净值扣除预计净残值后的余额平均摊销。

【提示】 ①固定资产账面净值、账面价值、账面余额的区别是：

账面净值 = 固定资产折余价值 = 固定资产原价 - 累计折旧

账面价值 = 固定资产原价 - 减值准备 - 累计折旧

账面余额 = 固定资产的账面原价

②固定资产净值和固定资产账面净额的区别是：

固定资产净值 = 折余价值 = 固定资产原价 - 累计折旧

固定资产净额 = 账面价值 = 固定资产净值 - 固定资产减值准备

【例5－29】 施工企业一项固定资产的原价为100000元，预计净残值为2000元，规定的折旧年限是5年，采用双倍余额法计算各年应提的折旧额。

折旧率 = 2/折旧年限 × 100% = 40%

第一年应提的折旧额 = 100000 × 40% = 40000(元)

第二年应提的折旧额 = (100000 - 40000) × 40% = 24000(元)

第三年应提的折旧额 = (100000 - 40000 - 24000) × 40% = 14400(元)

第四、五年应提的折旧额 = (100000 - 40000 - 24000 - 14400 - 2000)/2 = 9800(元)

(2)年数总和法

年数总和法也称为合计年限法,是将固定资产的原值减去净残值后的净额和以一个逐年递减的分数计算每年的折旧额,这个分数的分子代表固定资产尚可使用的年数,分母代表使用年数的逐年数字总和。计算公式为:

$$年折旧率 = 尚可使用年限 \div 预计使用年数总和$$

或:

$$年折旧率 = \frac{预计使用年限 - 已使用年限}{[预计使用年限 \times (预计使用年限 + 1)] \div 2} \times 100\%$$

$$月折旧率 = 年折旧率 \div 12$$

$$月折旧额 = (固定资产原值 - 预计净残值) \times 月折旧率$$

双倍余额递减法和其他方法的第一个区别就是一开始计提折旧的时候不扣除预计净残值,最后两年改为直线法计提折旧才扣除预计净残值;

另外就是双倍余额递减法计提折旧的时候应该扣除以前已经计提的折旧,而年数总和法和年限平均法不扣除已经计提的折旧;而如果固定资产发生了减值,无论是哪种方法都应该按照扣除了减值和已经计提的折旧后的账面价值重新计提折旧。

【例5-30】 某设备原价92000元,预计净残值2000元,折旧年限是5年,采用年数总和法计算各年应提的折旧额。

预计使用年数总和 $= [5 \times (5 + 1)] \div 2 = 15$

各年的折旧率依次是:5/15,4/15,3/15,2/15,1/15

第一年应提的折旧额 $= (92000 - 2000) \times 5/15 = 30000(元)$

第二年应提的折旧额 $= (92000 - 2000) \times 4/15 = 24000(元)$

第三年应提的折旧额 $= (92000 - 2000) \times 3/15 = 18000(元)$

第四年应提的折旧额 $= (92000 - 2000) \times 2/15 = 12000(元)$

第五年应提的折旧额 $= (92000 - 2000) \times 1/15 = 6000(元)$

三、固定资产折旧范围

1.空间范围

《企业会计准则第4号——固定资产》规定,除以下情况外,企业应对所有的固定资产计提折旧:

(1)已提足折旧仍继续使用的固定资产;

(2)单独计价入账的土地;

(3)提前报废的固定资产;

(4)以经营租赁方式租入的固定资产和以融资租赁方式租出的固定资产

提足折旧是指已经提足该项固定资产的应计折旧额。固定资产提足折旧后,不论能否继续使用,均不再计提折旧。提前报废的固定资产也不再补提折旧,其净损失计入营业外支出。

【提示】 不需用的固定资产、因修理停用的固定资产、季节性停用的固定资产等均应计提折旧。但对固定资产进行改良时,固定资产转入了在建工程,故改良期间不需计提折旧。

特殊情况:

152

（1）已达到预定可使用状态但尚未办理竣工决算的固定资产，应当按照估计价值确定其成本，并计提折旧；待办理竣工决算后再按实际成本调整原来的暂估价值，但不需要调整原已计提的折旧额。

（2）处于更新改造过程停止使用的固定资产，应将其账面价值转入在建工程，不再计提折旧。更新改造项目达到预定可使用状态转为固定资产后，再按照重新确定的折旧方法和该项固定资产尚可使用年限计提折旧。

（3）融资租入固定资产，应当采用与自有应计提折旧资产相一致的折旧政策。确定租赁资产的折旧期间应依租赁合同而定。能够合理确定租赁期届满时将会取得租赁资产所有权的，应以租赁期开始日租赁资产的使用寿命作为折旧期间；无法合理确定租赁期届满后承租人是否能够取得租赁资产所有权的，应当以租赁期与租赁资产使用寿命两者中较短者作为折旧期间。

（4）因进行大修理而停用的固定资产，应当照提折旧，计提的折旧额应计入相关资产成本或当期损益。

2.时间范围

固定资产应当按月计提折旧，当月增加的固定资产，当月不计提折旧，从下月起计提折旧；当月减少的固定资产，当月仍计提折旧，从下月起不计提折旧。（即按月初在账的固定资产计提折旧。）

【提示】　除国务院财政、税务主管部门另有规定外，固定资产计算折旧的最低年限如下：

（1）房屋、建筑物，为20年；

（2）飞机、火车、轮船、机器、机械和其他生产设备，为10年；

（3）与生产经营活动有关的器具、工具、家具等，为5年；

（4）飞机、火车、轮船以外的运输工具，为4年；

（5）电子设备，为3年。

虽然企业固定资产折旧年限的长短，只是涉及缴纳税款的时序问题，但是国家每年财政收入的要求、通货膨胀或者紧缩等经济情况的变化等多种因素的影响决定了，若不对固定资产的折旧年限作一个基本要求，仍然会影响到国家的税收利益。所以，国家需要根据不同类型的固定资产的共有特性，对不同类别的固定资产的折旧年限作一个最基本的强制规定，以避免国家税收利益受到大的冲击。

四、计提折旧的账务处理

为了简化核算手续，企业各月计提的折旧额，可以在上月折旧额的基础上，根据上月固定资产增减情况进行调整，计算出当月应计提的折旧额。

其计算公式如下：

本月应计提折旧额＝上月计提的折旧额＋上月增加固定资产应计提的折旧额

－上月减少固定资产应计提的折旧额

企业计提固定资产折旧，通过"累计折旧"账户核算，并根据用途计入相关资产的成本或当期损益。"累计折旧"账户是固定资产账户的备抵调整账户，用以核算固定资产逐渐损耗的价值（即已提折旧额）。其贷方登记按月计提的折旧额，借方登记减少固定资产时转销的折旧额，期末贷方余额表示现有固定资产的累计折旧额。

固定资产折旧计算表"的一般格式，如表 5 – 12 所示。

表 5 – 12　固定资产折旧计算表　　　　　　　单位：元

2015 年 12 月

固定资产项目	月折旧率	上月月初计提折旧固定资产原值	上月增加的应计提折旧的资产原值	上月减少的计提折旧的资产原值	本月应计提折旧的固定资产原值	本月应计提折旧额	费用分配对象
房屋建筑物	0.20%	5000000	50000		5050000	10100	管理费用
施工机械	0.60%	100000	60000	40000	1200000	7200	机械作业
运输设备	1%	250000		50000	200000	2000	机械作业
修理设备	0.20%	400000		10000	390000	780	辅助生产
检测设备	0.30%	200000		40000	160000	480	施工间接费用
合计		5950000	110000	140000	700000	205060	

编制会计分录如下：

借：管理费　　　　　　　　　　　　　　　　10100

　　机械作业　　　　　　　　　　　　　　　9200

　　生产成本——辅助生产成本　　　　　　　780

　　工程施工——间接费用　　　　　　　　　480

　　贷：累计折旧　　　　　　　　　　　　　　　20560

五、固定资产后续支出的核算

在固定资产使用过程中，企业为了适应新技术的发展或保持和提高现有固定资产的使用效能，还需对固定资产进行维护、改建、扩建或改良。固定资产后续支出，就是指固定资产在使用过程中发生的更新改造支出、修理费用支出等。

固定资产的更新改造等后续支出，满足固定资产规定确认条件的（既与该项固定资产有关的经济利益很可能流入企业；固定资产的成本能够可靠地计量）应当计入固定资产成本，如有被替换的部分，应扣除其账面价值；不满足固定资产规定确认条件的固定资产修理费用等，应当在发生时计入当期损益。

1. 资本化的后续支出

企业通过固定资产的更新改造，延长了固定资产的使用寿命，提高了固定资产的生产能力等。如果满足固定资产规定的确认条件，应当将更新改造

支出资本化，计入固定资产成本。在发生资本化的后续支出时，企业应将该固定资产的原价、已计提的累计折旧和减值准备转销，即将固定资产的账面

价值转入在建工程，并停止计提折旧。发生的可资本化的后续支出，通过"在建工程"账户核算。待更新改造工程完工并达到预定可使用状态时，再从在建工程转为固定资产，并按重新确定的使用寿命、预计净残值和折旧方法计提折旧。

【例 5 - 31】 宏远工程公司(一般纳税人)为提高生产能力,将其拥有的一台施工机械进行更新改造,该施工机械原价 120000 元,已提折旧 48000 元,改造期间,应付人工费 16000 元,领用外购的各种机械配件 14000 元(不含增值税进项税额)。现已改造完毕,交付使用。编制会计分录如下:

①将施工机械转入改造工程

借:在建工程　　　　　　　　　　　　　　　　72000
　　累计折旧　　　　　　　　　　　　　　　　48000
　　贷:固定资产　　　　　　　　　　　　　　　　　120000

②发生后续支出

借:在建工程　　　　　　　　　　　　　　　　30000
　　贷:应付职工薪酬　　　　　　　　　　　　　　　16000
　　　　原材料——机械配件　　　　　　　　　　　14000

【提示】《中华人民共和国增值税暂行条例》规定:建造生产经营用动产,未来处置时需要交纳增值税,所以其建造过程中领用购进的原材料进项税额可以抵扣,不用转出;领用自产产品不确认销项税额;购进工程物资的进项税可以抵扣。

③改造完毕,交付使用

借:固定资产　　　　　　　　　　　　　　　　102000
　　贷:在建工程　　　　　　　　　　　　　　　　　102000

【提示】 企业以经营租赁方式租入的固定资产发生的改良支出,应予以资本化,通过"长期待摊费用"科目,合理进行摊销。

2. 费用化的后续支出

如果固定资产的后续支出不符合资本化的条件,应计入工程成本和期间费用,如行政部门固定资产的修理支出,应当在发生时计入当期管理费用。

【例 5 - 32】 某施工企业(小规模纳税人)自行修理施工机械,耗用外购材料 1000 元,现金支付人工费 400 元。编制会计分录如下:

借:机械作业　　　　　　　　　　　　　　　　1400
　　贷:原材料　　　　　　　　　　　　　　　　　1000
　　　　库存现金　　　　　　　　　　　　　　　　400

六、固定资产处置

施工企业固定资产处置包括固定资产的出售、报废、毁损和投资转出、非货币性资产交换、债务重组等。现根据不同情况分述如下:

1. 出售、报废和毁损固定资产的核算

企业在进行固定资产出售、报废和毁损的核算时,应设置"固定资产清理"账户。

"固定资产清理"账户是资产类账户,核算企业因出售、报废和毁损、对外投资、非货币性资产交换、债务重组等原因转入清理的固定资产价值以及在清理过程中所发生的清理费用和清理收入等。本科目应当按照被清理的固定资产项目进行明细核算。其借方登记清理固定资产账面价值以及发生的清理费用;贷方登记清理固定资产过程中发生的清理收入;清理完毕,若该账户借方发生额合计大于贷方发生额合计的差额为清理净损失;若该账户借方发生

155

额合计小于贷方发生额合计的差额为清理净收益；固定资产清理工作结束后，应将清理的净收益或净损失转入营业外收支，结转后本账户应无余额。

企业因出售、报废和毁损等原因而减少的固定资产，按以下步骤进行会计处理：

（1）转销清理固定资产的账面价值

按减少的固定资产账面价值，借记"固定资产清理"科目，按已计提的累计折旧，借记"累计折旧"科目，已计提减值准备的，借记"固定资产减值准备"科目，按固定资产原值，贷记"固定资产"科目。

（2）支付清理费用

按实际发生的清理费用，借记"固定资产清理"科目，贷记"银行存款""应付职工薪酬"等科目。

（3）计算应交税费

出售固定资产按税法规定计算应交税费时，应借记"固定资产清理"科目，贷记"应交税费——应交增值税（销项税额）"科目。

【提示】 固定资产处置分为不动产和动产处置，一般纳税人不动产处置适用财税【2016】36号《营业税改征增值税试点实施办法》第15条规定的11%的增值税税率，动产处置适用17%的增值税税率；小规模纳税人适用不同行业规定的相应增值税税率。

（4）取得清理收入

企业在清理过程中取得的收入包括出售固定资产的价款、残值收入、应收保险公司或过失人赔偿等，借记"银行存款""原材料""其他应收款"等科目，贷记"固定资产清理"科目。

（5）结转清理净损益

固定资产清理完成后，属于生产经营期间由于自然灾害等非正常原因造成的损失，借记"营业外支出——非常损失"科目，贷记"固定资产清理"科目；属于生产经营期间正常的处理损失，借记"营业外支出——处置非流动资产损失"科目，贷记"固定资产清理"科目。如为清理收益，借记"固定资产清理"科目，贷记"营业外收入——处置非流动资产利得"科目。

【例5-33】 某建筑公司（增值税一般纳税人）将不需用的施工设备电动机一台出售，获得价款7956元存入银行，该设备账面原价为20000元，已提折旧13000元，已计提减值准备为1000元。编制会计分录如下：

①转销出售电动机的账面价值

借：固定资产清理	6000
累计折旧	13000
固定资产减值准备	1000
贷：固定资产	20000

②取得清理收入

借：银行存款	7956
贷：固定资产清理	6800
应交税费——应交增值税（销项税额）	1156

【提示】 销售动产，施工行业一般纳税人适用17%的增值税税率；简易征税或小规模纳税人适用3%的增值税税率。

③结转销售电动机净收益

借：固定资产清理	800
贷：营业外收入——处置非流动资产利得	800

【例 5 - 34】　某施工企业有挖掘机一台，维修多次后，仍不能使用，经批准报废。其原值 120000 元，已提折旧 95000 元，残料 4000 元已入库回收，银行存款支付清理费 2000 元。编制会计分录如下：

①转销报废挖掘机的账面价值

借：固定资产清理	25000
累计折旧	95000
贷：固定资产	120000

②收回残料且入库

借：原材料	4000
贷：固定资产清理	4000

③支付清理费用

借：固定资产清理	2000
贷：银行存款	2000

④结转报废挖掘机净损失

借：营业外支出——处置非流动资产损失	23000
贷：固定资产清理	23000

【例 5 - 35】　某工程公司（小规模纳税人，适用 3% 的增值税税率）因交通事故，毁损运输汽车一辆，原值 150000 元，已提折旧 30000 元，经保险公司核定赔偿 50000 元，清理残值收入 1030 元已存入银行。

①转销毁损的运输汽车的账面价值

借：固定资产清理	120000
累计折旧	30000
贷：固定资产	150000

②结转应收保险公司赔款

借：其他应收款——保险公司	50000
贷：固定资产清理	50000

③取得残值收入

借：银行存款	1030
贷：固定资产清理	1000
应交税费——应交增值税（销项税额）	30

④结转毁损汽车净损失

借：营业外支出——处置非流动资产损失	69000
贷：固定资产清理	69000

2. 投资转出固定资产

企业因为投资入股或与其他单位联营等原因转出固定资产时，也要通过"固定资产清理"账户核算，该账户的借方登记投资转出固定资产账面价值、发生的清理费及其他相关税费。最后按"固定资产清理"账户的余额作为长期股权投资相关处理的依据。

3. 非货币性资产交换、债务重组

《企业会计准则第 7 号——非货币性资产交换》中换出固定资产方,《企业会计准则第 12号——债务重组》中抵债的资产是固定资产,均要通过"固定资产清理"账户核算,具体账务处理此处略。

七、固定资产清查

企业应定期或者至少每年末对固定资产进行清查盘点,以保证固定资产核算的真实性,充分挖掘企业现有固定资产的潜力。在固定资产清查过程中,如果发现盘盈、盘亏的固定资产,应填制固定资产盘盈盘亏报告表,其清查的损益,应及时查明原因,并按照规定程序报批处理。

1. 盘盈固定资产的核算

企业在财产清查中盘盈的固定资产,一般是以前年度发生的会计差错,应根据重新确定的固定资产价值,借记"固定资产"科目,贷记"以前年度损益调整"科目。

企业应按以下规定重新确认其入账价值:如果同类或类似固定资产存在活跃市场的,按同类或类似固定资产的市场价格,减去按该项资产的新旧程度估计价值损耗后的余额,作为入账价值;如果同类或类似固定资产不存在活跃市场的,按该项固定资产的预计未来现金流量的现值,作为入账价值。

【例 5-36】 某工程公司年末财产清查时,盘盈电焊机一台,同类或类似电焊机的市场价格为 5680 元,减去根据其新旧程度,估计的价值损耗后余额为 3500 元,根据《企业会计准则第 28 号——会计政策、会计估计变更和差错更正》规定,该盘盈电焊机作为前期差错进行处理。编制会计分录如下:

借:固定资产 3500
　　贷:以前年度损益调整 3500

2. 盘亏固定资产的核算

企业在财产清查中盘亏的固定资产,按盘亏固定资产的账面价值,借记"待处理财产损益——待处理固定资产损益"账户,按已计提的累计折旧,借记"累计折旧"账户,按已计提的减值准备,借记"固定资产减值准备"账户,按固定资产的原价,贷记"固定资产"账户。按管理权限经批准后处理时,借记"营业外支出——固定资产盘亏损失"账户,贷记"待处理财产损益"账户。

【5-37】 某建筑公司,盘亏打夯机一台,其账面原价为 3600 元已提折旧 1000 元,已提的减值准备为 600,盘亏的打夯机已按规定程序报经有关机构审核批准。编制会计分录如下:

①报批前,盘亏打夯机

借:待处理财产损益——待处理固定资产损益 2000
　　累计折旧 1000
　　固定资产减值准备 600
　　贷:固定资产 3600

②报批后

借:营业外支出——固定资产盘亏损失 2000
　　贷:待处理财产损益——待处理固定资产损益 2000

八、临时设施的财务处理

临时设施是指施工企业为保证施工生产的正常进行而在施工现场建造的生产和生活用的各种临时性简易设施。如临时搭建的办公室、职工宿舍、围墙、化灰池、贮水池、临时给排水、供电、供热管线等。临时设施在施工生产过程中发挥着劳动资料的作用，其实物形态大多数作为固定资产的永久性房屋、建筑物相类似。

施工企业在现场所使用的临时设施一般分两种情况：

（1）由建设单位或总包单位提供。

（2）由施工企业自行搭建。施工企业自行建造的临时设施通过"固定资产"账户核算，临时设施的摊销、维修以及拆除报废等业务可以比照固定资产的核算方法组织核算。

【提示】　由于2006《企业会计准则应用指南——会计科目和主要账务处理》中规定，"固定资产"科目应包括企业（建造承包商）为保证施工和管理的正常进行而购建的各种临时设施，因此"临时设施"是"固定资产"账户的二级明细科目。

1.临时设施账户设置

从会计核算的实际来看，考虑到临时设施的特殊性，建筑施工企业往往将临时设施单独核算，专门设置"临时设施""临时设施摊销""临时设施清理"科目核算临时设施的成本和摊销，但其日常计量、摊销和后续支出以及处置等遵循的是固定资产的相关规定。

（1）"临时设施"科目

它属于资产类科目，本科目用来核算施工企业为保证施工和管理的正常进行而购建的各种临时设施的实际成本。其借方登记企业购置或搭建各种临时设施的实际成本；贷方登记企业出售、拆除、报废不需要或不能继续使用的临时设施的原价；期末借方余额反映企业在用临时设施的账面原价。本科目应按临时设施的种类和使用部门设置明细账，进行明细分类核算。

（2）"临时设施摊销"科目

它属于资产类科目，也是"临时设施"科目的备抵调整科目，用来核算企业各种临时设施在使用过程总发生的价值损耗，即临时设施价值的摊销情况。其贷方登记企业按月计提摊入工程成本的临时设施摊销额；借方登记企业出售、拆除、报废、毁损和盘亏临时设施的已提摊销额；本科目期末贷方余额，反映施工企业临时设施累计摊销额。本科目只进行总分类核算，不进行明细分类核算。需要查明临时设施的累计摊销额，可以根据临时设施卡片上所记载的该项临时设施的原价、摊销率和实际使用年限等资料进行计算。

（3）"临时设施清理"科目

它属于资产类科目，用来核算企业因出售、拆除、报废和毁损等原因而转入清理的临时设施账面价值以及发生的清理费用和取得的清理收入。其借方登记出售、拆除、报废和毁损临时设施的账面价值以及发生的清理费用；贷方登记收回出售临时设施的价款和清理过程中取得的残料价值或变价收入；期末如为借方余额，反映临时设施清理后的净损失，如为贷方余额，则反映临时设施清理后的净收益。临时设施清理工作结束后，应将净损失或净收益分别转入"营业外支出"和"营业外收入"科目，结转后，本科目应无余额。本科目应按被清理的临时设施名称设置明细账，进行核算。

2. 取得临时设施的账务处理

企业购置临时设施发生的各项支出，借记"临时设施"，贷记"银行存款"等科目。需要通过建筑安装才能完成的临时设施，发生的各有关费用，先通过"在建工程"科目核算，工程达到预定可使用状态时，再从"在建工程"科目转入"临时设施"。

【例5-38】 某施工企业（增值税一般纳税人）的图书馆项目部，搭建临时职工宿舍，搭建过程中耗料20500元，人工费2000元，用银行存款支付其他费用1500元。宿舍完工，交付使用。编制会计分录如下：

①搭建时

借：在建工程 24000

　　贷：原材料 20500

　　　　应付职工薪酬 2000

　　　　银行存款 1500

②宿舍完工，交付使用

借：临时设施 24000

　　贷：在建工程 24000

3. 临时设施摊销

企业的各种临时设施应当在工程建设期间内按月进行摊销，摊销方法可以采用工作量法，也可以采用工期法。当月增加的临时设施，当月不摊销，从下月起开始摊销；当月减少的临时设施，当月继续摊销，从下月起停止摊销。摊销时，按摊销额，借记"工程施工"等科目，贷记"临时设施摊销"。

【例5-39】 沿用【例5-38】，临时设施预计净残值率为5%，预计工程的工期为两年。编制会计分录如下：

职工宿舍的月摊销额＝[24000×(1-5%)]÷(2×12)=950(元)

按月摊销

借：工程施工——合同成本（图书馆） 950

　　贷：临时设施摊销 950

4. 临时设施维修、出售、拆除和报废的核算

（1）临时设施维修的核算

施工单位发生的临时设施维修费用，能够分清成本核算对象的，直接计入工程成本，则借记"工程施工——合同成本（临时设施修理费）"；不能够分清成本核算对象的，则借记"工程施工——间接费用"，贷记"原材料""应付职工薪酬"等账户。

（2）临时设施出售、拆除、报废的核算

出售、拆除、报废和毁损不需用或者不能继续使用的临时设施通过"临时设施清理"科目核算，按临时设施账面价值，借记"临时设施清理"，按已提摊销额，借记"临时设施摊销"，按其账面原价，贷记"临时设施"。取得的变价收入借记"银行存款""库存现金"等科目，贷记"临时设施清理"，按应交的税费，贷记"应交税费——应交增值税（销项税额）"。收回的残料价值，借记"原材料"，贷记"临时设施清理"。发生的清理费用，借记"临时设施清理"，贷记"银行存款"等科目。临时设施清理后，如为清理净损失，借记"营业外支出"，贷记"临时设施清理"；如为清理净收益，借记"临时设施清理"，贷记"营业外收入"。

160

【例 5 – 40】 续【例 5 – 38】至临时职工宿舍拆除时,该宿舍已摊销 17100 元。清理过程中,取得残料变价收入 1170 元存入银行,现金支付清理费用 400 元。编制会计分录如下:

①转销职工宿舍的账面价值

借:临时设施清理 6900
　临时设施摊销 17100
　贷:临时设施 24000

②取得残值收入

借:银行存款 1170
　贷:临时设施清理 1000
　　应交税费——应交增值税(销项税额)170

③支付清理费用

借:临时设施清理 400
　贷:库存现金 400

④结转清理净损失

借:营业外支出——处置非流动资产损失 6300
　贷:临时设施清理 6300

【任务实施】

项目导入案例中科泰公司固定资产与临时设施相关账务处理如下:

科泰公司固定资产折旧(除房屋建筑物使用年限为 20 年外,其余机器设备和办公设备使用年限均为 5 年,按固定资产类别分别计算折旧额)采用平均年限法。临时设施摊销采用工期法摊销(考虑到临时设施的特殊性,该公司临时设施仍单独核算,但其日常计量、摊销和后续支出以及处置等遵循的是固定资产的相关规定)。

(10)14 日,书院家园原有临时设施围挡账面原值 24000 元,预计净残值率为 4%,预计使用 15 个月。A 和 B 工程各有临时活动房一栋,其账面原值分别为 90000 元,预计净残值率为 5%,预计使用 12 个月。需要进行本月临时设施摊销。

$$临时围挡的月摊销额 = [24000 \times (1 - 4\%)] \div 15 = 1536(元)$$
$$临时活动房的月摊销额 = [90000 \times (1 - 5\%)] \div 12 = 7125(元)$$

编制会计分录如下:

摊销临时设施

借:工程施工——间接费用 1536
　工程施工——合同成本(A 工程) 7125
　工程施工——合同成本(B 工程) 7125
　贷:临时设施摊销 15786

(11)15 日,对书院家园项目部正在使用的 2 台起重机(原价 100000 元/台,预计净残值率 4%)、和编号为 1#、2#、3#的 3 台旧塔吊(原价 60000 元/台,预计净残值率 5%),机修车间的生产设备(原价 80000 元,预计净残值率 10%)项目部的办公设备(原价 150000 元,预计净残值率 1%)和公司使用的房屋建筑物(原值 8000000 元,预计净残值率 2.5%)计提折旧。

计算每类固定资产月折旧额:

①每台起重机的月折旧额 $= [100000 \times (1 - 4\%)] \div (5 \times 12) = 1600(元)$

2 台起重机的月折旧额 $=1600 \times 2 = 3200$（元）

②每台塔吊的月折旧额 $= [60000 \times (1-5\%)] \div (5 \times 12) = 950$（元）

3 台塔吊的月折旧额 $= 950 \times 3 = 2850$（元）

③生产设备的月折旧额 $= [80000 \times (1-10\%)] \div (5 \times 12) = 1200$（元）

④办公设备的月折旧额 $= [150000 \times (1-1\%)] \div (5 \times 12) = 2475$（元）

⑤房屋建筑物的月折旧额 $= [8000000 \times (1-2.5\%)] \div (20 \times 12) = 32500$（元）

编制计提折旧会计分录如下：

借：机械作业——起重机 3200

    ——塔吊 2850

 生产成本——辅助生产成本（机修车间） 1200

 工程施工——间接费用 2475

 管理费用 32500

 贷：累计折旧 42225

（12）20 日，由于 2#塔吊故障，本公司机修车间修理过程中，耗用机械配件液压油 500 元和密封圈 200 元，机修人员人工费 2000 元。

编制会计分录如下：

借：机械作业——塔吊（修理费） 2700

 贷：原材料——机械配件 700

  应付职工薪酬——工资 2000

（13）22 日，1#旧塔吊因为常年故障，零部件已经老化，无法维修，经批准报废。该机账面原价 60000 元，已提折旧 45600 元，已提的减值准备 800 元，以库存现金支付清理费 540 元，取得残值收入 2060 元存入银行，清理工作现已结束。

编制会计分录如下：

转销报废 1#塔吊的账面价值

借：固定资产清理 13600

 累计折旧 45600

 固定资产减值准备 800

 贷：固定资产 60000

收到残值收入

借：银行存款 2060

 贷：固定资产清理 2020

  应交税费——应交增值税（销项税额）40

【提示】 科泰公司是 2016 年 5 月前成立的公司，所以属于一般纳税人销售已使用过固定资产涉税处理范围（与前面提到的固定资产处置不同之处是 2016 年 5 月前购入的固定资产没有增值税进项税额）。

根据财税〔2014〕57 号文件要求，一般纳税人销售自己使用过固定资产（符合简易计税方法条件的），按照简易办法依照 3%征收率减按 2%征收增值税。

不含税销售额 $=$ 含税销售额 $\div (1+3\%) = 2060 \div (1+3\%) = 2000$（元）

应纳税额 $=$ 不含税销售额 $\times 2\% = 2000 \times 2\% = 40$（元）

支付清理费用

借：固定资产清理　　　　　　　　　　　　　　540

　　贷：库存现金　　　　　　　　　　　　　　　　540

结转报废塔吊净损失

借：营业外支出——处置非流动资产损失　　　　12120

　　贷：固定资产清理　　　　　　　　　　　　　　12120

（14）A 工程即将完工，拆除其临时活动房，已提摊销 71250 元，银行存款支付拆除费用 1250 元，拆除墙体等残料 6000 元，已入库验收。

编制会计分录如下：

转销职工宿舍的账面价值

借：临时设施清理　　　　　　　　　　　　　　18750

　　临时设施摊销　　　　　　　　　　　　　　71250

　　　贷：临时设施　　　　　　　　　　　　　　　90000

取得残值收入

借：原材料　　　　　　　　　　　　　　　　　6000

　　贷：临时设施清理　　　　　　　　　　　　　　6000

支付清理费用

借：临时设施清理　　　　　　　　　　　　　　1250

　　贷：银行存款　　　　　　　　　　　　　　　　1250

结转清理净损失

借：营业外支出——处置非流动资产损失　　　　14000

　　贷：临时设施清理　　　　　　　　　　　　　　14000

子任务五　无形资产摊销与处置的账务处理

【任务描述】

掌握无形资产摊销的方法；掌握无形资产处置的账务处理；学会导入案例——科泰公司施工环节中与无形资产摊销和处置有关的经济业务活动的账务处理。

【知识准备】

为了核算和监督无形资产的取得、摊销和处置等情况，企业应设置"无形资产""累计摊销"等账户。

"无形资产"账户核算企业持有无形资产的成本，本账户应按无形资产的类别设置明细账进行明细分类核算。

"累计摊销"账户属于"无形资产"账户的调整账户，核算企业对使用寿命有限的无形资产计提的累计摊销，贷方登记企业计提的无形资产摊销，借方登记处置无形资产转出的累计摊销，期末贷方余额，反映企业无形资产的累计摊销额。

1.无形资产摊销

无形资产应当于取得时判断其使用寿命。对使用寿命有限的无形资产应在其预计的使用寿命内对应摊销金额进行摊销。使用寿命不确定的无形资产不应摊销，但要每年进行减值测试。需要计提减值准备的相应计提减值准备。

无形资产的应摊销金额为其成本扣除预计残值后的金额。已计提减值准备的无形资产，还应扣除已计提的无形资产减值准备累计金额。使用寿命有限的无形资产，其残值一般应视为零。但下列情况除外：

（1）有第三方承诺在无形资产使用寿命结束时购买该无形资产；

（2）可以根据活跃市场得到预计残值信息，并且该市场在无形资产使用寿命结束时很可能存在。

依据财会〔2006〕3 号《企业会计准则第 6 号——无形资产》第 4 章第 17 条，无形资产从可供使用当月起开始摊销，至不再作为无形资产确认时止。即当月增加的无形资产，当月开始摊销；当月减少的无形资产，当月不再摊销。

无形资产摊销的方法包括直线法、生产总量法等。企业自用无形资产的摊销额一般计入管理费用；但如果某项无形资产是专门用于某项工程的，其摊销的金额应计入工程成本；用于出租的无形资产，其摊销金额计入其他业务成本。

【例 5－41】 某高校施工项目部购入无尘钻孔新专利一项，价款为 120000 元，有效期限为 10 年。计算新专利的每月摊销额并编制会计分录如下：

$$无形资产月摊销额 = 120000 ÷ (10 × 12) = 1000(元)$$

借：工程施工——间接费用   1000

    贷：累计摊销   1000

2.无形资产处置的核算

企业出售或转让专利权、非专利技术（又称专有技术）、商标权、著作权、商誉等无形资产所有权时，企业应按实际收到或应收的金额，借记"银行存款""应收账款"等科目，按已计提的累计摊销额，借记"累计摊销"科目，按已计提的减值准备，借记"无形资产减值准备"科目，按增值税专用发票注明的增值税额，贷记"应交税费——应交增值税（销项税额）"科目，按无形资产账面成本，贷记"无形资产"科目，按其差额，贷记"营业外收入——处置非流动资产利得"科目或借记"营业外支出——处置非流动资产损失"科目。

【提示】 依据财税〔2016〕36 号，一般纳税人销售和出租无形资产（除转让土地使用权），均适用 6% 的增值税税率。小规模纳税人此项应税行为适用 3% 的增值税税率。

【例 5－42】 宏达工程有限公司将其拥有的一项专有技术转让给红星建筑公司，开出增值税专用发票，发票上注明转让收入 260000 元、增值税额 15600 元，红星建筑公司已转账付款。该专有技术的账面成本为 240000 元，已计提摊销额 50625 元，已提无形资产减值准备 10375 元。两公司均是增值税一般纳税人。编制会计分录如下：

借：银行存款   275600

    累计摊销   50625

    无形资产减值准备   10375

    贷：无形资产——商标权   240000

        应交税费——应交增值税（销项税额）   15600

        营业外收入——处置非流动资产利得   81000

【任务实施】

项目收入案例中涉及无形资产的账务处理如下：

科泰公司无形资产摊销采用直线法。

(15)6月18日，对该公司的无形资产进行摊销。公司拥有的专利权(原值150000元，预计使用5年)。书院家园项目部正在使用公司年初购入的打桩专有技术(原值180000元，预计使用年限10年)。

$$专利权每月摊销额 = 150000 \div (5 \times 12) = 2500(元)$$
$$打桩专有技术每月摊销额 = 180000 \div (10 \times 12) = 1500(元)$$

编制会计分录如下：

借：管理费用　　　　　　　　　　　　　　　　2500
　　工程施工——间接费用　　　　　　　　　　1500
　　　贷：累计摊销　　　　　　　　　　　　　　　　4000

(16)6月25日，由于社会科技技术的飞速发展，公司将拥有的专利权出售，取得不含税转让收入80000元及增值税4800元存入银行，该专利权原值150000元，已累计摊销60000元，已计提的减值准备3000元，已办妥有关手续。编制会计分录如下：

借：银行存款　　　　　　　　　　　　　　　　84800
　　累计摊销　　　　　　　　　　　　　　　　60000
　　无形资产减值准备　　　　　　　　　　　　3000
　　营业外支出——处置非流动资产损失　　　　7000
　　　贷：无形资产　　　　　　　　　　　　　　　　150000
　　　　　应交税费——应交增值税(销项税额)　　　4800

子任务六　职工薪酬的账务处理

【任务描述】

了解职工薪酬的具体内容；熟悉职工薪酬结算的凭证；理解货币性职工薪酬和非货币性职工薪酬二者之间的区别；掌握职工薪酬的账务处理程序。学会核算导入案例——科泰公司施工环节中职工薪酬相关经济业务活动的账务处理。

【知识准备】

"应付职工薪酬"是科目核算企业根据有关规定应付给职工的各种薪酬，可按"工资、奖金、津贴、补贴""职工福利""社会保险费""住房公积金""工会经费""职工教育经费""解除职工劳动关系补偿""非货币性福利""其他与获得职工提供的服务相关的支出"等应付职工薪酬项目进行明细核算。

一、应付职工薪酬的内容

(1)职工工资、奖金、津贴和补贴(计时工资、计件工资、奖金、津贴、物价补贴、加班加点工资、以及病、产假、计划生育假工资)；

(2)职工福利费：集体福利机构人员工资、职工生活困难补助；

(3)养老保险、医疗保险、失业保险、工伤保险和生育保险等社会保险费(商业保险形式提供给职工的各种保险待遇也属于企业提供的职工薪酬)；

(4)住房公积金；

165

（5）工会经费和职工教育经费；

（6）非货币性福利（产品或外购商品作为福利发放给职工、无偿提供住房、租赁资产供职工无偿使用、免费为职工提供诸如医疗保健的服务、以低于成本的价格向职工出售住房）；

（7）因解除与职工的劳动关系给予的补偿（辞退福利）；

（8）其他与获得职工提供的服务相关的支出。

其他与获得职工提供的服务相关的支出，是指除上述七种薪酬以外的其他为获得职工提供的服务而给予的薪酬。例如：支付给因公伤亡职工的配偶、子女或其他被赡养人的抚恤金。

薪酬的涵盖时间和支付形式：职工在职期间和离职后给予的所有货币性薪酬和非货币性福利。

【提示】 职工，是指与企业订立劳动合同的所有人员，含全职、兼职和临时职工；也包括虽未与企业订立劳动合同但由企业正式任命的人员，如董事会成员、监事会成员等；在企业的计划和控制下，虽未与企业订立劳动合同或未由其正式任命，但为其提供与职工类似服务的人员，也纳入职工范畴，如劳务用工合同人员。

二、职工薪酬结算凭证

职工薪酬结算凭证一般采用职工薪酬结算单的形式，为了同职工办理职工薪酬结算，应根据考勤表、施工任务单（又称派工单）等原始凭证，按各基层单位分别编制职工薪酬结算单，计算施工企业的每一位职工的应付职工薪酬、代扣款项和实发工资。施工企业财务人员再依据职工薪酬结算单编制职工薪酬汇总表进行职工薪酬相关的会计业务处理。红星建筑公司职工薪酬汇总表如表5－13所示。

表5－13 职工薪酬汇总表　　　　　　　　　　　　　　单位：元

人员类别	计时工资	计件工资	奖金	津补贴	其他工资	应付薪酬合计	代扣款项				实发金额
							公积金	社会保险	水电费	个人所得税	
建安生产工人	250000	40000	15000	25000	40000	370000	25900	40700	600	11000	291800
辅助生产工人	20000	2000	4000			26000	1820	2860	150	310	20860
机械作业人员	10000	3000	2000			15000	1050	1650	20	80	12200
现场管理人员	30000		5000	5000	2000	42000	2940	4620		200	34240
开发存货系统员	12000			1000		13000	910	1430		50	10610
专项工程人员	40000		5000			45000	3150	4950	230	220	36450
行政管理人员	25000		3500	2200	3300	34000	2380	3740		140	27740
合计	387000	45000	34500	33200	45300	545000	38150	59950	1000	12000	433900

三、职工薪酬账务处理

(一)确认应付职工薪酬

企业应当在职工为其提供服务的会计期间,根据职工提供服务的受益对象,将应确认的职工薪酬(包括货币性薪酬和非货币性福利)计入相关资产成本或当期损益,同时确认为应付职工薪酬(也称分配或计提工资),但解除劳动关系补偿(下称"辞退福利")除外。

企业应设置"应付职工薪酬"账户,核算应付给全体职工的薪酬总额。其贷方登记分配计入各成本费用项目的应付职工薪酬,借方登记发放的薪酬以及结转的各种代扣款项,期末贷方余额表示应付未付的职工薪酬。本账户应按职工类别、薪酬的组成内容进行明细核算。具体分别以下情况处理:

(1)应付建安生产工人的薪酬,计入"工程施工——合同成本"账户;

(2)应付辅助生产工人的薪酬,计入"生产成本"账户;

(3)应付机械操作人员的薪酬,计入"机械作业"账户;

(4)应付内部施工单位管理人员的薪酬计入"工程施工——间接费用"账户;

(5)应付材料部门和仓库管理人员的薪酬,计入"采购保管费"账户,如果企业未单独设置"采购保管费"账户,可计入"管理费用"等账户;

(6)应由在建工程、无形资产开发成本负担的职工薪酬,计入"在建工程""研发支出"等账户;

(7)上述各项以外的其他职工薪酬,计入当期损益。

1.货币性职工薪酬

(1)企业应向社会保险经办机构(或企业年金基金账户管理人)缴纳的医疗保险费、养老保险费、失业保险费、工伤保险费、生育保险费等社会保险费,应向住房公积金管理中心缴存的住房公积金(以上简称五险一金),以及应向工会部门缴存的工会经费等,国家(或企业年金计划)统一规定了计提基础和计提比例,应按照国家规定的标准计提。

(2)没有规定计提基础和计提比例的,企业应当根据历史经验数据和实际情况,合理预计当期应付职工薪酬。当期实际发生金额大于预计金额的,应当补提应付职工薪酬;当期实际发生金额小于预计金额的,应当冲回多提的应付职工薪酬。如职工福利费,企业在资产负债表日应当根据我国税法相关要求和实际发生的福利费金额对预计金额进行调整。

(3)对于在职工提供服务的会计期末以后1年以上到期的应付职工薪酬,企业应当选择合理的折现率,以应付职工薪酬折现后的金额计入相关资产成本或当期损益。

【例5-43】 如表5-13所示,红星建筑公司当月应付职工薪酬为545000元。根据地方政府规定,公司分别按照职工工资总额,分配本月职工福利费(14%)、教育经费(2.5%)、工会经费(2%)、各项社会保险(养老保险20%、医疗保险8%、失业保险2%、工伤保险0.5%,生育保险0.7%、住房公积金7%)。假定公司的存货管理系统已处于开发阶段,并符合资本化为无形资产的条件。

①应付建安生产工人的薪酬:

$370000 \times (1 + 14\% + 2.5\% + 2\% + 20\% + 8\% + 2\% + 0.5\% + 0.7\% + 7\%) = 579790$

②应付辅助生产工人的薪酬:

$26000 \times (1 + 14\% + 2.5\% + 2\% + 20\% + 8\% + 2\% + 0.5\% + 0.7\% + 7\%) = 40742$

③应付机械操作人员的薪酬：

$15000 \times (1 + 14\% + 2.5\% + 2\% + 20\% + 8\% + 2\% + 0.5\% + 0.7\% + 7\%) = 23505$

④应付现场管理人员的薪酬：

$42000 \times (1 + 14\% + 2.5\% + 2\% + 20\% + 8\% + 2\% + 0.5\% + 0.7\% + 7\%) = 65814$

⑤应付专项工程人员的薪酬：

$45000 \times (1 + 14\% + 2.5\% + 2\% + 20\% + 8\% + 2\% + 0.5\% + 0.7\% + 7\%) = 70515$

⑥应由无形资产成本负担的薪酬：

$13000 \times (1 + 14\% + 2.5\% + 2\% + 20\% + 8\% + 2\% + 0.5\% + 0.7\% + 7\%) = 20371$

⑦应付管理人员的薪酬：

$34000 \times (1 + 14\% + 2.5\% + 2\% + 20\% + 8\% + 2\% + 0.5\% + 0.7\% + 7\%) = 53278$

编制会计分录如下：

借：工程施工——合同成本	579790	
生产成本——辅助生产成本	40742	
机械作业	23505	
工程施工——间接费用	65814	
在建工程	70515	
研发支出	20371	
管理费用	53278	
贷：应付职工薪酬——工资		545000
——职工福利		76300
——教育经费		13625
——工会经费		10900
——社会保险		170040
——住房公积金		38150

2. 非货币性职工福利

（1）施工企业以其自产产品作为非货币性福利发放给职工的，应当根据受益对象，按照该产品的公允价值，计入相关资产成本或当期损益，同时确认应付职工薪酬，借记"工程施工""机械作业""生产成本""管理费用"等科目，贷记"应付职工薪酬——非货币性福利"科目。施工企业以自产产品作为职工薪酬发放给职工时，应确认其他业务收入，借记"应付职工薪酬——非货币性福利"科目，贷记"其他业务收入""应交税费——应交增值税（销项税额）"科目，同时结转相关成本。

【例5－44】 创达建筑公司（一般纳税人，适用增值税税率11%），将其自行加工的成本为200元的预制板500件作为福利发放给项目部管理人员，该预制板售价为220元（不含税）。

编制会计分录如下：

①确认非货币性福利

借：工程施工——间接费用	128700	
贷：应付职工薪酬——非货币性福利		128700

②确认其他业务收入和增值税销项税额

借：应付职工薪酬——非货币性福利　　　　　　　　128700

　　贷：其他业务收入　　　　　　　　　　　　　　　　110000

　　　　应交税费——应交增值税(销项税额)　　　　　　18700

③结转预制板成本

借：其他业务成本　　　　　　　　　　　　　　　　100000

　　贷：原材料——结构件　　　　　　　　　　　　　100000

【提示】　依据《中华人民共和国增值税暂行条例》，该建筑公司此项经济业务属于视同销售，按照销售货物适用17%增值税率计算交纳增值税。

【提示】　假设【例5-44】创达建筑公司的预制板是外购的(增值税进项税额18700元已认证抵扣的)，在确认非货币性福利时，应将已认证抵扣的增值税进项税额也计入相关的成本费用，借记"工程施工"等科目，贷记"应付职工薪酬——非货币性福利"；同时结转相关外购商品成本，借记"应付职工薪酬——非货币性福利"，贷记"应交税费——应交增值税(进项税额转出)""库存商品"或"原材料"等科目。

编制会计分录如下：

①确认非货币性福利

借：工程施工——间接费用　　　　　　　　　　　　128700

　　贷：应付职工薪酬——非货币性福利　　　　　　　128700

②结转预制板成本

借：应付职工薪酬——非货币性福利　　　　　　　　128700

　　贷：原材料——结构件　　　　　　　　　　　　　110000

　　　　应交税费——应交增值税(进项税额转出)　　　18700

(2)将施工企业拥有的房屋等固定资产无偿提供给职工使用的，应当根据受益对象，将该住房每期应计提的折旧计入相关资产成本或当期损益，同时确认应付职工薪酬，借记"工程施工""机械作业""生产成本""管理费用"等科目，贷记"应付职工薪酬——非货币性福利"科目，并且同时借记"应付职工薪酬——非货币性福利"科目，贷记"累计折旧"科目。

租赁住房等固定资产供职工无偿使用的，应当根据受益对象，将每期应付的租金计入相关资产成本或当期损益，并确认应付职工薪酬，借记工程成本、费用等科目，贷记"应付职工薪酬——非货币性福利"科目。

【例5-45】　某建筑公司为行政部门经理8名和项目部经理2名，各提供相同品牌轿车一辆免费使用，该轿车每月应提折旧600元；同时为正在施工的沙河项目部正、副经理在沙河附近，每人租赁一套住房，月租金1500元/套。

应计入管理费用的薪酬=8×600=4800

应计入工程施工的薪酬=2×600+1500×2=4200

编制会计分录如下：

①确认非货币性薪酬

借：管理费用　　　　　　　　　　　　　　　　　　4800

　　工程施工——间接费用　　　　　　　　　　　　4200

　　贷：应付职工薪酬——非货币性福利　　　　　　　9000

②计提汽车折旧和租房租金

借：应付职工薪酬——非货币性福利   9000
　　贷：累计折旧   6000
　　　　其他应付款   3000

3. 辞退福利

辞退福利是指企业在职工劳动合同到期之前解除与职工的劳动关系，或者为鼓励职工自愿接受裁减而给予职工的补偿。满足确认条件的解除劳动关系计划或自愿裁减建议的辞退福利应当计入当期管理费用，并确认应付职工薪酬。

企业应当根据《企业会计准则第 13 号——或有事项》的规定，严格按照辞退计划条款的规定，合理预计并确认辞退福利产生的应付职工薪酬。对于职工没有选择权的辞退计划，应当根据辞退计划条款规定的拟解除劳动关系的职工数量、每一职位的辞退补偿标准等，计提应付职工薪酬。企业对于自愿接受裁减的建议，应当预计将会接受裁减建议的职工数量，根据预计的职工数量和每一职位的辞退补偿标准等，计提应付职工薪酬。

符合确认条件、实质性辞退工作在一年内完成、但付款时间超过一年的辞退福利，企业应当选择恰当的折现率，以折现后的金额计量应付职工薪酬。

【例 5-46】 2015 年 10 月，受房地产行业销售萎缩的影响，宏远工程公司决定辞退 20 名员工，拟辞退员工每人一次性支付现金 50000 元，辞退计划已通过，其他辞退事宜均与职工协商一致。

编制会计分录如下：

借：管理费用   1000000
　　贷：应付职工薪酬——辞退福利   1000000

4. 其他与获得职工提供的服务相关的支出

企业年金基金，适用《企业会计准则第 10 号——企业年金基金》；以股份为基础的薪酬，适用《企业会计准则第 11 号——股份支付》；职工丧葬补助等(此处略)。

(二)代扣职工薪酬

企业应向社会保险经办机构和各级住房公积金中心交纳的五险一金，包括两个部分：一是企业依据国家相关部门核定的职工工资总额为基数及单位缴费比例计提的社会保险和住房公积金金额；二是企业依据职工个人工资及相应的个人缴费比例从工资中代扣的社会保险和住房公积金金额。单位从职工工资中直接代扣代缴的各项社会保险费、住房公积金、代垫的家属药费、水电费和个人所得税等，应借记"应付职工薪酬——工资"，贷记"其他应付款——社会保险""其他应付款——住房公积金""其他应收款——水电费"和"应交税费——应交个人所得税"等科目。

企业每月从职工工资中代扣的款项与实发工资(即"应付职工薪酬——工资"科目借方发生额)二者金额之合计应等于分配职工薪酬的金额("应付职工薪酬——工资"科目贷方发生额)合计。

【例 5-47】如表 5-13 所示，红星建筑公司当月代扣职工工资合计为 111100 元。编制会计分录如下：

借：应付职工薪酬——工资   111100

```
贷：其他应付款——住房公积金                    38150
    其他应付款——社会保险                      59950
    其他应收款——水电费                         1000
    应交税费——应交个人所得税                   12000
```

(三) 发放职工薪酬

1. 支付职工工资、奖金、津贴和补贴

借记"应付职工薪酬——工资"科目，贷记"银行存款""库存现金"等科目。

2. 支付职工福利费

企业向职工食堂、职工医院、生活困难职工等支付职工福利时，借记"应付职工薪酬—职工福利"科目，贷记"银行存款""库存现金"等科目。

3. 支付工会经费、职工教育经费和缴纳社会保险费、住房公积金

借记"应付职工薪酬——工会经费(或职工教育经费、社会保险费、住房公积金)"科目，贷记"银行存款""库存现金"等科目。

4. 发放非货币性福利

借记"应付职工薪酬—非货币性福利"科目，贷记"其他业务收入"等科目；企业支付租赁住房等资产供职工无偿使用，借记"应付职工薪酬——非货币性福利"科目，贷记"银行存款"等科目。

【例 5 – 48】　如表 5 – 13 所示，红星建筑公司开出现金支票提取现金，发放工资433900 元。

编制会计分录如下：

①提现

```
借：库存现金                                    433900
    贷：银行存款                                  433900
```

②发放工资

```
借：应付职工薪酬——工资                         433900
    贷：库存现金                                  433900
```

【任务实施】

项目导入案例中科泰公司施工环节中职工薪酬相关经济业务活动的账务处理如下：

(17)9 日签发转账支票，支付本公司 5 月份工资330000 元。

编制会计分录如下：

```
借：应付职工薪酬——工资                         330000
    贷：银行存款                                  330000
```

(18)书院家园项目部 A、B 工程施工生产人员人数相同，6 月末结算职工薪酬汇总表如下 5 –14 所示：

表 5-14 职工薪酬汇总表 单位：元

人员类别	基本工资	奖金	津补贴	应付薪酬合计	代扣款项			实发金额
					公积金	社会保险	个人所得税	
施工生产工人	189000	16000	8000		6000	14100	4200	
现场管理人员	21000	3000	1600		1800	1550	920	
辅助生产工人	13100	1900	960		760	950	350	
机械作业人员	66000	9000	1600		800	4910	320	
行政管理人员	42000	4000	1980		900	3450	360	
福利部门	5900	800	200		260	440	50	
长期病假人员	7300		450		300	560		
合计								

（一）根据表 5-14，补充完整工资汇总表 5-15。

表 5-15 职工薪酬汇总表 单位：元

人员类别	基本工资	奖金	津补贴	应付薪酬合计	代扣款项			实发金额
					公积金	社会保险	个人所得税	
施工生产工人	189000	16000	8000	213000	6000	14100	4200	188700
现场管理人员	21000	3000	1600	25600	1800	1550	920	21330
辅助生产工人	13100	1900	960	15960	760	950	350	13900
机械作业人员	66000	9000	1600	76600	800	4910	320	70570
行政管理人员	42000	4000	1980	47980	900	3450	360	43270
福利部门	5900	800	200	6900	260	440	50	6150
长期病假人员	7300		450	7750	300	560		6890
合计	344300	34700	14790	393790	10820	25960	6200	350810

（二）根据表 5-14，计提职工福利费 10%，教育经费 1%、工会经费 2%、各项社会保险（养老保险 20%、医疗保险 8%、失业保险 2%）、住房公积金 7% 并编制职工薪酬分配汇总表 5-16，同时进行账务处理。

表 5 - 16　职工薪酬分配汇总表　　　　　　　　　　　　　　　　单位:元

人员类别	应付薪酬合计	职工福利	教育经费	工会经费	社会保险				住房公积金	合计
					养老保险	医疗保险	失业险	小计		
施工生产工人	213000	21300	2130	4260	42600	17040	4260	63900	14910	319500
现场管理人员	25600	2560	256	512	5120	2048	512	7680	1792	38400
辅助生产工人	15960	1596	159.6	319.2	3192	1276.8	319.2	4788	1117.2	23940
机械作业人员	76600	7660	766	1532	15320	6128	1532	22980	5362	114900
行政管理人员	47980	4798	479.8	959.6	9596	3838.4	959.6	14394	3358.6	71970
福利部门	6900	690	69	138	1380	552	138	2070	483	10350
长期病假人员	7750	775	77.5	155	1550	620	155	2325	542.5	11625
合计	393790	39379	3937.9	7875.8	78758	31503.2	7575.8	118137	27565.3	590685

编制会计分录如下:

借: 工程施工——合同成本(A 工程)　　　　　　159750

　　　　　　　——合同成本(B 工程)　　　　　　159750

　　　　　　　——间接费用　　　　　　　　　　38400

　　生产成本——辅助生产成本　　　　　　　　　23940

　　机械作业　　　　　　　　　　　　　　　　114900

　　管理费用　　　　　　　　　　　　　　　　　93945

　　贷: 应付职工薪酬——工资　　　　　　　　　386040

　　　　　　　　　　——其他　　　　　　　　　7750

　　　　　　　　　　——职工福利　　　　　　　39379

　　　　　　　　　　——教育经费　　　　　　　3937.9

　　　　　　　　　　——工会经费　　　　　　　7875.8

　　　　　　　　　　——社会保险　　　　　　　118137

　　　　　　　　　　——住房公积金　　　　　　27565.3

【提示】　本例题中行政管理部门、福利部门以及计入长期病假人员工资计入"管理费用"。其中,长期病假人员工资是带薪缺勤中的非累积带薪缺勤,应在职工薪酬中单列出来,放在"应付职工薪酬——其他"项目下核算。

(19)根据表 5 - 14,进行代扣款项的账务处理。编制会计分录如下:

借: 应付职工薪酬——工资　　　　　　　　　　42120

　　　　　　　　　　——其他　　　　　　　　　860

　　贷: 其他应付款——住房公积金　　　　　　　10820

　　　　其他应付款——社会保险　　　　　　　　25960

　　　　应交税费——应交个人所得税　　　　　　6200

(20)科泰公司月末通过银行,已转账交纳了 6 月份职工社会保险和住房公积金给当地社会保险管理机构和住房公积金中心,同时收到银行出具的缴款书回单(单位负担部分见表 5 -

16，个人负担部分见表 5 - 15）。编制会计分录如下：

 借：应付职工薪酬——社会保险   118137
       ——住房公积金   27565.3
  其他应付款——社会保险   25960
  其他应付款——住房公积金   10820
  贷：银行存款   182482.3

（21）月末，以现金支付省建设厅举办的青年职工教育培训费 1600 元（普通发票）。编制会计分录如下：

 借：应付职工薪酬——教育经费   1600
  贷：库存现金   1600

子任务七　工程成本与费用的账务处理

【任务描述】

理解工程成本与费用的区别和联系；了解工程成本核算的对象；掌握工程成本项目包括哪些具体内容；熟悉工程成本核算的程序；掌握人工费、材料费、机械使用费、其他直接费和间接费用在工程成本中的归集、分配方法及其账务处理；熟练运用"工程施工——合同成本""生产成本——辅助生产费用""机械作业"账户，进行施工环节工程成本的账务处理；掌握期间费用的内容及其账务处理；能够根据导入案例科泰公司的施工环节中发生的各项费用的具体内容，正确的归集和分配 A、B 工程的实际成本，编制出书院家园项目部工程成本明细账和工程成本卡，同时掌握对已竣工的 A 工程实际成本进行结转的账务处理。

【知识准备】

一、工程成本与费用的概念

我国《企业会计准则》中对费用的定义表述为：费用是企业生产经营过程中发生的各项耗费。费用包括生产费用和非生产费用。施工企业在确认费用时，应注意以下三个方面：

1. 划清生产费用与非生产费用的界限

施工企业在生产经营过程中，必然要发生各种各样的资金耗费，施工企业在一定时期内从事工程施工、提供劳务等经营活动发生的各种耗费称为生产费用，分为直接费用和间接费用。将这些生产费用按一定的工程成本核算对象进行分配和归集，就形成了工程成本。非生产费用是企业在日常经营活动中发生的但与施工生产过程无直接关系的各种费用，包括期间费用等，如用于购建固定资产、银行利息支出等所发生的费用，不属于生产费用。

2. 划清生产费用与工程成本的界限

生产费用与一定的期间相联系，而工程成本按一定的核算对象进行归集，是对象化的费用。生产费用是形成工程成本的基础，生产费用的发生过程就是工程成本的形成过程，没有生产费用发生，就不存在工程成本计算。

3. 划清工程成本与期间费用的界限

生产费用应当计入产品成本，而期间费用直接计入当期损益。

工程成本是指建筑安装企业在工程施工过程中发生的，按一定的成本核算对象归集的生产费用总和，包括直接费用和间接费用两部分。直接费用是指直接耗用于施工过程，构成工程实体或有助于工程形成的各项支出；间接费用是指施工企业所属各直接从事施工生产的单位为组织和管理施工生产活动所发生的各项费用。

期间费用是指与具体工程没有直接联系，不应计入工程成本，而应直接计入当期损益的各项费用，包括管理费用、财务费用。

二、工程成本核算对象

工程成本核算对象，是在成本核算时选择的归集施工生产费用的目标。是用于归集和分配生产费用的具体对象，也就是施工费用承担的客体。成本核算对象的确定，是开设工程成本明细账（卡）、归集和分配施工费用、准确核算工程成本的前提。

一般情况下，施工项目应以每一单位工程为对象来归集施工费用，核算工程成本。这是因为施工图预算是按单位编制的，所以按单位工程核算的实际成本便于与预算成本比较，以检查工程预算的执行情况和分析、考核成本节超的原因。但也可以根据承包工程项目的规模、工期、结构类型、施工组织和施工现场等情况，结合成本管理要求，灵活划分成本核算对象。一般有以下集中划分方法：

（1）一般情况下，施工项目应以每一独立编制施工图预算的单位工程为对象；

（2）一个单位工程由几个施工单位共同施工时，各施工单位都应以同一单位工程为成本核算对象，各自核算自行完成的部分；

（3）规模大，工期长的单位工程，可以将工程划分为若干部位，以分部位的工程作为成本核算对象；

（4）同一建设项目，由同一施工单位施工，并在同一施工地点，属同一结构类型，开竣工时间相近的若干单位工程，可以合并作为一个成本核算对象；

（5）改建、扩建的零星工程，可以将开竣工时间相接近，属于同一建设项目的各个单位工程合并作为一个成本核算对象；

（6）土石方工程，打桩工程，可以根据实际情况和管理需要，以一个单项工程为成本核算对象，或将同一施工地点的若干个工程量较少的单项工程合并作为一个成本核算对象。

三、工程成本项目

工程成本项目是施工费用按经济用途分类形成的若干项目。成本项目可以反映工程施工过程中的资金耗费情况，为进行成本分析提供依据。工程成本包括以下五个项目：

（1）人工费

指企业应付给直接从事建筑安装施工人员的各种薪酬。

（2）材料费

指工程施工过程中耗用的各种材料物资的实际成本以及周转材料的摊销额和租赁费用。

（3）机械使用费

指在施工过程中使用施工机械发生的各种费用。包括自有施工机械发生的作业费用，租入施工机械支付的租赁费用，以及施工机械的安装、拆卸和进出场费等。

（4）其他直接费

指在施工过程中发生的除了人工费、材料费、机械使用费以外的直接与工程施工有关的各种费用。

（5）间接费用

指企业下属的各施工单位（施工队、项目部等）为组织和管理工程施工所发生的费用。

上述（1）～（4）项内容计入直接费用，在发生时直接计入明确成本核算对象的工程成本；第（5）项内容计入间接费用，应当在期末按照直接费、人工费比例法等合理的分配计入合同成本。

四、工程成本核算账户

企业对施工过程中发生的各项施工费用，应按其用途和发生地点进行归集。为了核算和监督各项施工费用的发生和分配情况，正确计算工程成本，施工企业应设置下列会计账户：

"工程施工"账户。"工程施工"属于成本类账户，用于核算建筑施工企业在施工过程中发生的各项施工费用。借方登记施工过程中发生的应计入各个成本核算对象的人工费、材料费、机械使用费、其他直接费、应负担的间接费用以及各期确认的毛利；贷方登记竣工结转完工工程的实际成本和确认的工程亏损；月末借方余额，表示未完工程的累计实际成本及各期确认的毛利。工程竣工后，本账户应与"工程结算"账户对冲后结平。本账户应按建造合同分"合同成本""合同毛利"和"间接费用"进行明细核算。

"工程施工——合同成本"账户。该账户核算企业进行工程施工发生的各项施工生产费用，并确定各个成本核算对象的成本。借方登记施工过程中实际发生直接费和应负担的间接费用，贷方登记工程竣工后与"工程结算"账户对冲的费用，月末借方余额，表示未完工程的累计实际成本。

"工程施工——合同毛利"账户。该账户核算各个成本核算对象各期确认的毛利。其借方登记期末确认的工程毛利，贷方登记确认的工程亏损；月末借方余额表示未完工程累计确认的毛利，月末贷方余额表示未完工程累计确认的亏损。工程竣工后，本账户应与"工程结算"账户对冲后结平。

"工程施工——间接费用"账户。该账户核算企业所属各施工单位为组织和管理施工生产而发生的不能直接计入工程成本的费用。其借方登记实际发生的间接费用，贷方登记月末分配计入各成本核算对象的费用，期末通常无余额。

"生产成本——辅助生产成本"账户。该账户核算企业所属非独立核算的辅助生产部门为施工生产材料和提供劳务所发生的费用。其借方登记每月实际发生的费用，贷方登记生产完工验收入库生产材料的成本以及按受益对象分配结转的费用，月末借方余额表示未生产完工材料的成本。

"机械作业"账户。该账户核算企业使用自有施工机械和运输设备进行机械作业所发生的费用。其借方登记每月实际发生的费用，贷方登记月末按各受益对象分配结转的费用，期末通常无余额。

项目经理部应在"工程施工"账户下分别开设"工程成本明细账（卡）"。各明细账户按核算单位归集，按成本项目（人工费、材料费、机械使用费、其他直接费和间接费用）开设。

五、工程成本核算程序

上述成本费用账户，在工程成本核算中起着不同的作用。根据它们的核算内容和使用方法，可以将工程成本核算的基本程序概述如下：

（1）归集各项生产费用。即将本月发生的各项生产费用，按其用途和发生地点，归集到有关成本、费用账户中。

（2）分配辅助生产费用。月末，将归集在"生产成本——辅助生产成本"账户的费用向各受益对象分配，计入"机械作业""工程施工"等账户。

（3）分配机械作业费用。月末，将归集在"机械作业"账户的费用向各受益对象分配，计入"工程施工"各有关明细账户。

（4）分配施工间接费用。月末，将归集在"工程施工——间接费用"账户的费用向各受益对象分配，计入"工程施工"各有关明细账户。

（5）计算和结转工程成本。月末，计算本月已完工程或竣工工程的实际成本，并将竣工工程的实际成本从"工程施工"账户中转出，与"工程结算"账户的余额对冲。尚未竣工工程的实际成本仍保留在"工程施工"账户，不予结转。

工程成本核算的基本程序如图 5-1 所示

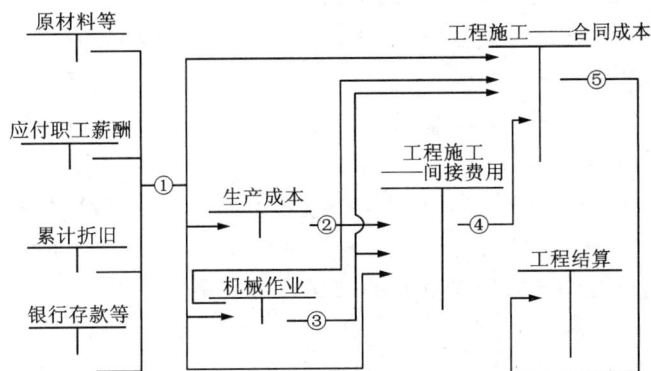

图 5-1

六、辅助生产成本

（一）辅助生产成本的性质

辅助生产是企业的辅助生产部门为工程施工、机械作业等生产材料、提供劳务而进行的生产。辅助生产部门是指企业所属非独立核算的辅助生产单位，如：机修车间、供水车间、供电车间、运输队和供汽车间等。辅助生产部门发生的各项费用，先通过"生产成本——辅助生产成本"账户进行归集，然后再采用合理的分配方法，分配给各收益对象负担。只有在分配了辅助生产成本以后，才能进行工程成本的核算。辅助生产成本的多少，高低，直接影响工程成本的水平。因此，正确归集辅助生产成本，是进行工程成本核算的重要前提。

（二）辅助生产成本的归集

辅助生产部门发生的各项生产费用，应按成本核算对象和成本项目进行归集。成本项目一般包括以下几项：

（1）人工费，指辅助生产工人的工资、工资福利费和劳动保护费等各种薪酬；

（2）材料费，指辅助生产部门耗用的各种材料的实际成本，以及周转材料的摊销额及租赁费；

（3）其他直接费，指除上述项目以外的其他直接生产费用，包括折旧及修理费、水电费等；

（4）间接费用，指为组织和管理辅助生产所发生的费用。

为了归集各个辅助生产部门发生的生产费用，企业应在"生产成本——辅助生产成本"账户下，按车间、单位或部门设置"辅助生产成本明细账"，归集发生的生产费用。

【例5-49】 以某施工企业下的供水公司为例，说明归集辅助生产费用的方法，编制会计分录如下：

①计提本月固定资产折旧费500元。

借：生产成本——辅助生产成本（供水车间）　　　　500

　　贷：累计折旧　　　　　　　　　　　　　　　　　　500

②分配本月工资15000元、福利费1500元。

借：生产成本——辅助生产成本（供水车间）　　　16500

　　贷：应付职工薪酬——工资　　　　　　　　　　15000

　　　　　　　　　　　——职工福利　　　　　　　　1500

③使用周转材料摊销400元。

借：生产成本——辅助生产成本（供水车间）　　　　400

　　贷：周转材料——周转材料摊销　　　　　　　　　400

④假设本月供水公司都是为甲工程服务而发生的费用。

借：工程施工——合同成本（甲工程）　　　　　　17400

　　贷：生产成本——辅助生产成本（供水车间）　　17400

根据以上会计分录，登记辅助生产成本明细账，如表5-17所示。

表5-17　辅助生产成本明细账　　　　　　　　　　单位：元

部门：供水车间

×年		凭证字号	摘要	借方					贷方	借或贷	余额
月	日			人工费	材料费	其他直接费	间接费用	合计			
略	略	略	计提折旧			500		500		借	500
			分配工资、福利费	16500				16500		借	17000
			周转材料摊销		400			400		借	17400
			结转供水车间成本						17400	平	
			本月合计	16500	400	500		17400	17400		

（三）辅助生产成本的分配

辅助生产部门生产的类型不同，其成本分配结转的方法也不一样。分配方法有五种：直

178

接分配法、交互分配法、计划成本分配法、代数分配法和顺序分配法。这里仅介绍前面三种方法。

1. 直接分配法

直接分配法，是指不考虑各辅助生产车间之间相互提供劳务的情况，而将各种辅助生产费用直接分配给辅助生产车间以外的各受益单位的一种分配方法。

【提示】　该方法下，相当于忽略各辅助车间之间的业务往来，这会给计算带来极大的便利。

计算公式如下：

辅助生产费用分配率＝待分配辅助生产费用÷辅助车间对外提供的劳务量

各受益对象承担分配额＝该部门劳务耗用量×辅助生产费用分配率

【例 5 - 50】　宏达建筑公司有供汽和供电两个辅助生产车间，主要为本企业施工生产车间和管理部门等部门服务，供汽车间本月发生费用 18500 元，供电车间本月发生费用 20000元，辅助生产车间供应劳务数量如表 5 - 18 所示。

表 5 - 18　辅助生产车间供应劳务数量表

受益单位	耗汽(m³)	耗电(度)
施工生产		20600
项目经理部	50000	16000
辅助生产车间——供电	26000	
辅助生产车间——供汽		6000
行政管理部门	30000	2400
施工机械	12500	1000
合计	118500	46000

根据上述资料，编制辅助生产费用分配表，如表 5 - 19 所示。

表 5 - 19　辅助生产费用分配表（直接分配法）

项目		供汽车间		供电车间		合计金额(元)
		供汽量(m³)	金额(元)	供电量(元)	金额(元)	
待分配费用			18500		20000	38500
辅助生产车间供应劳务量		92500		40000		
辅助生产费用分配率			0.2		0.5	
辅助生产部门	供汽车间			6000		
	供电车间	26000				

续表 5 - 19

项目	供汽车间		供电车间		合计金额(元)
	供汽量(m³)	金额(元)	供电量(元)	金额(元)	
施工生产			20600	10300	10300
项目经理部	50000	10000	16000	8000	18000
行政管理部门	30000	6000	2400	1200	7200
施工机械	12500	2500	1000	500	3000
合计	118500	18500	46000	20000	38500

表 5 - 19 中有关数字计算如下：

(1)供汽车间：

1)供汽车间对外提供的劳务量 = 118500 - 26000 = 92500(m³)

2)供汽车间费用分配率 = 18500/92500 = 0.2(元/m³)

3)各受益对象分配额：

项目经理部：50000 × 0.2 = 10000(元)

管理部门：30000 × 0.2 = 6000(元)

机械作业：12500 × 0.2 = 2500(元)

(2)供电车间：

1)供电车间对外提供的劳务量 = 46000 - 6000 = 40000(度)

2)供电车间费用分配率 = 20000/40000 = 0.5(元/度)

3)各受益对象分配额：

施工生产：20600 × 0.5 = 10300(元)

项目经理部：16000 × 0.5 = 8000(元)

管理部门：2400 × 0.5 = 1200(元)

施工机械：1000 × 0.5 = 500(元)

(3)根据辅助生产费用分配表，编制如下会计分录：

借：工程施工——合同成本　　　　　　　10300

　　　　　　——间接费用　　　　　　　18000

　　管理费用　　　　　　　　　　　　　7200

　　机械作业　　　　　　　　　　　　　3000

　　贷：生产成本——辅助生产成本(供汽车间)　　18500

　　　　　　　　——辅助生产成本(供电车间)　　20000

【提示】　当我们面对两个辅助车间的分配问题时，往往由于车间之间的相互制约而无法进行。如果两车间涉及的业务量较小，费用额较低，此时我们可以把两车间相互提供的产品和劳务忽略，而只是分配给除辅助车间以外的受益对象，这就是——直接分配法。

2.交互分配法

交互分配法，是指将辅助生产车间的费用先在辅助生产车间之间进行交互分配(即对内分配)，再将交互分配后的总费用分配给辅助生产车间以外的受益对象(即对外分配)。

【提示】　该方法下，通过先对内再对外分配，实现辅助车间的分配工作。由于进行两次分配，所以计算量较直接分配法大，但结果也较之准确。

第一步，各辅助部门之间进行交互分配，计算公式如下：

交互分配率＝待分配辅助生产费用÷该辅助车间提供的劳务总量

某辅助车间应分配的劳务费用＝该辅助车间受益劳务量×交互分配率

第二步，向辅助部门以外的受益对象分配，计算公式如下：

对外分配率＝（某辅助车间生产费用总额＋其他辅助车间分配转入的费用－分配给其他辅助车间的费用）÷（该辅助车间提供的劳务总量－其他辅助车间耗用的劳务量）

某受益对象（非辅助车间）应负担的费用＝∑该受益对象耗用的劳务量×各辅助车间的对外分配率

【例5－51】　红星建筑公司设有供水和供电两个辅助生产车间，供水车间本月发生费用30000元，供电车间本月发生费用4000元，提供的劳务量如表5－20所示。

表5－20　辅助生产车间提供劳务数量表

受益单位	供水（m³）	耗电（度）
供水车间		2000
供电车间	1000	
施工生产	2000	2000
项目经理部	1500	
管理部门	500	2500
施工机械		1500
合计	5000	8000

根据上述资料，编制辅助生产费用分配表，如表5－21所示

表5－21　辅助生产费用分配表（交互分配法）

项目		供汽车间			供电车间			合计（元）
		供水量（m³）	分配率	分配额（元）	共电量（度）	分配率	分配额（元）	
待分配费用		5000	6	30000	8000	0.5	4000	34000
交互分配	供水车间				2000	0.5	1000	1000
	供电车间	1000	6	6000				6000
对外分配费用		4000	6.25	25000	6000	1.5	9000	34000

项目		供汽车间			供电车间			合计（元）
		供水量（m³）	分配率	分配额（元）	共电量（度）	分配率	分配额（元）	
交互分配	施工生产	2000	6.25	12500	2000	1.5	3000	15500
	项目经理部	1500	6.25	9375				9375
	管理部门	500	6.25	3125	2500	1.5	3750	6875
	施工机械				1500	1.5	2250	2250

表 5–21 中有关数字计算如下：

（1）交互分配：

1）供水车间交互分配率 = 30000/5000 = 6（元/m³）

供水车间分给供电车间的费用：1000 × 6 = 6000（元）

2）供电车间交互分配率 = 4000/8000 = 0.5（元/度）

供电车间分给供水车间费用：2000 × 0.5 = 1000（元）

（2）计算对外分配费用：

1）供水车间对外分配费用 = 30000 − 6000 + 1000 = 25000（元）

2）供电车间对外分配费用 = 4000 − 1000 + 6000 = 9000（元）

（3）对外分配：

1）供水车间分配情况：

供水车间对外分配率 = 25000/（5000 − 1000）= 6.25（元/m³）

2）供电车间分配情况：

供电车间对外分配率 = 9000/（8000 − 2000）= 1.5（元/度）

施工生产：2000 × 6.25 + 2000 × 1.5 = 15500（元）

项目经理部：1500 × 6.25 = 9375（元）

管理部门：500 × 6.25 + 2500 × 1.5 = 6875（元）

施工机械：1500 × 1.5 = 2250（元）

（4）根据辅助生产费用分配表，编制会计分录如下：

1）交互分配会计分录：

借：生产成本——辅助生产成本（供水车间）　　　　1000

　　贷：生产成本——辅助生产成本（供电车间）　　　　1000

借：生产成本——辅助生产成本（供电车间）　　　　6000

　　贷：生产成本——辅助生产成本（供水车间）　　　　6000

2）对外分配会计分录：

借：工程施工——合同成本　　　　　　　　　　　　15500

　　　　　　——间接费用　　　　　　　　　　　　9375

　　管理费用　　　　　　　　　　　　　　　　　　6875

机械作业	2250
贷：生产成本——辅助生产成本（供水车间）	25000
——辅助生产成本（供电车间）	9000

【提示】　当我们面对两个以上辅助车间的分配问题时，往往由于车间之间的相互制约而无法进行。如果辅助车间涉及的业务量较多，费用额较大，此时我们必须先把各车间相互提供的产品和劳务先行分配，然后再在辅助车间以外的受益对象之间进行分配，这就是交互分配法。它的优点在于较之直接分配法的计算结果准确。

3.计划成本分配法

计划成本分配法，是指辅助生产车间生产的产品或劳务，按照计划单位成本计算、分配辅助生产费用的方法。

辅助生产为各受益单位提供的产品或劳务，一律按产品或劳务的实际耗用量和计划单位成本进行分配，辅助生产车间实际发生的费用，包括辅助生产交互分配转入的费用在内，与按计划单位成本分配转出的费用之间的差额，可以追加分配给辅助生产以外的各受益单位，为了简化计算工作，也可以记入"工程施工——间接费用"账户。

【例5-52】　某施工企业设有供汽和供电两个辅助生产车间，供汽车间本月发生费用15200元，供电车间本月发生费用22400元，供汽车间计划单位成本为0.2元/m³，供电车间计划单位成本为1.1元/度，按计划成本分配法进行分配。各辅助生产车间供应的对象和数量如表5-22所示。

表5-22　辅助生产车间提供劳务数量表

受益对象		供汽量（m³）	供电量（度）
供汽车间			4000
供电车间		20000	
施工生产	甲工程	17000	
	乙工程	33600	
项目经理部		15000	7000
管理部门		5000	1500
施工机械		9400	7500
合计		100000	20000

根据上述资料，编制辅助生产费用分配表，如表5-23所示。

表 5 – 23　辅助生产费用分配表(计划成本分配法)

受益部门		计划分配						
		供汽(m³)			供电(度)			小计
		劳务量	分配率	金额	劳务量	分配率	金额	
劳务供应总量		100000		20000	20000		22000	42000
辅助生产车间	供汽车间				4000		4400	4400
	供电车间	20000		4000				4000
工程施工——甲工程		17000		3400				3400
工程施工——乙工程		33600	0.2	6720		1.1		6720
项目经理部		15000		3000	7000		7700	10700
管理部门		5000		1000	1500		1650	2650
施工机械		9400		1880	7500		8250	10130

表 5 – 23 中有关数字计算如下:

(1)按计划单位成本计算:

1)供汽车间分配情况:

分给供电车间的费用:20000 × 0.2 = 4000(元)

工程施工——甲工程:17000 × 0.2 = 3400(元)

工程施工——乙工程:33600 × 0.2 = 6720(元)

项目经理部:15000 × 0.2 = 3000(元)

管理部门:5000 × 0.2 = l000(元)

机械作业:9400 × 0.2 = 1880(元)

2)供电车间分配情况:

分给供汽车间的费用:4000 × 1.1 = 4400(元)

项目经理部:7000 × 1.1 = 7700(元)

管理部门:1500 × 1.1 = 1650(元)

机械作业:7500 × 1.1 = 8250(元)

(2)辅助生产车间实际成本:

供汽车间实际成本 = 15200 + 4400 = 19600(元)

供电车间实际成本 = 22400 + 4000 = 26400(元)

(3)辅助生产车间计划成本:

供汽车间计划成本 = 100000 × 0.2 = 20000(元)

供电车间计划成本 = 20000 × 1.1 = 22000(元)

(4)辅助生产车间成本差异:

供汽车间成本差异 = 19600 - 20000 = -400(元)

供电车间成本差异 = 26400 - 22000 = 4400(元)

(5)编制会计分录:

1）按计划成本分配：

借：生产成本——辅助生产成本（供汽车间）　　　　　　4400

　　　　　　——辅助生产成本（供电车间）　　　　　　4000

　　工程施工——合同成本——甲产品　　　　　　　　　3400

　　　　　　——合同成本——乙产品　　　　　　　　　6720

　　　　　　——间接费用　　　　　　　　　　　　　10700

　　管理费用　　　　　　　　　　　　　　　　　　　2650

　　机械作业　　　　　　　　　　　　　　　　　　10130

　　贷：生产成本——辅助生产成本（供汽车间）　　　　20000

　　　　　　——辅助生产成本（供电车间）　　　　　22000

2）结转实际成本与出去的计划成本之间的差异（超支用蓝字，节约用红字）：

借：工程施工——间接费用　　　　　　　　　　　　　　400

　　贷：生产成本——辅助生产成本（供汽车间）　　　　　400

借：工程施工——间接费用　　　　　　　　　　　　　4400

　　贷：生产成本——辅助生产成本（供电车间）　　　　4400

【提示】　当我们面对若干辅助车间的分配问题时，往往由于车间之间的相互制约而无法进行。我们可以根据各车间的计划单价先行分配，在月末将该车间借方费用归集工作结束后，再将借贷两方的差额进行一次性处理，这就是——计划成本分配法。它的优点在于计算便捷、有效率，且便于明确责任关系。

七、工程实际成本的归集和分配

工程实际成本是在工程施工过程中发生的，按一定的成本核算对象归集的生产费用总和。工程施工过程中发生的各项施工费用，应按确定的成本核算对象和规定的成本项目进行归集和分配。能分清受益对象的费用，直接计入受益对象的成本；不能分清受益对象的费用，采用一定的方法分配计入各受益对象的成本，最后计算出各该工程的实际总成本。

为了便于归集和分配施工生产费用，计算各建筑安装工程的实际成本，企业应在"工程施工"账户下，分别开设"工程成本明细账"（二级账）和"工程成本卡"（三级账），并按成本项目分设专栏来组织成本核算。

"工程成本明细账"，用以归集施工单位全部承包工程自年初起发生的施工生产费用，为考核和分析各期工程成本的节超提供依据。"工程成本明细账"的格式见表5-37。

"工程成本卡"，按每一成本核算对象开设，用以归集每一成本核算对象自开工至竣工发生的全部施工费用。"工程成本卡"的格式见表5-38，表5-39。

（一）人工费的归集与分配

工程成本中的人工费，是指支付给直接从事工程施工的建筑安装工人和在施工现场运料、配料等工人的各种薪酬等。

人工费计入成本的方法依人工费的性质和内容的不同而不同。企业应按以下原则确定各成本核算对象的人工费成本：

（1）计件工资。计件工资一般都能分清受益对象，应直接计入各成本核算对象。

（2）计时工资和加班工资。如果施工项目只有一个单位工程，或根据用工记录能够分清受益对象的，应直接计入各成本核算对象；如果不能分清受益对象，则应根据用工记录分配。计算公式如下：

日平均计时工资＝（建安工人计时工资总额＋加班工资）÷建安工人计时工日合计

某成本核算对象应负担的计时工资＝该成本核算对象实际耗用的计时工日数

×日平均计时工资

（3）其他薪酬。其他薪酬包括各种奖金、工资性津贴、职工福利费、社会保险费、住房公积金、工会经费和职工教育经费、非货币性福利等，应按照合理的方法分配计入各成本核算对象。

计算公式如下：

日平均其他薪酬＝应分配的其他薪酬÷各受益对象的实际工日合计

某成本核算对象应负担的其他薪酬＝该成本核算对象实际耗用的工日数×日平均其他薪酬

【提示】 实际工日合计＝计时工日＋计件工日

企业在核算人工费时，应严格划分人工费的用途。非工程施工发生的人工费，一律不得计入工程成本。建筑安装工人从事现场临时设施搭建、现场材料整理和加工等发生的人工费，应计入"在建工程""采购保管费"等账户，不得计入工程成本。

【例5－53】 某工程公司本月人工费（公司不计提福利费）资料如下：

（1）应付计件工资36000元，其中甲工程24000，乙工程12000元；

（2）应付计时工资32000元；

（3）应付其他工资9300元，其中社会保险6000元，住房公积金3300元；

（4）用银行存款直接发放职工防暑降温费6200元；

（5）工日利用统计表，见表5－24。

表5－24 工日利用统计表

受益工程	计时工日	计件工日	实际工日合计
甲工程	400	1000	1400
乙工程	1200	500	1700
合计	1600	1500	3100

根据上述有关资料，编制人工费分配表，如表5－25所示。

表5－25 人工费分配表 单位：元

工资项目	工日数	工资分配率	甲工程		乙工程		合计
			工日	金额	工日	金额	
计件工资	1500		1000	24000	500	12000	36000
计时工资	1600	20	400	8000	1200	24000	32000

续表 5 – 25

工资项目	工日数	工资分配率	甲工程		乙工程		合计
			工日	金额	工日	金额	
其他工资	3100	3	1400	4200	1700	5100	9300
防暑降温补贴	3100	2	1400	2800	1700	3400	6200
工资合计				39000		44500	83500

根据上表 5 – 25，编制会计分录如下：

①分配工资

借：工程施工——合同成本(甲工程)　　　　　　　39000

　　　　　——合同成本(乙工程)　　　　　　　44500

　　贷：应付职工薪酬——工资　　　　　　　　　　　83500

②付防暑降温费

借：应付职工薪酬——工资　　　　　　　　　　6200

　　贷：银行存款　　　　　　　　　　　　　　　6200

(二)材料费的归集与分配

工程成本中的材料费，是指在工程施工过程中耗用的构成工程实体的主要材料、结构件、机械配件、有助于工程形成的其他材料的实际成本，以及周转材料的摊销额和租赁费用。

施工现场储存的材料，除了用于工程施工外，还可能用于搭建临时设施，或者用于其他非生产方面。企业必须根据发出材料的用途，严格划分工程用料和其他用料的界限，只有直接用于工程施工的材料才能计入工程成本。施工生产中耗用的材料，品种多，数量大，领用频繁。因此，企业应根据发材料的有关原始凭证进行整理、汇总，并应区分以下不同情况进行核算：

(1)领用凡时能点清数量并能分清用料对象的，应在有关领料凭证(领料单、限额领料单)上注明领料对象，直接计入各成本核算对象。

(2)领用时虽能点清数量，但属于集中配料或统一下料的材料，如油漆、玻璃等，应在领料凭证上注明"工程集中配料"字样，月末根据耗用情况，编制"集中配料耗用计算单"，据以分配计入各成本核算对象。

(3)领料时既不易点清数量，又难以分清耗用对象的材料，如砖、瓦、灰、砂、石等大堆材料，可根据具体情况，由材料员或施工现场保管员验收保管，月末通过实地盘点，倒算出本月实耗数量，编制"大堆材料耗用量计算单"，据以计入各成本核算对象

(4)周转使用的模板、脚手架等周转材料，应根据各受益对象的实际在用数量和规定的摊销方法，计算当期摊销额，并编制"周转材料摊销分配表"，据以计入各成本核算对象。对租用的周转材料，则应按实际支付的租赁费直接计入各成本核算对象。

(5)施工中的残次材料和包装物品等，应尽量回收利用，填制"废料交库单"估价入账，并冲减工程成本。

(6)结构件的使用必须有领用手续，并根据这些手续，按照单位工程使用对象，编制"结

构件耗用月报表"，并据以直接计入各成本核算对象。

（7）按月计算工程成本时，月末对已经办理领料手续，但尚未耗用，下月份仍需要继续使用的材料，应进行盘点，办理"假退库"手续，以冲减本期工程成本。

（8）工程竣工后的剩余材料，应填写"退料单"或用红字填写"领料单"，据以办理材料退库手续，以冲减工程成本。

月末，财会部门必须严格审核各种领料单、退料单、限额领料单、大堆材料耗用计算单、集中配料耗用计算单、周转材料摊销分配表等，汇总编制"材料费用分配表"。

【例5-54】 某工程公司根据领用材料的各种原始凭证，汇总编制"材料费用分配表"如表5-26所示。

表5-26 材料费用分配表　　　　　　　　单位：元

材料类别	甲工程	乙工程	合计
黑色金属材料	100000	20000	120000
硅酸盐材料	10000	60000	70000
小五金材料	3000		3000
陶瓷材料	6000		6000
电器材料	14000	5000	19000
化工材料	2000	4000	6000
主要材料小计	135000	89000	224000
结构件	13000	23800	36800
机械配件	1600	4500	6100
其他材料	200	600	800
材料成合计	149800	117900	267700
周转材料摊销	2200	3100	5300

根据表5-26，编制会计分录如下：

①领用原材料

借：工程施工——合同成本（甲工程）　　　　　149800

　　　　　　——合同成本（乙工程）　　　　　117900

　　贷：原材料——主要材料　　　　　　　　　224000

　　　　　　——结构件　　　　　　　　　　　36800

　　　　　　——机械配件　　　　　　　　　　6100

　　　　　　——其他材料　　　　　　　　　　800

②周转材料摊销

借：工程施工——合同成本（甲工程）　　　　　2200

　　　　　　——合同成本（乙工程）　　　　　3100

　　贷：周转材料——周转材料摊销　　　　　　5300

【例5-55】 期末，施工现场回收残次料1500元，其中甲工程900元，乙工程600元。编制分录如下：

借：工程施工——合同成本（甲工程）　　　　　900

　　　　　　——合同成本（乙工程）　　　　　600

　　贷：原材料——其他材料　　　　　　　　　1500

（三）机械使用费的归集与分配

机械使用费是指在施工过程中使用自有施工机械和运输设备发生的费用，租入施工机械支付的租赁费，以及施工机械的安装、拆卸和进出场费等。

1.租入机械使用费的核算

从外单位或本企业其他内部独立核算单位租入施工机械支付的租赁费，根据"机械租赁费结算单"所列金额，直接计入各工程成本核算对象。如果租入机械为两个或两个以上的工程服务，可按各工程使用的台班数分配计入各成本核算对象。

【例5-56】 某工程公司（小规模纳税人）月末转账支付中联重科推土机和挖掘机的租赁费8000元。根据各工程使用情况，编制"机械租赁费分配表"，见表5-27。

表5-27　机械租赁费分配表　　　　单位：元

受益对象	推土机(200元/台班)		挖掘机(400元/台班)		合计
	台班	金额	台班	金额	
甲工程	4	800	10	4000	4800
乙工程	10	2000	3	1200	3200
合计	14	2800	13	5200	8000

根据表5-27，编制会计分录如下：

借：工程施工——合同成本（甲工程）　　　　　4800

　　　　　　——合同成本（乙工程）　　　　　3200

　　贷：银行存款　　　　　　　　　　　　　　8000

2.自有机械使用费的核算

企业使用自有施工机械或运输设备进行机械施工发生的各项费用，应通过"机械作业"账户归集，机械作业的成本核算对象，应按施工机械或运输设备的种类确定。月末再按一定的方法分配计入各受益对象的成本中。

机械作业的成本项目一般包括下列几项：

（1）人工费。指机械操作人员的各种薪酬。

（2）燃料及动力费。指施工机械或运输设备运转所耗用的燃料、电力等费用。

（3）折旧及修理费。指按照规定标准计提的折旧、发生的修理费，以及替换工具和部件的摊销费等。

（4）其他直接费。指除上述各项以外的其他直接费用。

(5)间接费用。指为组织和管理机械施工和运输作业发生的各项费用。

如果企业的施工机械仅为本企业的施工生产服务,为了简化核算手续,可只核算其直接成本,不负担间接费用。但是如果有机械出租业务,则应负担间接费用,以全面考核机械作业成本。

【例5-57】 红星建筑公司(小规模纳税人)某工程项目部自有的1台混凝土搅拌机本月发生下列费用,编制会计分录如下:

①分配机械操作工人工资5000元,福利费700元。

借:机械作业 5700
　　贷:应付职工薪酬——工资 5000
　　　　　　　　　　　——福利 700

②库存现金支付搅拌机的修理费300元,同时维修领用机械配件500元(均是增值税普通发票)。

借:机械作业 800
　　贷:库存现金 300
　　　　原材料——机械配件 500

③本月搅拌机折旧600元。

借:机械作业 600
　　贷:累计折旧 600

④本月搅拌机应分配外购电费1400元。

借:机械作业 1400
　　贷:应付账款 1400

根据以上会计分录,登记机械作业成本明细账,如表5-28所示。

表5-28　机械作业成本明细账　　　　　　　　　单位:元

| ×年 | | 凭证字号 | 摘要 | 借方 | | | | | | 贷方 | 借或贷 | 余额 |
月	日			人工费	燃料及动力费	折旧费修理费	其他直接费	间接费用	合计			
略	略	略	分配工资、福利费	5700					5700		借	5700
			付修理费、领料		500	300			800		借	6500
			计提折旧			600			600		借	7100
			分配电费		1400				1400		借	8500
			结转作业成本							8500	平	
			本月合计	5700	1900	900			8500	8500		

企业每月发生的自有机械使用费,应于月终分配转入各收益工程的成本。

(1)分配依据,为了考核施工机械的使用情况,同时也为机械作业成本的分配提供依据,使用单位应建立和健全施工机械使用情况的各项原始记录,如:"机械运转记录""机械使用月报"等。"机械使用月报",反映每一机械的运转情况及受益对象,由机械管理部门根据"机械运转记录"于月终汇总编制。

（2）分配方法，有以下几种：

①使用台班分配法

是指根据机械的台班实际成本和各受益对象使用的台班数分配机械作业成本的方法。该方法适用于以单机或机组为成本核算对象的施工机械和运输设备作业成本的分配。其计算公式如下：

$$某种机械单位台班实际成本 = \frac{该机械实际发生的费用}{该机械实际作业台班}$$

$$某受益对象应负担的机械作业费用 = 该受益对象使用该种机械的台班数$$
$$\times 该种机械单位台班实际成本$$

【例5-58】 红星建筑公司自有起重机1台，本月实际发生费用4800元，实际工作了20个台班，其中为甲工程工作了6个台班，乙工程工作了14个台班。计算分配起重机费用如下：

$$起重机单位台班实际成本 = 4800 \div 20 = 240（元/台班）$$
$$甲工程应分配的机械使用费 = 6 \times 240 = 1440（元）$$
$$乙工程应分配的机械使用费 = 14 \times 240 = 3360（元）$$

②完成产量分配法

是指根据某种机械单位产量实际成本和各受益对象使用该种机械完成的产量分配机械使用费的方法。该方法适用于便于计算完成产量的各种机械作业成本的分配。

其计算公式如下：

$$某种机械单位产量实际成本 = \frac{该机械实际发生的费用}{该机械实际完成的产量}$$

$$某受益对象应分配的机械作业费用 = 该受益对象使用该种机械完成的产量$$
$$\times 该种机械单位产量实际成本$$

【例5-59】 某工程公司自有混凝土搅拌机1台，本月实际发生费用3000元，实际搅拌混凝土3000 m^3，其中甲工程1800 m^3，乙工程1200 m^3。计算分配搅拌机费用如下：

$$搅拌机单位产量实际成本 = 3000 \div 3000 = 1（元/m^3）$$
$$甲工程应分配的机械使用费 = 1800 \times 1 = 1800（元）$$
$$乙工程应分配的机械使用费 = 1200 \times 1 = 1200（元）$$

③预算成本分配法

是以各受益对象的机械使用费预算成本作为分配标准分配机械作业成本的一种方法。该方法适用于以机械类别为成本核算对象，不便于确定台班或完成产量的机械作业费用的分配。

其计算公式如下：

$$某类机械使用分配系数 = \frac{该类机械实际发生的费用}{各受益对象机械使用费预算成本}$$

$$某受益对象应分配的机械作业费用 = 该受益对象的机械使用费预算成本$$
$$\times 某类机械使用分配系数$$

【例5-60】 本月使用夜间渣土车发生的实际成本为5600元，各工程的机械使用的预算成本为28000元，其中甲工程12000元，乙工程16000元。分配本业渣土车的实际成本计算如下：

$$渣土车使用分配系数 = 5600 \div 28000 = 0.2$$
$$甲工程应分配的机械使用费 = 12000 \times 0.2 = 2400$$
$$乙工程应分配的机械使用费 = 16000 \times 0.2 = 3200$$

自有机械使用费的分配，应通过编制自有机械使用费分配表来进行。汇总【例5-58】至【例5-60】，如表5-29所示。

表5-29　自有机械使用费分配表　　　　　单位：元

受益对象	起重机	搅拌机	渣土车	合计
甲工程	1440	1800	2400	5640
乙工程	3360	1200	3200	7760
合计	4800	3000	5600	13400

根据表5-29自有机械使用费分配表，编制会计分录如下：

借：工程施工——合同成本——甲工程（机械使用费）　　5640
　　　　　　——合同成本——乙工程（机械使用费）　　7760
　　贷：机械作业——起重机　　　　　　　　　　　　　　4800
　　　　　　——搅拌机　　　　　　　　　　　　　　　　3000
　　　　　　——渣土车　　　　　　　　　　　　　　　　5600

对于只有一个工程成本核算对象的施工项目使用的各种施工机械，可只设置一个"机械作业成本明细账"，归集该项目各种施工机械发生的费用，于月终转入该工程成本的"机械使用费"中，结转时，借记"工程施工"账户，贷记"机械作业"账户。

3.施工机械安装、拆卸和进出场费的核算

施工机械安装、拆卸和进出场费是指将机械运用到施工现场、远离施工现场和在施工现场范围内转移的运输、安装、拆卸、试车等费用，以及为使用施工机械而建造的基础、底座、工作台、行走轨道等费用。这些费用如果数额不大，可以于发生时直接计入"机械作业"账户，列作当月工程成本：如果数额较大，受益期较长，可以通过"长期待摊费用"账户分期摊入各期工程成本。

按规定支付的施工机械安装、拆卸和进出场费，如果能分清受益对象的，应直接计入受益对象的"机械使用费"成本项目中；分不清受益对象的，可先通过"机械作业"科目归集，期末再采用一定分配方法分配到受益对象中去。

【例5-61】　红星建筑公司（小规模纳税人）本月银行存款支付了机械安装、拆卸和进出场费共2000元，其中甲工程分配800元，乙工程分配1200元。编制会计分录如下：

借：工程施工——合同成本——甲工程（机械使用费）　　800
　　　　　　——合同成本——乙工程（机械使用费）　　1200
　　贷：银行存款　　　　　　　　　　　　　　　　　　　2000

(四)其他直接费的归集和分配

其他直接费是指在施工过程中发生的除了人工费、材料费、机械使用费以外的直接与工程施工有关的各种费用。主要包括设计与技术援助费、特殊工种培训费、施工现场二次材料搬运费、生产工具、用具使用费、检验试验费、工程定位复测费、工程点交费、场地清理费以及冬雨季施工增加费、夜间施工增加费等。其他直接费可分别以下三种情况进行核算:

(1)发生时能分清受益对象的费用,可直接计入各成本核算对象。

(2)发生时不能分清受益对象的费用,应采用适当的方法分配计入各成本核算对象。

(3)发生时难于同成本中的其他项目区分的费用(如冬雨季施工中的防雨、保温材料费、夜间施工的电器材料及电费,流动施工津贴,场地清理费,材料二次搬运费中的人工费、机械使用费等),可于费用发生时列入"人工费""材料费""机械使用费"等项目核算,以简化核算手续,但在期末进行成本分析时,应将预算成本的有关费用按一定的方法从"其他直接费"调至"人工费""材料费""机械使用费"等项目,以利于成本分析和考核。

【例5-62】　某公司(小规模纳税人)本月以银行存款支付各种其他直接费1500元,其中甲工程分配900元,乙工程分配600元。编制会计分录如下:

借:工程施工——合同成本——甲工程(其他直接费)　　　800
　　　　　　——合同成本——乙工程(其他直接费)　　　1200
　　贷:银行存款　　　　　　　　　　　　　　　　　　2000

(五)间接费用的归集和分配

(1)间接费用的归集间接费用是企业下属的各施工单位为组织和管理工程施工所发生的各项费用。一般难以分清受益对象,费用发生时先在"工程施工——间接费用"账户中归集,期末再按一定标准分配计入各成本核算对象。"工程施工——间接费用"明细账应采用多栏式,按费用项目设置和登记。其格式如表5-30所示。

表5-30　"工程施工—间接费用"明细账

| ×年 | | 凭证字号 | 摘要 | 借方 | | | | | | | 贷方 | 借或贷 | 余额 |
月	日			人工费	办公费	折旧费	差旅交通费	劳动保护费	临时设施费	合计			
略	略	略	购办公用品		5001					500		借	500
			分配工资	20000						20000		借	20500
			计提福利	2000						2000		借	22500
			计提折旧			3000				3000		借	25500
			购劳保用品					4000		4000		借	29500
			临时设施摊销						600	600		借	30100
			付水电费		1000					1000		借	31100
			报销差旅费				3500			3500		借	34600
			分配间接费用								34600	平	
			本月合计	22000	1500	3000	3500	4000	600	34600	34600		

193

（2）间接费用的分配

间接费用的分配标准，应与预算取费相一致。一般情况下，建筑工程的施工间接费以直接费为标准分配；安装、装饰等工程的施工间接费以人工费为标准分配。根据施工工程的具体情况，间接费用的分配方法，主要有以下几种：

①直接费比例法。即以各工程发生的直接费为标准分配间接费用的一种方法。

其计算公式为：

$$间接费用分配率 = \frac{本月发生的全部间接费用}{各工程本月直接费成本之和} \times 100\%$$

$$某工程应负担的间接费用 = 该工程本月发生的直接费成本 \times 间接费用分配率$$

这种分配方法适用于一般建筑工程、市政工程、机械施工的大型土石方工程等建筑工程的间接费用的分配。

②人工费比例法。即以各工程发生的人工费为标准分配间接费用的一种方法。

其计算公式为：

$$间接费用分配率 = \frac{本月发生盼全部间接费用}{各类工程本月实际发生的人工费成本之和} \times 100\%$$

$$某工程应负担的间接费用 = 该工程本月发生的人工费成本 \times 间接费用分配率$$

这种分配方法适用于各种安装工程、人工施工的土石方工程、装饰工程等的间接费用的分配。

③多步计算法。如果一个施工单位在同一时期内既进行建筑工程施工，又进行安装工程施工，其间接费用的分配应分两步进行：

第一步，先将发生的全部间接费用以人工费成本为标准在不同类型的工程之间进行分配。

其计算公式为：

$$间接费用分配率 = \frac{本月发生盼全部间接费用}{各类工程本月实际发生的人工费成本之和} \times 100\%$$

$$某类工程应负担的间接费用 = 该类工程本月实际发生的人工费成本 \times 间接费用分配率$$

第二步，将第一步分配到各类工程的间接费用，再以直接费成本或人工费成本作为分配标准，在各成本核算对象之间进行分配。

【例5-63】 红星建筑公司（小规模纳税人）本月的零星施工间接费合计为8600元，本月进行了甲、乙两个安装和装饰工程，本月甲安装工程发生的人工费是56000元，乙装饰工程发生的人工费是30000元。各工程应分配的间接费计算如下：

间接费用分配率 = [8600 ÷ (56000 + 30000)] × 100% = 10%

甲工程分配的间接费 = 56000 × 10% = 5600（元）

乙工程分配的间接费 = 30000 × 10% = 3000（元）

编制间接费用分配表，如表5-31所示。

表5-31　间接费用分配表 　　　　　　　　　　　　　　单位：元

受益对象	分配标准	分配率	分配金额
甲工程	56000	10%	5600
乙工程	30000	10%	3000
合计	86000		8600

根据表5-31，编制会计分录如下：

借：工程施工——合同成本——甲工程（间接费用）　　5600

　　　　　——合同成本——乙工程（间接费用）　　3000

　　贷：工程施工——间接费用　　　　　　　　　　　　8600

八、工程实际成本结转的账务处理

对于已经竣工的工程，计算出的实际成本应及时予以结转，从"工程施工"账户的贷方转出，与工程结算账户的余额对冲；对于尚未竣工的工程，计算出的已完工程实际成本，只需同工程预算成本、计划成本比较，以确定成本节超，考核成本计划的执行情况，并不从"工程施工"账户转出。这样，"工程施工"账户的余额可以反映某工程自开工至本期止累计发生的施工费用。待工程竣工后，再进行成本结转。

【例5-64】 某工程公司是增值税一般纳税人，承建的工程（假设未预收工程款）本月竣工验收，同甲方结算工程款222000万元（含税价），已开出增值税专用发票。该工程实际成本180000万元。编制会计分录如下：

$$不含税销售额 = 222000 \div (1 + 11\%) = 200000（元）$$

$$销项税额 = 200000 \times 11\% = 22000（元）$$

①结算工程款

借：应收账款——应收工程款（甲方）　　　　222000

　　贷：工程结算　　　　　　　　　　　　　　200000

　　　　应交税费——应交增值税（销项税额）　　22000

②结转工程成本和合同毛利

借：工程结算　　　　　　　　　　　　　　200000

　　贷：工程施工——合同成本　　　　　　　180000

　　　　　　——合同毛利　　　　　　　　　20000

九、期间费用的账务处理

期间费用是指企业本期发生的、不能直接或间接归入具体工程成本或产品成本，而是直接计入当期损益的各项费用。它与整个企业的生产经营活动相联系，容易确定其发生的期间，而不能直接归属于某个施工项目成本核算对象的费用。施工企业的期间费用主要包括管理费用和财务费用等。

(一)管理费用的账务处理

管理费用是指企业行政管理部门为组织和管理生产经营活动所发生的各项支出。为了核算和监督管理费用的发生情况，企业应设置"管理费用"账户进行总分类核算，并按费用项目设置专栏进行明细核算。其借方登记发生的各项费用，贷方登记期末转入"本年利润"账户的管理费用，结转后本账户期末无余额。一般包括以下各项内容：

（1）职工薪酬，指各级管理机构机关管理人员的工资、工资性津贴和奖金；解除职工的劳动合同，根据有关法律法规按标准支付的经济补偿金；临时工工资等。

（2）福利费，指后勤部门福利费用（含食堂、医务室）、体检费、所有医疗性支出、节假日发放的职工福利、困难职工补助、清凉费、等所有与职工福利相关的费用；发生时凭据直接计入，包括按14%计提福利费。

（3）劳动保险费，指行政管理部门职工保险（五险）单位承担的部分；直接由单位赔偿的部分保险费；支付离退休人员的统筹外费用。

（4）住房公积金，指管理部门职工住房公积金由单位负担部分进入费用的内容。

（5）企业年金，指管理部门职工企业年金由单位负担部分进入费用的内容。

（6）职教经费，指用于职工培训、学习、函授等费用，包括计提上缴的费用。

（7）工会经费，指工会组织活动发生的相关费用（如开展劳动竞赛费用），包括工会人员的办公费、差旅费等支出及计提上缴的工会经费。

（8）办公费，指因日常工作的需要而购买的办公用品（不含电脑等信息化设备）及其他办公性质的消耗；支付的通讯费（含固定电话费、手机费）；办公室水电费及空调费；各类协会会费。

（9）市内交通费，指本地外出办理业务发生的汽车使用费、出租车费、公交车费等以及职工上下班的交通费。

（10）车辆使用费，指行政管理部门用车费用，包括维修、油费、过路费、保险、规费等一切维护保养费用。

（11）会议费，指行政管理部门各级机构内外部会议费用。

（12）业务招待费，指行政管理部门因工作招待客人的所有支出。

（13）咨询费，指向各种中介机构支付的费用。包括审计费、评估费、法律顾问费等。

（14）经营费用，指承接业务过程中发生的所有费用。

（15）董事会费，指董事会活动发生的费用，包括董事会成员的工资、奖金等工资性支出；召开董事会发生的场租费、伙食费、公告费、交通费、住宿费等费用。

（16）税费，指列支于管理费用的附加税费，如：防洪基金、残疾人就业保障金、人防费、排污费、河道维护费等。

（17）折旧费，指行政管理部门使用的固定资产计提的折旧。

（18）租赁费，指租用办公用房、设备及员工宿舍等发生的租金。

（19）摊销费，指行政管理部门使用的周转材料摊销、无形资产摊销、待摊费用或长期待摊费用的摊销等。

（20）其他费用，指除上述费用以外的开支，包括开办费、党团经费、研究开发费用、安全生产费用、改革改制费用、宣传费、诉讼费、排污费、修理费、资质申报及维护费用、维稳经费、拨付下属单位专项奖励、专项资金【含生活社区运行及管理费、补助医疗机构（医院）费用】、赞助费、走访慰问费用、上缴管理费、设计费、存货盘亏、申请政府补助及财政扶持资金、收取劳保基金及其他专项资金、银行融资及中间业务等相关费用。

【例5－65】 某建筑公司以银行存款支付2015年度财务报表审计费12000元。编制会计分录如下：

借：管理费用——咨询费　　　　　　　　　　　　　　　12000

　　贷：银行存款　　　　　　　　　　　　　　　　　　　　　12000

【例5－66】 某建筑公司1月份通过银行转账支付上年度防洪基金20000元和残疾人就业保障金9000元。

借：税金及附加——防洪基金　　　　　　　　　　　　　20000

　　　　　　——残疾人就业保障金　　　　　　　　　　　9000

　　贷：银行存款　　　　　　　　　　　　　　　　　　　　　29000

【例5－67】 某建筑公司本月计提行政管理部门使用的固定资产折旧5000元。编制会计分录如下：

借：管理费用——折旧费　　　　　　　　　　　　　　　5000

　　贷：累计折旧　　　　　　　　　　　　　　　　　　　　　5000

【例5－68】 某建筑公司以银行存款支付工会主席报销的差旅费3000元。编制会计分录如下：

借：管理费用—工会经费　　　　　　　　　　　　　　　3000

　　贷：银行存款　　　　　　　　　　　　　　　　　　　　　3000

【例5－69】 月终，某建筑公司结转本月发生的管理费用52000元。编制会计分录如下：

借：本年利润　　　　　　　　　　　　　　　　　　　　52000

　　贷：管理费用　　　　　　　　　　　　　　　　　　　　　52000

(二) 财务费用的账务处理

财务费用指企业在施工生产活动过程中为筹集资金而发生的筹资费用。为了核算和监督财务费用的发生情况，企业应设置"财务费用"账户进行总分类核算，并按费用项目设置专栏进行明细核算。其借方登记发生的利息支出、金融机构手续费、汇兑损失和企业发生的现金折扣等，贷方登记取得的利息收入、汇兑收益、收到的现金折扣以及期末转入"本年利润"账户的财务费用金额，结转后本账户期末无余额。财务费用一般包括以下各项内容：

(1)利息支出(减利息收入)，指企业短期借款利息、长期借款利息、应付票据利息、票据贴现利息、应付债券利息、长期应付引进国外设备款利息等利息支出(除资本化的利息外)减去银行存款等的利息收入后的净额。

【提示】 施工企业筹建期间发生的利息支出，应计入开办费；为购建或生产满足资本化条件的资产发生的应予以资本化的借款费用，在"在建工程"等账户核算。

(2)汇兑损失(减汇兑收益)，指企业因向银行结售或购入外汇而产生的银行买入、卖出价与记账所采用的汇率之间的差额，以及月度(季度、年度)终了，各种外币账户的外币期末余额按照期末规定汇率折合的记账人民币金额与原账面人民币金额之间的差额等。

(3)金融机构手续费,指企业因筹资和办理各种结算业务而支付给金融机构的各种手续费用。包括发行债券所需支付的手续费(需资本化的手续费除外)、开出汇票的银行手续费、调剂外汇手续费等,但不包括发行股票所支付的手续费等。

(4)现金折扣,指企业为鼓励债务人在规定的期限内付款而给予债务人的债务扣除。企业取得的现金折扣作为减项处理。

【例6-70】 某建筑公司预提本月应负担的短期借款利息1500元。编制会计分录如下:

借:财务费用——利息支出   1500

  贷:应付利息   1500

【例6-71】 某建筑公司收到银行存款利息清单,本月银行存款利息收入200元。编制会计分录如下:

借:银行存款   200

  贷:财务费用——利息收入   200

【例6-72】 某建筑公司收到开户银行划款回单,银行已代扣企业办理电汇业务手续费15元。编制会计分录如下:

借:财务费用——手续费   15

  贷:银行存款   15

【例6-73】 月末,某建筑公司结转本月发生的财务费用1315元。编制会计分录如下:

借:本年利润   1315

  贷:财务费用   1315

【任务实施】

导入案例中科泰公司书院家园项目部工程成本费用相关账务处理:

2016年6月施工过程中使用的机械设备全是自有机械,且不外租,使用台班分配法分配机械作业的实际成本;工程发生的间接费用采用直接费分配法分配计入工程成本。该公司5月末"工程施工"账户余额如下表5-32所示:

表5-32 "工程施工"账户5月末余额表   单位:元

成本项目	人工费	材料费	机械使用费	其他直接费	间接费用	借或贷	余额
工程施工——A工程	4660000	8838000	4730000	386400	555000	借	19169400
工程施工——B工程	1970000	5950000	2580000	206000	305000	借	11011000
施工成本合计	6630000	14788000	7310000	592400	860000	借	30180400

(22)以银行存款支付书院家园项目部各种其他直接费(施工现场二次搬运费、技术援助费、检验试验费、场地清理费、夜间施工增加费等,收到的均是增值税普通发票)24095元,其中A工程13379元,B工程10716元。

编制会计分录如下:

借:工程施工——合同成本(A工程)   13379

    ——合同成本(B工程)   10716

  贷:银行存款   24095

(23)收到银行转来的委托收款通知,书院家园项目部电费和水费均已付讫,城南电业局开具的增值税专用发票电费10500元,增值税1785元。市供水公司开具的增值税专用发票水费为2500元,增值税325元。城南电业局、市供水公司均是增值税一般纳税人。另外,电业局提供的抄表单表明项目工程部的具体用电情况是:项目经理部1000度,A工程4500度,B工程5000度。供水公司提供的抄表单表明项目工程部的具体用水情况是:项目经理部40吨,A工程200吨,B工程260吨。

①分配电费计算如下:

电费分配率=10500÷(1000+4500+5000)=1(元/度)

水费分配率=2500÷(40+200+260)=5(元/吨)

项目经理部分配的电费和水费=1000×1+40×5=1200(元)

A工程分配的电费和水费=4500×1+200×5=5500(元)

B工程分配的电费和水费=5000×1+260×5=6300(元)

②编制会计分录如下:

23.付书院家园项目部水、电费

借:工程施工——合同成本(A工程)   5500

           ——合同成本(B工程)   6300

           ——间接费用   1200

    应交税费——应交增值税(进项税额)   2110

      贷:银行存款   15110

【提示】 根据财政部《关于海养增值税税率有关政策的通知》(自2017年7月1日起),自来水公司适用增值税税率11%。

(24)根据本项目的任务实施,归集任务二中子任务一至子任务六中的机修车间发生的费用,同时按照机修车间设置"辅助生产成本明细账"。本月机修车间为书院家园工程提供了5006工时的劳务,其中:A工程1006工时,B工程4000工时。

①归集的机修车间费用30036元(详见表5-33),分配计算如下:

机修车间分配率=30036÷5006=6(元/工时)

A工程分配的机修车间费用=1006×6=6036(元)

B工程分配的机修车间费用=4000×6=24000(元)

②编制会计分录如下:

24.分摊机修车间费用

借:工程施工——合同成本(A工程)   6036

           ——合同成本(B工程)   24000

      贷:生产成本——辅助生产成本(机修车间)   30036

③设置"辅助生产成本明细账"如下表5-33所示:

表 5 - 33　辅助生产成本明细账　　　　　　　　单位：元

部门：机修车间

| 2016 年 | | 凭证 | | 摘要 | 借方 | | | | | 贷方 | 借或贷 | 余额 |
月	日	字	号		人工费	材料费	其他直接费	间接费用	合计			
6	略	记	1	报销差旅费			4800		4800		借	4800
		记	7	低值易耗品摊销		96			96		借	4896
		记	11	计提折旧			1200		1200		借	6096
		记	18	分配工资、福利费等	23940				23940		借	30036
		记	24	结转机修车间成本						30036	平	
				本月合计	23940	96	6000		30036			

（25）根据本项目的任务实施，归集任务二中子任务一至子任务六的塔吊和起重机的作业成本，并根据塔吊和起重机分别设置"机械作业成本明细账"。本月起重机操作工人应分配的职工薪酬 68940 元，塔吊操作工人应分配的职工薪酬 45960 元。起重机工作了 3607 个台班，其中为 A 工程工作了 1000 个台班，为 B 工程工作了 2607 个台班；塔吊工作了 5151 个台班，其中为 A 工程工作了 1151 个台班，为 B 工程工作了 4000 个台班。

①归集本月发生的起重机作业成本是 72140 元（详见表 5 - 34），分配如下：

起重机作业成本分配率 = 72140 ÷ 3607 = 20

A 工程分配的起重机费用 = 1000 × 20 = 20000（元）

B 工程分配的起重机费用 = 2607 × 20 = 52140（元）

②归集本月发生的塔吊作业成本是 51510 元（画 T 型账户，详见表 5 - 35，计算略），分配如下：

塔吊作业成本分配率 = 51510 ÷ 5151 = 10

A 工程分配的塔吊费用 = 1151 × 10 = 11510（元）

B 工程分配的塔吊费用 = 4000 × 10 = 40000（元）

③编制会计分录如下

25. 分摊机械作业成本

借：工程施工——合同成本（A 工程）　　　　　　　31510

　　　　　　——合同成本（B 工程）　　　　　　　92140

　　贷：机械作业——起重机　　　　　　　　　　　　　72140

　　　　　　——塔吊　　　　　　　　　　　　　　　　51510

④设置"机械作业成本明细账"，如下表 5 - 34 和表 5 - 35：

表 5－34　机械作业成本明细账　　　　　　　　　　　　　　　　　单位：元

成本核算对象：起重机

| 2016年 | | 凭证 | | 摘要 | 借方 | | | | | | 贷方 | 借或贷 | 余额 |
月	日	字	号		人工费	燃料及动力费	折旧费修理费	其他直接费	间接费用	合计			
6	略	记	11	计提折旧			3200			3200		借	3200
		记	18	分配工资、福利费	68940					68940		借	72140
		记	25	结转作业成本							72140	平	
				本月合计	68940		3200			72140			

表 5－35　机械作业成本明细账　　　　　　　　　　　　　　　　　单位：元

成本核算对象：塔吊

| 2016年 | | 凭证 | | 摘要 | 借方 | | | | | | 贷方 | 借或贷 | 余额 |
月	日	字	号		人工费	燃料及动力费	折旧费修理费	其他直接费	间接费用	合计			
6	略	记	11	计提折旧			2850			2850		借	2850
		记	12	付修理费、领料			2700			2700		借	5550
		记	18	分配工资、福利费等	45960					45960		借	51510
		记	25	结转作业成本							51510	平	
				本月合计	45960		5550			51510			

（26）根据本项目的任务实施，归集任务二中子任务一至子任务七书院家园项目工程部发生的施工间接费，并按照 A、B 工程的直接成本分配间接费用，同时设置"施工间接费用明细账"。

①归集施工间接费是 45239 元（画 T 形账户，详见表 5－36，计算略）；本月 A 工程的直接成本是 278900 元（画 T 形账户，见表 5－38，计算略），B 工程的直接成本是 421100 元（画 T 形账户，见表 5－39，计算略）。分配施工间接费如下：

间接费用分配率 = [45239 ÷ (278900 + 421100)] × 100% ≈ 6.46%

A 工程分配的施工间接费 = 278900 × 6.46% ≈ 18017（元）

B 工程分配的施工间接费 = 45239 - 18017 = 27222（元）

②编制会计分录如下：

26. 分摊施工间接费用

借：工程施工——合同成本（A 工程）　　　　　　　　18017

　　　　　　——合同成本（B 工程）　　　　　　　　27222

　　贷：工程施工——间接费用　　　　　　　　　　　　　　　45239

③设置"施工间接费用明细账"，如下表 5－36 所示。

表 5－36　施工间接费用明细账　　　　　　　　　　　　　　　　　单位：元

2016年		凭证		摘要	借方							贷方	借或贷	余额
月	日	字	号		人工费	办公费	折旧费	差旅交通费	劳动保护费	临时设施费	合计			
6	略	记	7	低值易耗品摊销		128					128		借	128
		记	10	临时设施摊销						1536	1536		借	1664
		记	11	计提折旧			2475				2475		借	4139
		记	15	无形资产摊销		1500					1500		借	5639
		记	18	分配工资、福利等	38400						38400		借	44039
		记	23	付水电费		1200					1200		借	45239
		记	26	分配间接费用								45239	平	
				本月合计	38400	2828	2475			1536	45239			

（27）假设 A 工程本月已经竣工验收，并已取得建设方签字认可的工程结算单，结算工程价款 2331 万元（含税价），科泰公司已出具增值税专用发票给建设方。请根据本项目的任务实施中所有的子任务执行情况，设置"工程成本明细账"，并分别以 A、B 工程为成本核算对象设置"工程成本卡"。

编制会计分录如下；

①同建设方办理工程价款结算

借：应收账款——应收工程款——A 工程　　　　　23310000
　　贷：工程结算　　　　　　　　　　　　　　　　　21000000
　　　　应交税费——应交增值税（销项税额）　　　　2310000

②结转工程成本和实现的毛利

借：工程结算　　　　　　　　　　　　　　　　　21000000
　　贷：工程施工——合同成本（A 工程）　　　　　19466317
　　　　　　　　——合同毛利　　　　　　　　　　　1533683

设置"工程成本明细账"，见表 5－37 如下：

表 5－37　工程成本明细账　　　　　　　　　　　　　　　　　单位：元

2016年		凭证		摘要	借方						贷方	借或贷	余额
月	日	字	号		人工费	材料费	机械使用费	其他直接费	间接费用	合计			
				其初余额	6630000	14788000	7310000	592400	860000	30180400			30180400
6	略	记	4	领料		55600				55600		借	30236000
			5	领料		58800				58800		借	30294800
			6	周转材料摊销		61029				61029		借	30355829
			7	低值易耗品摊销		640				640		借	30356469

续表 5－37

2016 年		凭证		摘要	借方						贷方	借或贷	余额
月	日	字	号		人工费	材料费	机械使用费	其他直接费	间接费用	合计			
			8	周转材料摊销		400				400		借	30356869
			9	低值易耗品摊销		200				200		借	30357069
			10	临时设施摊销				14250		14250		借	30371319
			18	分配工资、福利费等	319500					319500		借	30690819
			22	分摊的其他直接费				24095		24095		借	30714914
			23	承担的水电费				11800		11800		借	30726714
			24	仇配辅助生产费用				30036		30036		借	30756750
			25	自有机械使用费			123650			123650		借	30880400
			26	分摊的间接费					45239	45239		借	30925639
			27	结转竣工工程成本							19466317	借	11459322
				本月合计	319500	176669	123650	80181	45239	745239			

设置"工程成本卡"，见表 5－38 和表 5－39 如下：

表 5－38 工程成本卡   单位：元

成本核算对象：A 工程

2016 年		凭证		摘要	借方						贷方	借或贷	余额
月	日	字	号		人工费	材料费	机械使用费	其他直接费	间接费用	合计			
				期初余额	4660000	8838000	4730000	386400	555000	19169400			19169400
6	略	记	4	领料		55600				55600		借	19225000
			10	临时设施摊销				7125		7125		借	19232125
			18	分配工资、福利费等	159750					159750		借	19391875
			22	分摊的其他直接费				13379		13379		借	19405254
			23	承担的水电费				5500		5500		借	19410754
			24	分配辅助生产费用				6036		6036		借	19416790
			25	自有机械使用费			31510			31510		借	19448300
			26	分摊的间接费					18017	18017		借	19466317
			27	结转竣工工程成本							19466317	平	
				本月合计	159750	55600	31510	32040	18017	296917	19466317		

表 5-39　工程成本卡　　　　　　　　　　单位：元

成本核算对象：B 工程

2016 年		凭证		摘要	借方						贷方	借或贷	余额
月	日	字	号		人工费	材料费	机械使用费	其他直接费	间接费用	合计			
				期初余额	1970000	5950000	258 0000	206000	305000	11011000			11011000
6	略	记	5	领料		58800				58800		借	11069800
			6	周转材料摊销		61029				61029		借	11130829
			7	低值易耗品摊销		640				640		借	11131469
			8	周转材料摊销		400				400		借	11131869
			9	低值易耗品摊销		200				200		借	11132069
			10	临时设施摊销				7125		7125		借	11139194
			18	分配工资、福利费等	159750					159750		借	11298944
			22	分摊的其他直接费				10716		10716		借	11309660
			23	承担的水电费				6300		6300		借	11315960
			24	分配辅助生产费用				24000		24000		借	11339960
			25	自有机械使用费			92140			92140		借	11432100
			26	分摊的间接费					27222	27222		借	11459322
				本月合计	159750	121069	92140	48141	27222	448322			

【提示】　工程成本明细账是登记的"工程施工——合同成本"账户，是二级明细账；工程成本卡是根据成本核算对象登记的"工程施工——合同成本——A 工程"和"工程施工——合同成本——B 工程"，是三级明细账。本项目所有的明细账全部都可以通过画 T 型账户的方式进行相应施工项目的成本费用账户的归集和分配。

子任务八　应交税费的账务处理

【任务描述】

了解施工行业应交税费的具体内容；熟悉各种应交税费的纳税范畴；能够正确核算施工行业的主要税种"应交税费——应交增值税"并进行相应的账务处理；掌握税费业务的账务处理程序。熟练计算导入案例科泰公司施工环节发生的经济业务活动涉及的各种应交税费，并能进行相关税费的账务处理。

【知识准备】

一、应交税费

应交税费是指企业根据在一定时期内取得的营业收入、实现的利润等，按照现行税法规定，采用一定的计税方法计提的应交纳的各种税费。

施工企业必须按照国家规定履行纳税义务，对其经营所得依法缴纳各种税费。这些应缴税费应按照权责发生制原则进行确认、计提，在尚未缴纳之前暂时留在企业，形成一项负债

（应该上缴国家暂未上缴国家的税费）。企业应通过"应交税费"科目，总括反映各种税费的缴纳情况，并按照应交税费项目进行明细核算。该科目的贷方登记应交纳的各种税费，借方登记已交纳的各种税费，期末贷方余额反映尚未交纳的税费；期末如为借方余额反映多交或尚未抵扣的税费。

施工企业的应交税费包括企业依法交纳的增值税、企业所得税、城市维护建设税、教育费附加、房产税、土地使用税、车船使用税等税费，以及在上缴国家之前，由企业代收代缴的个人所得税等。而施工企业交纳的印花税、防洪基金、残疾人就业保障金、排污费、绿化费、河道排污费等不需要预计应交数的税金，不通过"应交税费"科目核算。

二、应交税费的账务处理

（一）增值税

增值税是以商品（含应税劳务）在流转过程中产生的增值额及在境内发生销售服务、无形资产或者不动产等应税行为作为计税依据而征收的一种流转税。从计税原理上说，增值税是对商品生产、流通、劳务服务中多个环节的新增价值或商品的附加值征收的一种流转税。实行价外税，也就是由消费者负担，有增值才征税没增值不征税。但在实际当中，商品新增价值或附加值在生产和流通过程中是很难准确计算的，因此，中国也采用国际上的普遍采用的税款抵扣的办法。即根据销售商品或劳务的销售额，按规定的税率计算出销售税额，然后扣除取得该商品或劳务时所支付的增值税款，也就是进项税额，其差额就是增值部分应交的税额，这种计算方法体现了按增值因素计税的原则。

1. 增值税纳税人

在中华人民共和国境内销售商品、服务、无形资产或者不动产以及提供劳务的单位和个人，为增值税纳税人，应当缴纳增值税。

单位，是指企业、行政单位、事业单位、军事单位、社会团体及其他单位；个人，是指个体工商户和其他个人；单位以承包、承租、挂靠方式经营的，承包人、承租人、挂靠人（以下统称承包人）以发包人、出租人、被挂靠人（以下统称发包人）名义对外经营并由发包人承担相关法律责任的，以该发包人为纳税人，否则，以承包人为纳税人。

建筑企业纳税人分为一般纳税人和小规模纳税人。

应税行为的年应征增值税销售额（以下称应税销售额）超过财政部和国家税务总局规定500万元的纳税人为一般纳税人，未超过规定标准的纳税人为小规模纳税人。

年应税销售额超过规定标准的其他个人不属于一般纳税人。年应税销售额超过规定标准但不经常发生应税行为的单位和个体工商户可选择按照小规模纳税人纳税。

年应税销售额未超过规定标准的纳税人，会计核算健全，能够提供准确税务资料的，可以向主管税务机关办理一般纳税人资格登记，成为一般纳税人。

会计核算健全，是指能够按照国家统一的会计制度规定设置账簿，根据合法、有效凭证核算。符合一般纳税人条件的纳税人应当向主管税务机关办理一般纳税人资格登记。除国家税务总局另有规定外，一经登记为一般纳税人后，不得转为小规模纳税人。

2. 增值税扣缴义务人

中华人民共和国境外单位或者个人在境内发生应税行为，在境内未设有经营机构的，以购买方为增值税扣缴义务人。财政部和国家税务总局另有规定的除外。

两个或者两个以上的纳税人，经财政部和国家税务总局批准可以视为一个纳税人合并纳税。

纳税人应当按照国家统一的会计制度进行增值税会计核算。

3.不征收增值税项目

（1）根据国家指令无偿提供的铁路运输服务、航空运输服务，属于《试点实施办法》规定的用于公益事业的服务；

（2）存款利息；

（3）被保险人获得的保险赔付；

（4）房地产主管部门或者其指定机构、公积金管理中心、开发企业以及物业管理单位代收的住宅专项维修资金；

（5）在资产重组过程中，通过合并、分立、出售、置换等方式，将全部或者部分实物资产以及与其相关联的债权、负债和劳动力一并转让给其他单位和个人，其中涉及的不动产、土地使用权转让行为。

4.增值税的税率

增值税的税率，适用于一般纳税人，目前有17%、11%和6%共三档税率；增值税的征收率适用于小规模纳税人和特定一般纳税人。小规模纳税人统一按3%的征收率计征；对一些特定的一般纳税人，则适用6%、5%、4%、3%四档征收率。

财税〔2016〕36号——财政部国家税务总局《关于全面推开营业税改征增值税试点通知》，建筑企业一般纳税人适用11%增值税税率，小规模纳税人适用3%增值税税率；税务局核定一般纳税人为简易办法征收的适用小规模纳税人税率（一般纳税人在特定情况下，可选择适用简易计税方法，一经选择36个月内不得变更）。

5.增值税计税方法

由于增值税实行凭增值税专用发票抵扣税款的制度，因此对纳税人的会计核算水平要求较高，要求能够准确核算销项税额、进项税额和应纳税额。尤其是增值税进项税额的扣税凭证的及时认证和专门保管都有明确的规定。增值税扣税凭证，是指公司购买货物、接受劳务取得的增值税专用发票等凭证，具体表现为：增值税专用发票抵扣联、海关进口增值税专用缴款书抵扣联、农产品收购发票本次联、农产品销售发票本次联、税控机动车销售统一发票抵扣联、货物运输业增值税专用发票（2016年7月起停止使用）、税收缴款凭证本次联。扣税凭证有效认证期限为开具之日起180天。

（1）建筑企业增值税一般纳税人的一般计税方法：

$$应纳税额 = 当期销项税额 - 当期进项税额$$

$$销项税额 = 不含税销售额 \times 11\%$$

$$不含税销售额 = 含税销售额 \div (1 + 11\%)$$

当期销项税额小于当期进项税额不足抵扣时，其不足部分可以结转下期继续抵扣。

（2）建筑企业增值税小规模纳税人的简易计税方法（不得抵扣进项税额）：

$$应纳税额 = 不含税销售额 \times 3\%$$

$$不含税销售额 = 含税销售额 \div (1 + 3\%)$$

6. 应交增值税的账务处理

（1）科目设置

施工企业核算应交增值税，通常在"应交税费"下设置"应交税费——应交增值税""应交税费——未交增值税""应交税费——待抵扣进项税"等二级科目，在"应交税费——应交增值税"下设置"进项税额""已交税金""销项税额""进项税额转出""出口退税"（海外项目）、"预征税额""转出未交增值税""转出多交增值税"等三级明细科目。

应交税费 - 应交增值税：借方核算企业购进货物、进口货物、接受应税服（劳）务支付的进项税、预缴的增值税、转出应交未交增值税等，贷方核算销售、提供应税服（劳）务应交纳的增值税额、出口货物退税、进项税转出、转出多交增值税等。

①应交税费——应交增值税——进项税额：进项税额是指纳税人购进货物或应税劳务所支付或者承担的增值税税额（购进货物或应税劳务包括外购（含进口）货物或应税劳务、以物易物换入货物、抵偿债务收入货物、接受投资转入的货物、接受捐赠转入的货物以及在购销货物过程当中支付的运费）。在确定进项税额抵扣时，必须按税法规定严格审核。其借方核算公司购入货物或接受应税服务而支付的、准予从销项税额中抵扣的增值税额。根据国家政策抵扣要求的不同，设置五级明细。

②应交税费——应交增值税——已交税金：借方核算纳税主体当月缴纳本月增值税额。

③应交税费——应交增值税——销项税额：销项税额是指纳税人发生应税行为按照销售额和增值税税率计算并收取的增值税额。其贷方核算公司销售货物或提供应税劳（服）务应收取的增值税额。销售货物或提供应税劳（服）务应收取的销项用蓝字登记；退回销售货物应冲销的销项税额，用红字登记。根据纳税主体的征收方式不同、税率不同，设置五级明细。

④应交税费——应交增值税——进项税额转出：贷方核算公司购进货物、在产品、产成品等发生非正常损失以及其他原因而不应从销项税额中抵扣，按规定转出的进项税额。根据转出原因设置四级明细。

⑤应交税费——应交增值税——预征税额：借方核算项目部按预征率计算缴纳的增值税税额。

⑥应交税费——应交增值税——转出未交增值税：借方核算纳税主体月终转出应缴未缴的增值税。月末纳税主体"应交税费——应交增值税"明细账出现贷方余额时，根据余额借记本科目，贷记"应交税费——未交增值税"科目。

⑦应交税费——应交增值税——出口退税：贷方核算企业出口适用零税率的货物，向海关办理报关出口手续后，凭出口报关单等有关凭证，向税务机关申报办理出口退税而收到的退回的税款。出口货物退回的增值税额，用蓝字登记；进口货物办理退税后发生退货或者退关而补缴已退的税款，用红字登记。

⑧应交税费——应交增值税——转出多交增值税：贷方核算纳税主体月终转出多缴的增值税。月末纳税主体"应交税费——应交增值税"明细账出现借方余额时，根据余额借记"应交税费——未交增值税"科目，贷记本科目。

⑨应交税费——未交增值税：核算公司期末未交或多交的增值税额。月度终了，将本月应交未交增值税自"应交税费——应交增值税——转出未交增值税"明细科目转入本科目贷方；将本月多交的增值税自"应交税费——应交增值税——转出多交增值税"明细科目转入本科目借方。本月上交上期应交未交的增值税，借记本科目，贷记"银行存款"科目。

⑩应交税费——待抵扣进项税额：核算一般纳税人按税法规定不符合抵扣条件，暂不予在本期申报抵扣的进项税额。借方核算暂不予在本期申报抵扣的进项税额，贷方核算允许抵扣后转入到进项税额的部分。根据国家税务总局公告 2016 年第 15 号《不动产进项税额分期抵扣暂行办法》，以购进固定资产为典型代表。

（2）销项税额的账务处理

销项税额的纳税义务发生时间按照"结算时间、开具增值税发票时间和收到款项时间三者孰先"的原则进行确定。其账务处理分以下三种情况：

①预收工程款的账务处理

a. 预收工程款（同城提供应税服务）时，编制分录如下：

借：银行存款
　　贷：应收账款——已收工程款（×工程）
借：应收账款——增值税销项税额（×工程）
　　贷：应交税费——应交增值税（销项税额）

【提示】　非同城提供应税服务，要在建筑服务发生地预交增值税。预交增值税时，编制如下会计分录：

借：应交税费——应交增值税（预征税额）
　　贷：银行存款

b. 结算时，编制分录如下：

借：应收账款——应收工程款（×工程）
　　贷：工程结算
　　　　应收账款——增值税销项税额（×工程）

②以收到款项时间为增值税纳税时间的账务处理

a. 结算时，编制分录如下：

借：应收账款——应收工程款（×工程）
　　贷：工程结算
　　　　应交税费——应交增值税（销项税额）

b. 收到工程款时，编制分录如下：

借：银行存款
　　贷：应收账款——已收工程款（×工程）

③以开具增值税专用发票时间为增值税纳税时间的账务处理

借：应收账款——增值税销项税额（×工程）
　　贷：应交税费——应交增值税（销项税额）

（3）一般计税项目的账务处理

①提供应税服务时，编制分录如下：

借：应收账款、应收票据、银行存款等
　　贷：主营业务收入或其他业务收入
　　　　应交税费——应交增值税（销项税额）

发生销售退回，做相反的会计分录。

②购进应税服务，编制分录如下：

借：存货、工程成本、费用等科目

应交税费——应交增值税（进项税额）

贷：应付账款或货币资金等科目

③购进应税货物用途发生改变（集体福利、个人消费、非正常损失、退货等），编制分录如下：

借：应付职工薪酬、待处理财产损益、在建工程、成本费用等科目

贷：应交税费——应交增值税（进项税额转出）

存货等科目

④购进固定资产时，编制分录如下：

当月

借：固定资产

应交税费——应交增值税（进项税额）（60%）

应交税费——待抵扣进项税额（40%）

贷：银行存款或应付账款

取得第13个月

借：应交税费——应交增值税（进项税额）（40%）

贷：应交税费——待抵扣进项税额（40%）

⑤转出本月未交增值税时，编制分录如下：

借：应交税费——应交增值税（转出未交增值税）

贷：应交税费——未交增值税

⑥下月缴纳上月未交增值税时，编制分录如下：

借：应交税费——未交增值税

贷：银行存款

【备注】如果当月交纳本月应交增值税额，则上述⑤、⑥略，应编制会计分录如下：

借：应交税费——应交增值税（已交税金）

贷：银行存款

（4）简易计税项目的账务处理

①提供应税服务、转出本月未交增值税、下月缴纳上月未交增值税的账务处理与一般纳税人的账务处理相同。

【提示】 简易计税"应交税费——应交增值税（销项税额）"的适用税率是3%，不是11%

②购进应税服务时，编制分录如下：

借：存货、工程成本、费用等科目（含税价）

贷：应付账款或货币资金等科目

③购进应税货物用途发生改变（集体福利、个人消费、非正常损失、退货等），编制分录如下：

借：应付职工薪酬、待处理财产损益、在建工程、成本费用等科目

贷：存货等科目

④购进固定资产时，编制分录如下：

借：固定资产(含税价)

　　贷：银行存款或应付账款

【例5-74】　红星建筑公司是增值税一般纳税人，上月留抵增值税额为10000元。本月该公司发生以下经济业务：

①银行预收甲方(增值税一般纳税人)工程进度款300000元(不含税价)，增值税33000元；

②收到了宏达工程公司(增值税一般纳税人)开具的无息商业汇票一张，汇票期限为30天，向本公司支付打桩技术咨询费63600元(含税价，咨询服务适用6%的增值税税率)，红星建筑公司已开出发票。

③向发钢公司购买了施工需要的角钢80000元(不含税价)，增值税13600元，角钢已验收入库。根据购销合同，该公司将宏达工程公司的商业汇票背书转让给了发钢公司，余款已通过银行付讫，同时，该公司已取得发钢公司出具的增值税专用发票及抵扣联(抵扣联已及时到税务机关进行了认证)。

④月末，红星建筑公司计算了本月增值税应纳税额，并进行了账务处理。

计算结果如下：

$$不含税咨询收入=63600÷(1+6\%)=60000(元)$$
$$咨询收入的销项税额=60000×6\%=3600(元)$$
$$增值税应纳税额=本月销项税额-本月进项税额-上月留抵增值税额$$
$$=(33000+3600)-13600-10000$$
$$=13000(元)$$

【提示】　上月留抵增值税额是上月销项税额小于上月进项税额不足抵扣时，其不足部分可以结转本期继续抵扣，本期仍不足抵扣的，可结转下期继续抵扣。

根据计算的结果，编制会计分录如下：

①预收工程进度款

借：银行存款　　　　　　　　　　　　　　　　　　　　333000

　　贷：应收账款——已收工程款(甲方)　　　　　　　　　　333000

借：应收账款——增值税销项税额(甲方)　　　　　　　33000

　　贷：应交税费——应交增值税(销项税额)　　　　　　　33000

②收到打桩技术咨询费

借：应收票据——宏达工程公司　　　　　　　　　　　63600

　　贷：其他业务收入　　　　　　　　　　　　　　　　　60000

　　　　应交税费——应交增值税(销项税额)3600

③购角钢，付款

借：原材料——主要材料(角钢)　　　　　　　　　　　80000

　　应交税费——应交增值税(进项税额)　　　　　　　13600

　　贷：应收票据——宏达工程公司　　　　　　　　　　　63600

　　　　银行存款　　　　　　　　　　　　　　　　　　　30000

④转出本月未交增值税

借：应交税费——应交增值税(转出未交增值税)　　　　13000

贷：应交税费——未交增值税　　　　　　　　　　　　13000

【例5-75】　假设上例中红星建筑公司在财产清查中发现角钢20000元(不含税价)发生短缺,原因待查。购进角钢的增值税进项税额已办理抵扣。

计算角钢增值税进项税额=20000×17%=3400元

根据计算的结果,编制会计分录如下：

借：待处理财产损益——待处理流动资产损益　　　　23400
　　贷：原材料——主要材料(角钢)　　　　　　　　　　20000
　　　　应交税费——应交增值税(进项税额转出)　　　　3400

【例5-76】　洞井工程公司(小规模纳税人),本月发生以下经济业务：

①本月开工的新开铺大饭店,饭店(私营业主)已转账预付工程款103000元(含税价)到开户行。

②从国美电器(一般纳税人)采购一台格力大3P空调柜机,增值税普通发票上注明空调款13000元,增值税2210元,用于公司办公室,改善办公条件。款已通过银行付讫,格力空调已安装完毕,投入使用。

③月末,向鸿发木材批发店(小规模纳税人)采购原木一批,货款40000元,增值税1200元,均已通过银行付讫。原木尚在途中。

④公司于月末主动申报并通过银行交纳了本月应纳(增值)税额,并进行了相应账务处理。

计算结果如下：

本月不含税的预收工程款=103000÷(1+3%)=100000(元)

本月增值税应纳税额=本月销项税额=100000×3%=3000(元)

根据计算的结果,编制会计分录如下：

①预收工程进度款
借：银行存款　　　　　　　　　　　　　　　103000
　　贷：应收账款——已收工程款(饭店)　　　　　103000
借：应收账款——增值税销项税额(饭店)　　　3000
　　贷：应交税费——应交增值税(销项税额)　　　　3000

②购空调
借：固定资产　　　　　　　　　　　　　　　15210
　　贷：银行存款　　　　　　　　　　　　　　　15210

【提示】　小规模纳税人采购货物和固定资产的进项税额不允许抵扣,所以采购的货物和固定资产都是含税价。

③购原木
借：在途物资——主要材料(原木)　　　　　　41200
　　贷：银行存款　　　　　　　　　　　　　　　41200

④交纳本月应交增值税
借：应交税费——应交增值税(已交税金)　　　3000
　　贷：银行存款　　　　　　　　　　　　　　　3000

【例5-77】　宏达建筑公司8月,通过银行转账支付新远工程公司(海天大厦已完工程)

游泳馆分包工程款333000元(含税价),已收到新远工程公司开出的增值税专用发票。同时,与海天公司(海天大厦建设方)根据建造合同的规定对游泳馆进行结算,已取得海天公司签证的结算单,结算单上注明工程款是377400元(含税价)。以上宏达、新远和海天公司均是增值税一般纳税人,假设各公司之间经济业务往来无预付款情况,忽略当期收入、毛利、费用确认的账务处理。

(1)计算宏达建筑公司8月应交增值税

$$增值税应纳税额 = [377400 \div (1 + 11\%)] \times 11\% - [333000 \div (1 + 11\%)] \times 11\%$$
$$= 37400 - 33000 = 4400(元)$$

(2)编制会计分录如下:

①支付分包款

借:工程施工——合同成本(游泳馆)   300000

    应交税费——应交增值税(进项税额)   33000

    贷:银行存款   333000

②结算分包工程款

借:应收账款——应收工程款(海天大厦)   377400

    贷:工程结算   340000

        应交税费——应交增值税(销项税额)   37400

借:工程结算   340000

    贷:工程施工——合同成本(游泳馆)   300000

        ——合同毛利   40000

③月末,转出未交增值税

借:应交税费——应交增值税(未交增值税转出)   4400

    贷:应交税费——未交增值税   4400

(二)城市维护建设税

城市维护建设税简称城建税,是我国为了加强城市的维护建设,扩大和稳定城市维护建设资金的来源,对有经营收入的单位和个人征收的一个税种。城市维护建设税专款专用,用来保证城市的公共事业和公共设施的维护和建设,就是一种具有受益税性质的税种。

按照现行税法的规定,城市维护建设税的纳税人是在征税范围内从事工商经营,缴纳增值税、消费税和营业税(营改增过渡期)的单位和个人。自然,施工企业也是城市维护建设税的纳税人。另外,施工企业代扣代缴增值税的,也应当代扣代缴城市维护建设税。

城市维护建设税是以纳税人实际缴纳的流通转税额为计税依据征收的一种税,纳税环节确定在纳税人缴纳的增值税、消费税的环节上,从商品生产到消费流转过程中只要发生增值税、消费税的当中一种税的纳税行为,就要以这种税为依据计算缴纳城市维护建设税。施工企业2016年5月1日全面实行营改增后,城建税的计算公式如下:

$$城建税应纳税额 = (增值税 + 消费税) \times 适用税率$$

税率按纳税人所在地分别规定为:市区7%,县城和镇5%,乡村1%。大中型工矿企业所在地不在城市市区、县城、建制镇的,税率为1%。这种根据城镇规模不同,差别设置税率的办法,较好地照顾了城市建设的不同需要。

【例5－78】　同上【例5－74】，按7%计算城市维护建设税的应纳税额，并做账务处理。

$$城建税应纳税额 = 13000 \times 7\% = 910(元)$$

根据计算的结果，编制会计分录如下：

计提城建税

借：税金及附加　　　　　　　　　　　　　　　　910

　　贷：应交税费——应交城市维护建设税　　　　　　910

(三)教育费附加和地方教育费附加

凡缴纳增值税、消费税的单位和个人，均为教育费附加和地方教育税附加的纳费义务人（简称纳费人）。其作用都是发展地方性教育事业，扩大地方教育经费的资金来源。

施工企业2016年5月1日全面实行营改增后，教育费附加和地方教育费附加税的计算公式如下：

$$教育费附加或地方教育费附加应纳税额 = (增值税 + 消费税) \times 适用税率$$

教育费附加的税率为3%，地方教育费附加的税率为2%。

【例5－79】　同上【例5－75】，按3%和2%计算教育费附加和地方教育费附加的应纳税额，并做账务处理。

$$教育费附加应纳税额 = 13000 \times 3\% = 390(元)$$
$$地方教育费附加应纳税额 = 13000 \times 2\% = 260(元)$$

根据计算的结果，编制会计分录如下：

计提教育费附加和地方教育费附加

借：税金及附加　　　　　　　　　　　　　　　　650

　　贷：应交税费——应交教育费附加　　　　　　　　390

　　　　　　　　——应交地方教育费附加　　　　　　260

【例5－80】　下月初，红星建筑公司通过银行缴纳了应交的城建税910元、教育费附加390元和地方教育费附加260元。

编制会计分录如下：

交纳城建税、教育费附加和地方教育费附加税

借：应交税费——应交城市维护建设税　　　　　　910

　　　　　　——应交教育费附加　　　　　　　　　390

　　　　　　——应交地方教育费附加　　　　　　　260

　　贷：银行存款　　　　　　　　　　　　　　　　1560

(四)房产税

房产税是以房屋为征税对象，按房屋的计税余值或租金收入为计税依据，向产权所有人征收的一种财产税。

房产税征收标准从价或从租两种情况，因此房产税应纳税额的计算公式为：

(1)从价计算应纳税额(以房产原值为计算依据)

$$应纳税额 = 房产原值 \times (1 - 减除比率) \times 1.2\%$$

【提示】　减除比率是10% ~ 30%，具体减除幅度由省、自治区、直辖市人民政府确定。

（2）从租计算应纳税额（以房产租金为计算依据）

$$应纳税额 = 房产租金收入 \times 12\%$$

【提示】 根据财税〔2016〕43 号文件规定，计征房产税的租金收入不含增值税。

根据财税地字【1986】008 号文件规定，施工工地的临时设施，在施工期间一律免征房产税。但是如果基建工程结束后，施工企业将临时设施转让给基建单位的，应当从基建单位接收的次月起，按规定征收房产税。

（五）土地使用税

土地使用税，是指在城市、县城、建制镇、工矿区范围内使用土地的单位和个人，以实际占用的土地面积为计税依据，依照规定由土地所在地的税务机关征收的一种税赋。由于土地使用税只在县城以上城市征收，因此也称城镇土地使用税。

城镇土地使用税根据实际使用土地的面积，按税法规定的单位税额交纳。其计算公式如下：

$$应纳城镇土地使用税额 = 应税土地的实际占用面积 \times 适用单位税额$$

一般规定每平方米的年税额，大城市 1.5 元至 30 元；中等城市 1.2 元至 24 元；小城市 0.9 元至 18 元；县城、建制镇、工矿区 0.6 元至 12 元。

（六）车船使用税

车船使用税是以车船为征税对象，向拥有车船的单位和个人征收的一种税。车船税实行定额税率。定额税率也称固定税额是税率的一种特殊形式。车船税的适用税额，依照《车船税税目税额表》执行。

$$车辆税应纳税额 = 车辆数 \times 单位税额$$

$$船舶税应纳税额 = 船舶吨位 \times 单位税额$$

购置的新车船，购置当年的应纳税额自纳税义务发生的当月起按月计算。计算公式为：

$$应纳税额 = 年应纳税额 \div 12 \times 应纳税月份数$$

房产税、车船使用税和土地使用税均采取按年征收，分期交纳的方法。企业按规定计算应交的房产税、车船使用税和土地使用税时，借记"管理费用"科目，贷记"应交税费——应交房产税（或车船使用税、土地使用税）"；

【例 5 - 81】 宏达工程公司 2016 年 3 月拥有自用房产原值 600000 元，允许减除 30% 计税，房产税年税率为 1.2%；小汽车 2 辆，每年每辆税额 360 元；专项作业工程车 3 辆，共计净吨位 15 吨，每吨年税额 60 元；占用土地面积为 800 平方米，每平方米年税额为 6 元；计算本月应纳各项税额，并做账务处理。

计算 3 月应纳各项税额：

3 月应纳房产税额 = 〔600000（1 - 30%）× 1.2%〕÷ 12 = 5040 ÷ 12 = 420（元）

3 月应纳车船使用税额 = (2 × 360 + 15 × 60) ÷ 12 = 135（元）

3 月应纳城镇土地使用税额 = 800 × 6 ÷ 12 = 400（元）

根据计算的结果，编制会计分录如下：

计提本月应纳房产税、车船使用税和城镇土地使用税

借：税金及附加　　　　　　　　　　　　　　　955

　　　贷：应交税金——应交房产税　　　　　　　　　　　　　　　420
　　　　　　　　　——应交车船使用税　　　　　　　　　　　　135
　　　　　　　　　——应交土地使用税　　　　　　　　　　　　400

　　假设 4 月 8 日宏达工程公司银行存款转账支付了 2016 年第一季度的房产税、车船使用税和城镇土地使用税共计 2865 元。

　　编制会计分录如下：

　　交纳 2016 年第一季度的房产税、车船使用税和城镇土地使用税

　　借：应交税金——应交房产税　　　　　　　　　　　　　　　1260
　　　　　　　　　——应交车船使用税　　　　　　　　　　　　405
　　　　　　　　　——应交土地使用税　　　　　　　　　　　　1200
　　　　贷：银行存款　　　　　　　　　　　　　　　　　　　　2865

　　【提示】 纳税实务中，房产税、车船使用税和城镇土地使用税，根据税务机关要求按季度交纳的税款，必须按月计提税金。

(七)印花税

　　印花税是对经济活动和经济交往中书立、领受具有法律效力的凭证的行为所征收的一种税。纳税人通过自行计算、购买并粘贴印花税票的方法完成纳税义务，并在印花税票和凭证的骑缝处自行盖戳注销或画销。这也与其他税种的缴纳方法存在较大区别。印花税根据不同征税项目，分别实行从价计征和从量计征两种征收方式。印花税以应纳税凭证所记载的金额、费用、收入额和凭证的件数为计税依据，按照适用税率或者税额标准计算应纳税额。

　　应纳税额计算公式：

$$应纳数额＝应纳税凭证记载的金额（费用、收入额）×适用税率$$
$$应纳税额＝应纳税凭证的件数×适用税额标准$$

　　施工企业交纳的印花税不会发生应付未付税款的情况，不需要预计应纳税金额，也不存在与税务机关结算或清算的问题。因此，企业交纳的印花税不需要通过"应交税费"科目核算，于购买印花税票时直接借记"税金及附加"科目，贷记"银行存款"等科目。

(八)个人所得税

　　个人所得税是国家对本国公民、居住在本国境内的个人的所得和境外个人来源于本国的所得征收的一种所得税。

　　个人所得税根据不同的征税项目，分别规定了三种不同的税率：

　　1.七级超额累进税率

　　工资、薪金所得，按月应纳税所得额适用七级超额累进税率计算征税。该税率按个人月工资、薪金应纳税所得额划分级距，最高一级为 45%，最低一级为 3%，共七级。如下表 5 - 40 所示。

表 5 –40　工资、薪金所得适用个人所得税累进税率表

级数	全月应纳税所得额		税率（%）	速算扣除数
	含税级距	不含税级距		
1	不超过 1500 元的	不超过 1455 元的	3	0
2	超过 1500 元至 4500 元的部分	超过 1455 元至 4155 元的部分	10	105
3	超过 4500 元至 9000 元的部分	超过 4155 元至 7755 元的部分	20	555
4	超过 9000 元至 35000 元的部分	超过 7755 元至 27255 元的部分	25	1005
5	超过 35000 元至 55000 元的部分	超过 27255 元至 41255 元的部分	30	2755
6	超过 55000 元至 80000 元的部分	超过 41255 元至 57505 元的部分	35	5505
7	超过 80000 元的部分	超过 57505 元的部分	45	13505

2. 五级超额累进税率

它适用于按年计算、分月预缴税款的个体工商户的生产、经营所得和对企事业单位的承包经营、承租经营的全年应纳税所得额的计算，划分级距，最低一级为 5%，最高一级为 35%，共五级。

3. 比例税率

对个人的稿酬所得，劳务报酬所得，特许权使用费所得，利息、股息、红利所得，财产租赁所得，财产转让所得，偶然所得和其他所得，按次计算征收个人所得税，适用 20% 的比例税率。其中，对稿酬所得适用 20% 的比例税率，并按应纳税额减征 30%；对劳务报酬所得一次性收入畸高的，除按 20% 征税外，应纳税所得额超过 2 万元至 5 万元的部分，依照税法规定计算应纳税额后再按照应纳税额加征五成；超过 5 万元的部分，加征十成。

工资、薪金所得适用的个人所得税的计算公式：

$$应纳个人所得税税额 = 应纳税所得额 \times 适用税率 - 速算扣除数$$
$$应纳税所得额 = 扣除五险一金后月收入 - 扣除标准$$

上式中，扣除标准为 3500 元/月（2011 年 9 月 1 日起正式执行）。

【提示】　国税发〔2005〕9 号文件规定，现行的全年一次性奖金个人所得税计算方法及要求纳税人取得全年一次性奖金，应单独作为一个月工资、薪金所得计算纳税。即先将雇员当月内取得的全年一次性奖金，除以 12 个月，按其商数确定适用税率和速算扣除数。具体计算公式为：

①全年一次性奖金收入 ÷12 = 商数

（按照商数查找相应的适用税率和速算扣除数）

②应纳税额 = 全年一次性奖金收入 × 适用税率 - 速算扣除数。

【例 5 –82】　宏达工程公司某工程师本月工资扣除五险一金后收入 5400 元，季度奖金 4000 元，取得 2015 年度奖金 12000 元，计算工程师本月应交的个人所得税，并做账务处理。

本月工程师应交的个人所得税计算如下：

①某工程师工资、季度奖

$$个人应纳税所得额 = 5400 + 4000 - 3500 = 5900（元）$$

$$应纳税额 = 5900 \times 20\% - 555 = 625(元)$$

②工程师年度奖金的商数 $= 12000 \div 12 = 1000(元)$

$$全年一次性奖金收入应纳税额 = 12000 \times 3\% = 360(元)$$

根据商数查对应的工资、薪金所得适用个人所得税累进税率表，个人所得税适用税率是3%，速算扣除数是零。

③本月工程师应交的个人所得税 $= 625 + 360 = 985(元)$

根据以上计算结果，编制会计分录如下：

代扣某工程师个人所得税

借：应付职工薪酬——工资　　　　　　　　　　　　985

　　贷：应交税费——应交个人所得税　　　　　　　　　985

【任务实施】

导入案例科泰公司施工环节发生各种应交税费的账务处理：

(28)科泰公司收到银行转来的税收缴款书，缴款书上分别载明：5月份增值税2000元，城市维护建设税140元，教育费附加60元，地方教育费附加40元，代扣个人所得税1760元。

编制会计分录：

交5月份各税

借：应交税费——未交增值税　　　　　　　　　　2000

　　　　　　——应交城市维护建设税　　　　　　　140

　　　　　　——应交教育费附加　　　　　　　　　60

　　　　　　——应交地方教育费附加　　　　　　　40

　　　　　　——个人所得税　　　　　　　　　　　1760

　　贷：银行存款　　　　　　　　　　　　　　　　　4000

(29)假设2016年6月科泰公司又购进大批原材料，并取得了增值税专用发票，发票上注明原材料金额8000000万元，增值税进项税额1360000元(扣税凭证均已通过税务机关认证，其账务处理略)。请结合本项目任务二的所有子任务中的任务实施资料，计算并结转该公司6月份的应交税费(个人所得税略)。各税适用税率分别是：城建税7%，教育费附加3%，地方教育费附加2%。科泰公司房屋建筑物原值8000000元，允许减除30%计税，房产税年税率为1.2%，占地面积600平方米，每平方米年税额为4元。该公司无车辆。

(1)计算6月应纳各项税额：

本月增值税销项税额 $= 40 + 4800 + 2310000 = 2314840(元)$

本月增值税进项税额 $= 7650 + 2110 + 1360000 = 1369760(元)$

本月增值税应纳税额 $= 2314840 - 1369760 = 945080(元)$

本月城建税应纳税额 $= 945080 \times 7\% = 66155.6(元)$

本月教育费附加应纳税额 $= 945080 \times 3\% = 28352.4(元)$

本月地方教育费附加应纳税额 $= 945080 \times 2\% = 18901.6(元)$

本月房产税应纳税额 $= [8000000(1-30\%) \times 1.2\%] \div 12 = 5600(元)$

本月土地使用税应纳税额 $= 600 \times 4 \div 12 = 200(元)$

(2)编制会计分录如下：

①转出未交增值税

借：应交税费——应交增值税(转出未交增值税)　　　945080

　　贷：应交税费——未交增值税　　　945080

②计提城建税、教育费附加、地方教育费附加、房产税和车船使用税

借：税金及附加　　　119209.60

　　贷：应交税费——应交城市维护建设税　　　66155.60

　　　　　　　　——应交教育费附加　　　28352.40

　　　　　　　　——应交地方教育费附加　　　18901.60

　　　　　　　　——应交房产税　　　5600

　　　　　　　　——应交土地使用税　　　200

【总结回顾】

工程成本包括材料费、人工费、机械使用费、其他直接费用和间接费用。正确归集和按成本核算对象分配工程成本是成本控制的关键环节。

企业应控制现金的使用范围、执行银行核定的库存限额、遵守现金收支的规定。银行结算方式包括支票、银行汇票、商业汇票、委托收款、银行本票、汇兑、托收承付、信用证。其他货币资金包括外埠存款、银行本票存款、银行汇票存款、信用卡存款、信用证保证金存款、存出投资款等。货币资金的核算应按照序时核算和分类核算相结合的原则进行。银行存款清查的方法是定期与银行核对账目，发现的未达账项应编制"银行存款余额调节表"。

企业发出材料的核算有实际成本核算和计划成本核算两种。材料按实际成本核算时，可以选用先进先出法、月末一次加权平均法、移动加权平均法和个别计价法等。材料按计划成本核算时，应设置"材料成本差异"账户。

施工企业应当根据具体情况对周转材料采用一次转销、分期摊销、分次摊销或者定额摊销的方法。

存货的清查，对于盘盈、盘亏、毁损的存货，应通过"待处理财产损益"账户进行核算。

固定资产折旧方法包括年限平均法、工作量法、双倍余额递减法和年数总和法等。折旧方法一经选定，不得随意变更。施工企业固定资产处置包括固定资产的出售、报废、毁损和投资转出非货币性资产交换、债务重组等，应设置"固定资产清理"账户进行核算。

建筑施工企业可将临时设施单独核算，但其日常计量、摊销和后续支出以及处置等遵循的是固定资产的相关规定。

无形资产核算应设置"无形资产""累计摊销"等账户。

"应付职工薪酬"可按"工资，奖金，津贴，补贴""职工福利""社会保险费""住房公积金""工会经费""职工教育经费""解除职工劳动关系补偿""非货币性福利""其他与获得职工提供的服务相关的支出"等进行明细核算。

辅助生产部门发生的各项费用，先通过"生产成本——辅助生产成本"账户进行归集，然后再采用合理的分配方法，分配给各收益对象负担。分配方法有直接分配法、交互分配法和计划成本分配法、代数分配法和和顺序分配法。

工程实际成本是在工程施工过程中发生的，按一定的成本核算对象归集的生产费用总和。

为了便于归集和分配施工生产费用，计算各建筑安装工程的实际成本，企业应在"工程施工"账户下，分别开设"工程成本明细账"（二级账）和"工程成本卡"（三级账），并按成本项目分设专栏来组织成本核算。

施工企业的期间费用主要包括管理费用和财务费用。交税费包括企业依法交纳的增值税、企业所得税、城市维护建设税、教育费附加、房产税、土地使用税、车船使用税，以及在上缴国家之前，由企业代收代缴的个人所得税等。

建筑企业纳税人分为一般纳税人（适用11%增值税税率）和小规模纳税人（适用3%增值税税率），税务局核定一般纳税人为简易办法征收的适用小规模纳税人税率。城市维护建设税、教育费附加和地方教育费附加都是增值税和消费税的附加税。城建税税率按纳税人所在城镇规模不同，执行差别税率1%~7%，教育费附加的税率为3%，地方教育费附加的税率为2%。房产税、车船使用税和城镇土地使用税均采取按年征收，分期交纳的方法。个人所得税根据不同的征税项目，分别规定了三种不同的税率。

技能训练

一、单项选择题

1. 货币现金不包括( )。
A. 库存现金　　　　　　　　　　B. 银行存款
C. 其他货币资金　　　　　　　　D. 预收账款

2. 下列哪项支出不能使用现金( )。
A. 发放工资160000元　　　　　　B. 支付劳保费2000元
C. 支付差旅费5000元　　　　　　D. 购买材料50000元

3. 支票的持票人应自( )日内提示付款。
A. 3　　　　　　　　　　　　　　B. 7
C. 10　　　　　　　　　　　　　 D. 15

4. 应在管理费用中列支的税金是( )。
A. 房产税　　　　　　　　　　　B. 所得税
C. 消费税　　　　　　　　　　　D. 增值税

5. 《企业会计准则》规定，在固定资产处置核算中应设置( )账户。
A. 待处理财产损益　　　　　　　B. 固定资产清理
C. 坏账准备　　　　　　　　　　D. 资产减值损失

6. 按《企业会计准则》的规定，企业发生现金折扣，一般应计入( )。
A. 管理费用　　　　　　　　　　B. 营业外支出
C. 销售费用　　　　　　　　　　D. 财务费用

7. 发生对不能直接计入工程成本的费用项目是( )。
A. 人工费　　　　　　　　　　　B. 机械使用费
C. 夜间施工增加费　　　　　　　D. 管理费用

8. 应付给机械作业操作工人的薪酬，计入( )账户。

A. 工程施工   B. 机械作业

C. 生产成本   D. 固定资产

9. 银行存款日记账和银行对账单的企业存款余额不一致，除了记账差错外，还可能是存在(　　)。

A. 应收账款   B. 未达账项

C. 应付账款   D. 银行存款

10. 企业在无形资产研究阶段发生的职工薪酬应当计入(　　)

A. 无形资产成本   B. 在建工程成本

C. 长期待摊费用   D. 当期损益

11. 下列税金中，与企业计算损益无关的是(　　)。

A. 消费税   B. 所得税

C. 城建税   D. 增值税

二、多项选择题

1. 施工项目成本也称工程成本，包括(　　)。

A. 材料费   B. 人工费

C. 机械使用费   D. 临时设施费

2. 工程造价的构成包括(　　)

A. 工程成本   B. 管理费用

C. 财务费用   D. 利润和税金

3. 施工项目成本控制的依据有(　　)。

A. 工程承包合同   B. 施工成本计划

C. 进度报告   D. 施工组织设计

4. 企业按规定向住房公积金管理机构缴存住房公积金，应借记的科目是(　　)

A. 其他应付款   B. 管理费用

C. 待摊费用   D. 应付职工薪酬

5. 企业应付给职工的工资总额包括(　　)

A. 各种工资   B. 奖金

C. 津贴   D. 医药费

6. 企业期末应将(　　)科目的余额直接结转至"本年利润"科目。

A. 管理费用   B. 生产成本

C. 财务费用   D. 工程施工

7. 下列(　　)情况会使企业银行存款日记账余额大于银行对账单余额。

A. 企业已收，银行未收   B. 企业已付，银行未付

C. 银行已收，企业未收   D. 银行已付，企业未付

8. 应在"应交税费——应交增值税"账户贷方核算的专项有(　　)。

A. 进项税额转出   B. 销项税额

C. 转出未交增值税   D. 转出多交增值税

9. 财产清查是通过实物盘点，核对账存数和实存数是否相符的一种方法，通常盘点的结

果有(　　　)。

　A.账实相符　　　　　　　　B.盘盈

　C.盘亏　　　　　　　　　　D.盘不清

10.财务费用包括的具体项目有(　　　)

　A.财务部门的经费　　　　　B.利息净支出

　C.汇兑损失　　　　　　　　D.支付银行手续费

11.增值税一般纳税人的施工企业材料的买价主要包括(　　　)。

　A.货款　　　　　　　　　　B.运杂费

　C.税金　　　　　　　　　　D.采购保管费

12.固定资产折旧的方法是(　　　)

　A.直线法　　　　　　　　　B.加速折旧法

　C.双倍余额递减法　　　　　D.工作量法

三、判断题

1.无形资产计提摊销额时可以采用直线法和年数总和法。(　　　)

2."材料料成本差异"科目与实际成本和计划成本没有任何关联。(　　　)

3.从银行提取现金,只编制现金付款凭证。(　　　)

4.工程施工是成本类会计科目,因此如果有借方余额应计入到资产负债表存货项目下。(　　　)

5.施工企业的临时设施是企业的非流动资产,在"固定资产"账户下核算,所以其摊销方法跟固定资产折旧方法完全一致。(　　　)

6.资产负债表中"应交税费"项目如果出现借方余额,应以"-"号填列。(　　　)

7.我国的个人所得税适用7级超额累进税率,都是由纳税人自行申报交纳。(　　　)

8.自有机械使用费发生时,都是直接计入"机械作业"账户的借方进行归集。(　　　)

9.企业在核算印花税时,需要通过"应交税费"账户核算。(　　　)

10.增值税是价外税,施工企业一般纳税人适用11%的增值税税率。(　　　)

四、综合训练题

1.某工程公司2016年3月5日与银行对账和编制余额调节表的情况,如下:

3月1日到3月5日企业银行存款日记账账面记录与银行出具的3月5日对账单资料及对账后钩对的情况,如下:

账面记录:

1日转支1246#付料款30000元,贷方记30000.00√

1日转支1247#付料款59360元,借方记59360.00。经查为登记时方向记错,立即更正并调整账面余额。调整后划√

1日存入预收工程款43546.09元,借方记43546.09√

2日存入预收工程款36920.29元,借方记36920.29√

2日转支1248#上交上月税金76566.43元,贷方记76566.43√

3日存入固定资产处置款46959.06元,借方记46959.06√

3 日取现 20000 元，贷方记 20000.00√

4 日转支 1249#付料款 64500 元，贷方记 64500.00

4 日存入某公司交纳的咨询费 40067.75 元，借方记 40067.75√

4 日转支 1250#付职工养老保险金 29100 元，贷方记 29100.00√

5 日存入工程备料款 64067.91 元，借方记 64067.91

5 日转支 1251#付汽车修理费 4500 元，贷方记 4500.00

5 日自查后账面余额为 506000.52 元。

银行对账单记录：

2 日转支 1246#付出 30000 元，借方记 30000.00√

2 日转支 1247#付出 59369 元，借方记 59360.00√

2 日收入存款 43546.09 元，贷方记 43546.09√

3 日收入存款 36920.29 元，贷方记 36920.29√

3 日转支 1248#付出 76566.43 元，借方记 76566.43√

4 日收入存款 46959.06 元，贷方记 46959.06√

4 日付出 20000 元，借方记 20000.00√

4 日代交电费 12210.24 元，借方记 12210.24

5 日收培训款 43000 元，贷方记 43000.00

5 日转支 1250#付出 29100 元；借方记 29100.00√

5 日代付电话费 5099.32 元，借方记 5099.32

5 日余额为 536623.05 元。

请编制银行存款余额调节表。

2. 某建筑企业材料按实际成本计价，2016 年 8 月份 32.5 级水泥收发结存情况如表 5-41 所示。

表 5-41　水泥收发结存月报表

2016		摘要	入库		发出	结存
月	日		数量	单价	数量	数量
8	1	期初结存				5（单价 240）
	5	购讲	30	230		35
	7	领用			25	10
	5	购进	30	235		40
	20	领用			30	10
	23	购进	30	240		40
	28	领用			30	10

要求：根据以上资料，分别用先进先出法、月末一次加权平均法、移动平均法登记 32.5 级水泥明细账，并结出本月领用水泥的成本和月末结存金额。

3. 资料(1)月末，仓库转来本月材料领用单，其中：安居工程领用φ20圆钢10吨，实际成本41000元；领用32.5级水泥100吨，实际成本35000元；领用木材30 m³，实际成本33000元；领用机制普通砖10万块，实际成本22000元；领用生石灰40吨，实际成本14000元；领用硅酸盐砌块300 m³，实际成本33000元。机械作业领用机械配件一批，实际成本10000元，混凝土搅拌车间领用32.5级水泥50吨，实际成本17500元；领用其他材料2500元。施工管理部门领用其他材料800元。

(2)"采购保管费"账户余额2064元，本月发生额7000元。仓库期初库存材料353400元，本期购入材料232700元。

要求：根据资料(1)、(2)，编制发出材料汇总表，并据以编制会计分录。

4. 某建筑公司2016年7月发生如下经济业务：

(1)安居工程领用板材10 m³，实际成本13000元，转作木模板使用；领用原木一批，实际成本15000元，转作架料使用。

(2)月末，计算本月周转材料摊销额：

①木模板采用定额摊销法，本月完成混凝土构件750 m³，混凝土构件的木模定额为8元/m³。

②架料采用分次摊销法，预计可使用20次，本月使用了2次，预计残值率为10%

(3)安居工程在用的支撑材料一批，实际成本8000元，预计使用10个月，现已使用9个月，使用中计算摊销额未考虑净残值。财产清查中发现已毁损，应予以报废。剩余残料价值200元已验收入库。

(4)对施工现场的木模进行盘点，还有可用木模9 m³，估计成色60%。

要求：根据有关资料核算周转材料的摊销额，并编制会计分录。

5. 某建筑公司(增值税小规模纳税人)年终清查中盘盈机械配件一批，价值1500元；盘亏木材3000元和受潮的水泥3500元。经有关部门批准后作如下处理：盘盈的机械配件冲减管理费用，盘亏的木材属于意外事故毁损造成，由保险公司根据保险合同赔偿2400元，其余列作营业外支出；受潮的水泥系工地保管不善造成，应由工地的项目经理部承担责任。根据上述资料编制会计分录。

6. 宏达建筑公司有蒸汽打桩机一台，其账面原价为50000元，预计净残值为2000元，规定折旧年限为5年。请分别采用直线法、双倍余额递减法和年数总和法计算折旧额。

7. 某施工企业(增值税一般纳税人)的一辆搅拌机因意外毁损，经批准报废。该设备的账面原价60000元，已提折旧26000元，已提的减值准备为800元，用银行存款支付清理费用560元，取得残值收入7605元(现金)，保险公司同意赔偿3000元，清理工作现已结束。要求：

(1)计算清理净损益。

(2)根据济业务编制会计分录

8. 某工程公司(增值税一般纳税人)将拥有的专利出售，取得转让收入84800元存入银行(含增值税4800元)。该项专利的账面价值为100000元，累计摊销23500元，已计提的减值准备为2300元，并办妥了相关手续。请编制会计分录。

9. 某建筑公司第一分公司2016年7月份"工资汇总表"见表5-42如下：

表 5-42 工资汇总表 单位:元

人员类别	计时工资	计件工资	奖金	津补贴		加班工资	其他工资	应付薪酬合计	代扣款项			实发金额
				施工津贴	住房补贴				公积金	社会保险	个人所得税	
建安生产工人	17500	20000	10000	4800	2000	4000	2200	60500	2200	4900	900	52500
辅助生产工人	750	1800	500		100	150	400	3700	230	370		3100
机械作业人员	4000	3200	2000	700	200	800	600	11500	800	900	100	9700
现场管理人员	5000		400	200	400			6000	440	560		5000
专项工程人员	2000		300					2300	200	300		1800
行政管理人员	8000		1000					9000	1100	700	100	7100
合计	37250	25000	14200	5700	2700	4950	3200	93000	4970	7730	1100	79200

要求:(1)根据工资汇总表,编制该建筑公司代扣工资和通过银行发放工资的会计分录。

(2)根据工资汇总表,计提本月应发工资并分配应由该公司负担的职工福利费(14%)、教育经费(1.5%)、工会经费(2.5%)、社会保险(30%)、住房公积金(7%),编制工资分配表同时进行账务处理。

10.宏达建筑公司有机修和供电两个辅助生产车间,本月发生的生产费用为:机修车间64000元,供电车间51000元。本月提供的劳务量见表5-43。

表 5-43 劳务供应量统计表

受益对象	机修车间(修理工时)	供电车间(度)
机修车间		10000
供电车间	800	
施工生产		10000
施工机械	2500	5000
施工管理部门	700	5000
合计	4000	30000

根据上述资料,用分别用直接分配法、交互分配法、计划成本分配法(假设供电的计划单位成本是1.6元/度,机修的计划单位成本是16元/工时)分配辅助生产费用。

11.资料:某工程公司(增值税一般纳税人)工程施工各成本核算对象施工费用12月初余额如表5-44所示。

表5-44 "工程施工"账户12月初余额表

成本项目	人工费	材料费	机械使用费	其他直接费	间接费用	借或贷	余额
工程施工——甲工程	56000	240000	32000	20000	52000	借	400000
工程施工——乙工程	45000	183000	24000	15000	33000	借	300000
工程施工——丙工程	14000	60000	8000	5000	13000	借	100000
施工成本合计	115000	483000	64000	40000	98000	借	800000

12月份发生的经济业务

(1)人工费资料

计件工资10000元,其中:甲工程4000元,乙工程2500元,丙工程3500元;计时工资14000元;加班工资600元;生产奖5000元;津补贴3000元;特殊情况下支付的工资600元;按建安工人工资计提的福利等费4550元;建安工人劳动保护用品费450元。本月工程施工工日统计资料如表5-45所示。

(2)材料费资料

①材料领用情况表5-46所示。

表5-45 工日统计表

受益工程	计时工日	计件工日	实际工日合计
甲工程	2000	600	2600
乙工程	1775	625	2400
丙工程	1225	875	2100
合计	5000	2100	7100

表5-46 材料领用情况表　　　　　　单位:元

受益对象	主要材料	结构件	合计
甲工程	40000	30000	70000
乙工程	32000	40000	72000
丙工程	28000		28000
合计	100000	70000	170000

②周转材料摊销5480元,其中甲工程2480元,乙工程2000元,丙工程1000元。

③本月甲工程竣工,退回水泥180元;乙工程月末已领未用水泥300元。

(3)机械使用费资料

①向机运站(小规模纳税人)租入吊车,用银行存款支付租赁费6000元,其中甲工程1000元,乙工程3000元,丙工程2000元。

②使用自有施工机械情况:塔吊2500元,搅拌机2000元,其他机械2415元。塔吊和搅

拌机按其提供的作业台班为分配标准，其他机械按各受益工程月初材料成本为分配标准。作业台班及月初材料成本见表 5-47 如下：

表 5-47　作业台班及月初材料成本资料表

受益对象	作业台班		月初材料成本(元)
	塔吊	搅拌机	
甲工程	17	30	240000
乙工程	15	23	183000
丙工程	18	27	60000
合计	50	80	483000

(4)其他直接费(均以银行存款支付)资料如下

①本月特殊工种培训费(普通发票)5000 元，其中甲工程 2000 元，乙工程 1700 元，丙工程 1300 元。

②本月施工领用生产工具、用具费 5680 元，按本月各工程的实际工日进行分配。

③本月发生零星材料二次搬运费共计 3500 元，按本月各工程的材料费成本进行分配，其中各工程材料情况：甲工程 72300 元，乙工程 73700 元，丙工程 29000 元。

④本月甲工程竣工，发生场地清理费和工程点交费 4200 元(普通发票)。

(5)本月间接费用 7640 元，按本月各工程的人工费进行分配。

(6)与建设方结算甲工程款 577200 元(含税价，其中前期已经预收甲工程款 222000 元，并已根据税法规定交纳了增值税 22000 元)，该工程公司已开出增值税专用发票。

要求：

(1)根据以上资料计算分配有关费用并编制会计分录；

(2)根据编制的会计分录登记工程施工明细账和甲、乙、丙工程成本卡。

12.某建筑企业是增值税一般纳税人，本月购进材料一批，增值税专用发票注明的原材料价款为 60 万元，增值税额为 10.2 万元。货款银行已经转账支付，材料已到达并验收入库。材料到达后，企业将该批材料的一半用于自己的办公楼建设项目。本月企业与红星大市场结算工程款 532800 元(含税价)，已开出增值税专用发票。计算企业本月应纳税额(增值税 11%，城建税 7%，教育费附加 3%，地方教育费附加 2%)，并编制会计分录。

13.某工程公司是增值税小规模纳税人，月末购进钢材一批，收到的增值税普通发票注明原材料价款是 10 万元，增值税额是 1.7 万元。钢材尚在途中，款未付。本月开户银行预收某酒店工程款 12.36 万元(含税价)。月底，该公司主动申报了本月应纳税额(增值税 3%，城建税 7%，教育费附加 3%，地方教育费附加 2%)，并通过银行交纳了当月税款，同时编制会计分录。

项目六　施工企业竣工环节会计处理

【项目导入】

某建工集团湘西公司履行了多项建造合同，企业在竣工环节需要完成以下工作：

(1)确定完工进度

(2)确认合同收入、合同费用

(3)对合同收入、合同费用进行账务处理

(4)确认合同预计损失

(5)结算工程价款

(6)结算分包完成工程

(7)相关税金及附加的核算

你知道以上经济业务如何进行会计处理吗？

【学有所获】

通过本项目的学习，你将收获：

➤了解施工企业竣工环节的财务常识；

➤熟悉施工企业竣工环节收入与成本的内容；

➤掌握企业竣工环节收入的确认及其账务处理；

➤掌握企业竣工环节成本的确认及其账务处理；

➤掌握工程价款结算的账务处理。

任务一　施工企业竣工环节财务认知

【任务描述】

熟悉建筑工程结算方式；了解建安工程价款的动态结算方法；了解质量争议工程的竣工结算的相关规定、竣工结算款支付的相关规定及合同解除的价款结算与支付的相关规定等；了解未完施工成本、已完工程实际成本及已完工程预算成本的计算；了解竣工成本决算的编制程序；完成下例的计算分析。

【例6-1】　某城市某土建工程合同规定结算款为100万。合同报价时期是2015年3月，工程于2016年5月建成交付使用。要求根据表6-1所提供资料，计算工程实际结算款。

227

表6-1　工程人工费、材料构成比例及有关造价指数表

项目	人工费	钢材	水泥	集料	一级红砖	砂	木材	不调值费用
比例	45%	1%	11%	5%	6%	3%	4%	15%
2015年3月指数	100	100.8	102.0	93.6	100.2	95.4	93.4	
2016年5月指数	110.1	98.0	112.9	95.9	98.9	91.1	117.9	

【知识准备】

一、建造合同

（一）建造合同的类型

建造合同是指为建造一项或数项在设计、技术、功能、最终用途等方面密切相关的资产而订立的合同。按照合同价款确定方法的不同，建造合同可分为固定造价合同和成本加成合同。

（1）固定造价合同，是指按照固定的合同价或固定单价确定工程价款的建造合同。

（2）成本加成合同，是以合同允许或其他方式议定的成本为基础，加上该成本的一定比例或定额费用确定工程价款的建造合同。

固定造价合同和成本加成合同的主要区别是成本风险承担者不同。前者的风险由建筑承包商承担，后者主要由发包商承担。

（二）合同的分立与合并

建造合同会计核算的对象是项目（项目总包合同）。如果一个工程项目只存在一个合同时，会计核算的对象就是该合同。如果一个项目有多个合同组成时，会计核算的对象是项目，即多个合同的集合。

企业通常应当按照单项建造合同进行会计处理。在某些情况下，为了反映一项或一组合同的实质，需要将单项合同进行分立或将数项合同进行合并。

1.合同分立

资产建造有时虽然形式上只签订了一项合同，但其中各项资产在商务谈判、设计施工、价款结算等方面都是可以相互分离的，实质上是多项合同，在会计上应当作为不同的核算对象。一项包括建造数项资产的建造合同，同时满足下列条件的，每项资产应当分立为单项合同：

（1）每项资产均有独立的建造计划；

（2）与客户就每项资产单独进行谈判，双方能够接受或拒绝与每项资产有关的合同条款；

（3）每项资产的收入和成本可以单独辨认。

2.合同合并

有的资产建造虽然形式上签订了多项合同，但各项资产在设计、技术、功能、最终用途上是密不可分的，实质上是一项合同，在会计上应当作为一个核算对象。一组合同无论对应单个还是多个客户，同时满足下列条件时，应当合并为单项合同：

228

（1）该组合同按一揽子交易签订；

（2）该组合同密切相关，每项合同实际上已构成一项综合利润率工程的组成部分；

（3）该组合同同时或依次履行。

（三）建造合同收入的内容

建造合同收入包括合同中规定的初始收入以及因合同变更、索赔、奖励等形成的追加收入。

（1）合同中规定的初始收入，是指施工企业与客户在双方签订的合同中最初商定的总金额，它构成合同收入的基本内容。

（2）合同的追加收入，是指在合同执行过程中由于合同变更、索赔、奖励等原因而形成的。施工企业不能随意确认这部分收入，只有在符合规定条件时才能确认。

（四）建造合同成本的内容

建造合同成本包括从合同签订开始至合同完成止所发生的、与执行合同有关的直接费用和间接费用。

（1）直接费用。它是指为完成合同所发生的、可以直接计入合同成本核算对象的各项费用支出。直接费用包括四项费用：耗用的人工费用、耗用的材料费用、耗用的机械使用费和其他直接费用（指直接可计入合同成本的费用）。

（2）间接费用。它是企业下属的施工单位或生产单位为组织生产和管理施工生产活动所发生的费用，包括临时设施摊销费用和施工、生产单位管理人员工资、奖金、职工福利费、劳动保护费、固定资产折旧费及修理费、物料消耗、低值易耗品摊销、取暖费、水电费、办公费、差旅费、财产保险费、工程保修费、排污费等。

二、工程价款结算

工程价款结算是指施工企业按照建造合同的规定，向建设单位点交已完工程并收取工程价款的行为。通过工程价款结算，可以及时补偿企业在施工过程中资金耗费，保证再生产活动的顺利进行。

（一）工程价款结算的方式

1. 按月结算

施工单位根据合同的约定按期提交工程月报表和工程价款结算账单，送监理工程师办理已完工工程款结算。实行旬末或月中预支，月终结算，竣工后清算的方法。跨年度竣工的工程，在年终进行工程盘点，办理年度结算。

2. 竣工后一次结算

建设项目或单项工程全部建筑安装工程建设期在 12 个月以内，或者工程承包价值在 100 万元以下的，可以实行工程价款每月月中预支（或按合同规定），也可按规定签订合同后预付部分工程款并在施工过程中逐步扣回的方式来结算，最后竣工一次结算（即最终决算）。

3. 分段结算

对当年开工，当年不能竣工的单项工程或单位工程按照工程形象进度，划分不同阶段进行结算，分阶段结算可以按月预支工程款。分阶段的划分标准，由各部门或省、自治区、直辖市、计划单列市自行规定。

4. 目标结算方式

即在工程合同中，将承包工程的内容分解成不同的控制界面，以业主验收控制界面作为支付工程款的前提条件。也就是说，将合同中的工程内容分解成不同的验收单元，当施工单位完成单元工程内容并经业主经验收后，业主支付构成单元工程内容的工程价款。

在目标结算方式下，施工单位要想获得工程价款，必须按照合同约定的质量标准完成界面内的工程内容，要想尽早获得工程价款，施工单位必须充分发挥自己的组织实施能力，在保证质量的前提下，加快施工进度。

5. 结算双方约定的其他结算方式

实行预收备料款的工程项目，在承包合同或协议中应明确发包单位（甲方）在开工前拨付给承包单位（乙方）工程备料款的预付数额、预付时间，开工后扣还备料款的起扣点、逐次扣还的比例，以及办理的手续和方法。

（二）工程价款的动态结算

所谓动态结算就是要把各种动态因素渗透到结算过程中，使工程价款的结算大体能反映实际的消耗费用。

1. 工程造价指数调整法

这种方法是业主与承包商采用现行概（预）定额计算出承包价，待竣工后，根据合理的工期及当地造价管理部门所公布的月度和季度造价指数，对原承包合同价进行调整。

2. 按实际价格计算法

在我国，由于建筑材料市场采购的范围大，市场价格也随时波动。因此，有些地区规定对钢材、木材、水泥等三材的价格按实际价格结算，承包商可凭票据报销。由于实报实销，为了避免承包商对降低成本不减兴趣，甚至在发票上对价格弄虚作假，地方建设主管部门要定期公布材料的最高结算价格，同时，合同文件中应规定业主有权要求承包商选择更廉价的材料供应来源。

3. 按调价文件计算法

这种方法是按当时的预算价格承包。在合同期内，按造价管理部门调价文件的规定，进行材料补差（同一价格期内所消耗的材料乘以相应价差）。

4. 调值公式法

调值公式法即动态结算公式法，先将总费用分为固定部分、人工部分和材料部分，然后分别按照各部分在总费用中所占的比例及人工、材料的价格指数变化情况，用调值公式进行价差调整。根据国际惯例，对建设项目已完成投资费用的结算，一般采取此法。

一般情况下，业主与承包商在签订合同中就明确了调值公式并规定了相应指数。建安工程费用价格调值公式一般包括固定部分、材料部分和人工部分三项。当建安工程的规模和复杂性增大时，分式也变得更为复杂。调值公式一般为：

$$P = P_0 + \left(a_0 + a_1 \frac{A}{A_0} + a_2 \frac{B}{B_0} + a_3 \frac{C}{C_0} + a_4 \frac{D}{D_0} + \cdots \right)$$

式中：P——调值后合同价款或工程实际结算款；

P_0——合同价款中工程预算进度款；

a_0——固定要素，代表合同支付中不能调整的部分占合同总价的比重；

a_1、a_2、a_3、a_4、…——代表有关费用(如：人工费用、钢材费用、水泥费用、运输费用等)占合同价的比重，$a_0 + a_1 + a_2 + a_3 + a_4 + \cdots = 1$；

A_0、B_0、C_0、D_0、…——基准日期与 a_1、a_2、a_3、a_4、…对应的各项费用的基期价格指数或价格；

A、B、C、D、…——与特定付款证书有关的期间最后一天的 49 天前与 a_1、a_2、a_3、a_4、…对应的各项费用的基期价格指数或价格。

使用该公式应注意以下几点：

(1)固定要素通常的取值范围在 0.15~0.35 左右。固定要素对调价的结果影响很大，客观存在与调价余额成反比关系。固定要素相当微小的变化，隐含着在实际调价时很大的费用变动。所以，承包商在调价公式中采用的固定因素取值要尽可能偏小；

(2)调值公式中有关的费用，按一般国际惯例，只选择用量大、价格高且具有代表性的一些典型人工费、材料费。通常是大宗的水泥、砂石料、钢材、木材、沥青等，并用它们的价格指数变化综合代表材料费的价格变化，以尽量与实际情况接近；

(3)各部门成本的比重系数，在许多招标文件中要求承包方在投标中提出，并在价格分析中予以论证。但也有的是由发包方(业主)在招标文件中即规定一个允许范围，由投标人在此范围内选取定；

(4)调整有关各项费用要与合同条款规定相一致；

(5)调整有关各项费应注意地点与时点。地点一般指工程所在地或指定的某地市场价格。时点指的是某时某月的市场价格。这里要确定两个时点价格，即签订合同时间某个时点的市场价格(基础价格)和每次支付前的一定时间的时点价格。这两个时点价格就是计算调整的依据；

(6)确定每个品种的系数和固定要素系数。品种的系数要根据该品种价格对总造价的影响程度而定。各品种系数之和加上要素系数应该等于1。

(三)工程竣工结算

工程竣工结算是指工程项目完工并经竣工验收合格后，发承包双方按照施工合同的约定对所完成的工程项目进行的工程价款的计算、调整和确认。工程竣工结算分为单位工程竣工结算、单项工程竣工结算和建设项目竣工总结算。

1. 工程竣工结算的编制依据

工程竣工结算由承包人或受其委托具有相应资质的工程造价咨询人编制，由发包人或受其委托具有相应资质的工程造价咨询人核对。

工程竣工结算编制的主要依据有：

(1)建设工程工程量清单计价规范；

(2)工程合同；

(3)发承包双方实施过程中已确认的工程量及其结算的合同价款；

(4)发承包双方实施过程中已确认调整后追加(减)的合同价款；

(5)建设工程设计文件及相关资料；

（6）投标文件；

（7）其他依据。

2. 工程竣工结算的计价原则

在采用工程量清单计价的方式下，工程竣工结算的编制应当规定的计价原则如下：

（1）分部分项工程和措施项目中的单价项目应依据双方确认的工程量与已标价工程量清单的综合单价计算；如发生调整的，以发承包双方确认调整的综合单价计算。

（2）措施项目中的总价项目应依据合同约定的项目和金额计算；如发生调整的，以发承包双方确认调整的金额计算，其中安全文明施工费必须按照国家或省级、行业建设主管部门的规定计算。

（3）其他项目应按下列规定计价：

①计日工应按发包人实际签证确认的事项计算；

②暂估价应按发承包双方按照《建设工程工程量清单计价规范》GB 50500—2013 的相关规定计算；

③总承包服务费应依据合同约定金额计算，如发生调整的，以发承包双方确认调整的金额计算；

④施工索赔费用应依据发承包双方确认的索赔事项和金额计算；

⑤现场签证费用应依据发承包双方签证资料确认的金额计算；

⑥暂列金额应减去工程价款调整（包括索赔、现场签证）金额计算，如有余额归发包人。

（4）规费和税金应按照国家或省级、行业建设主管部门的规定计算。规费中的工程排污费应按工程所在地环境保护部门规定标准缴纳后按实列入。

此外，发承包双方在合同工程实施过程中已经确认的工程计量结果和合同价款，在竣工结算办理中应直接进入结算。

3. 质量争议工程的竣工结算

发包人以对工程质量有异议，拒绝办理工程竣工结算的：

（1）已经竣工验收或已竣工未验收但实际投入使用的工程，其质量争议按该工程保修合同执行，竣工结算按合同约定办理。

（2）已竣工未验收且未实际投入使用的工程以及停工、停建工程的质量争议，双方应就有争议的部分委托有资质的检测鉴定机构进行检测，根据检测结果确定解决方案，或按工程质量监督机构的处理决定执行后办理竣工结算，无争议部分的竣工结算按合同约定办理。

4. 竣工结算款的支付

工程竣工结算文件经发承包双方签字确认的，应当作为工程结算的依据，未经对方同意，另一方不得就已生效的竣工结算文件委托工程造价咨询企业重复审核。发包方应当按照竣工结算文件及时支付竣工结算款。

（1）承包人提交竣工结算款支付申请承包人应根据办理的竣工结算文件，向发包人提交竣工结算款支付申请。

（2）发包人签发竣工结算支付证书

发包人应在收到承包人提交竣工结算款支付申请后 7 天内予以核实，向承包人签发竣工结算支付证书。

（3）支付竣工结算款

发包人签发竣工结算支付证书后的 14 天内，按照竣工结算支付证书列明的金额向承包人支付结算款。

发包人在收到承包人提交的竣工结算款支付申请后 7 天内不予核实，不向承包人签发竣工结算支付证书的，视为承包人的竣工结算款支付申请已被发包人认可；发包人应在收到承包人提交的竣工结算款支付申请 1 天后的 14 天内，按照承包人提交的竣工结算款支付申请列明的金额向承包人支付结算款。

发包人未按照规定的程序支付竣工结算款的，承包人可催告发包人支付，并有权获得延迟支付的利息。发包人在竣工结算支付证书签发后或者在收到承包人提交的竣工结算款支付申请 7 天后的 56 内仍未支付的，除法律另有规定外，承包人可与发包人协商将该工程折价，也可直接向人民法院申请将该工程依法拍卖。承包人就该工程折价或拍卖的价款优先受偿。

5. 合同解除的价款结算与支付

发承包双方协商一致解除合同的，按照达成的协议办理结算和支付合同价款。

（1）不可抗力解除合同

由于不可抗力解除合同的，发包人除应向承包人支付合同解除之日前已完成工程但尚未支付的合同价款，还应支付下列金额：

①合同中约定应由发包人承担的费用。

②已实施或部分实施的措施项目应付价款。

③承包人为合同工程合理订购且已交付的材料和工程设备货款。发包人一经支付此项货款，该材料和工程设备即成为发包人的财产。

④承包人撤离现场所需的合理费用，包括员工遣送费和临时工程拆除、施工设备运离现场的费用。

⑤承包人为完成合同工程而预期开支的任何合理费用，且该项费用未包括在本款其他各项支付之内。

发承包双方办理结算合同价款时，应扣除合同解除之日前发包人应向承包人收回的价款。当发包人应扣除的金额超过了应支付的金额，则承包人应在合同解除后的 56 天内将其差额退还给发包人。

6. 违约解除合同

（1）承包人违约。因承包人违约解除合同的，发包人应暂停向承包人支付任何价款。

发包人应在合同解除后 28 天内核实合同解除时承包人已完成的全部合同价款以及按施工进度计划已运至现场的材料和工程设备货款，按合同约定核算承包人应支付的违约金以及造成损失的索赔金额，并将结果通知承包人。发承包双方应在 28 天内予以确认或提出意见，并办理结算合同价款。如果发包人应扣除的金额超过了应支付的金额，她承包人应在合同解除后的 56 天内将其差额退还给发包人。发承包双方不能就解除合同后的结算达成一致的，按照合同约定的争议解决方式处理。

（2）发包人违约。因发包人违约解除合同的，发包人除应按照有关不可抗力解除合同的规定向承包人支付各项价款外，还需按合同约定核算发包人应支付的违约金以及给承包人造成损失或损害的索赔金额费用。该笔费用由承包人提出，发包人核实后与承包人协商确定后的 7 天内向承包人签发支付证书。协商不能达成一致的，按照合同约定的争议解决方式处理。

三、工程成本结算

(一)未完施工成本的计算

对虽已投入人工、材料进行施工，但尚未达到预算定额规定的全部工程内容的一部分工序，则视为建筑"在产品"，称为未完施工(或未完工程)，不能据以收取工程价款。

未完施工成本的计算，通常是由统计人员月末到施工现场实地丈量盘点未完施工实物量，并按其完成施工的程度折合为已完工程数量，根据预算单价计算未完施工成本。计算公式如下：

$$未完施工成本 = 未完施工实物量 \times 完工程度 \times 预算单价$$

期末未完施工成本一般不负担管理费。如果未完施工工程量占当期全部工程量的比重很小，或期初、期末数量相差不大，可以不计算未完施工成本。

根据计算结果填制"未完施工盘点单"，并记入"工程成本计算单"，即可据以结转已完工程实际成本。

(二)已完工程实际成本的计算

月末未完施工成本确定后，即可根据下列公式确定当月各个成本核算对象已完工程的实际成本。

$$已完工程实际成本 = 月初未完施工成本 + 本月生产费用 - 月末未完施工成本$$

(三)已完工程预算成本的计算

已完工程实际成本确定以后，为了对比考察成本的升降情况和与客户进行结算，还要计算当月已完工程的预算成本和预算价值。

已完工程预算成本的计算，是根据已完工程实物量，预算单价和间接费定额进行的。其计算公式如下：

$$已完工程预算成本 = \sum(实际完成工程量 \times 预算单价)(1 + 间接费定额)$$
$$已完安装工程预算成本 = \sum(实际完成安装工程量 \times 预算单价)$$
$$+ (已完安装工程人工费 \times 间接费定额)$$

四、竣工成本决算

"竣工成本决算"是反映竣工单位工程的预算价值、预算成本和实际成本的文件，它是核算单位工程成本的重要方法，是考核工程预算执行情况、分析工程成本节约或超支原因的主要依据，同时也可为同类型工程成本的计划、分析对比提供参考资料。

该决算除预算成本各项根据预算部门提供的资料填列，其余均可根据成本计算单和其他明细核算资料填列。"竣工成本决算"编制程序可概括如下：

(1)工程竣工后，及时根据施工图预算和工程变更资料，调整工程预算，编制"单位工程竣工结算书"，确定该项工程预算成本和预算造价；

(2)盘点剩余材料，办理退料手续，冲减工程成本；

(3)审查、核实成本核算资料，并在此基础上编制竣工成本决算。

【任务实施】

【例6-1】 某城市某土建工程合同规定结算款为100万。合同报价时期是2015年3月，工程于2016年5月建成交付使用。要求根据表6-1所提供资料，计算工程实际结算款。

表6-1 工程人工费、材料构成比例及有关造价指数表

项目	人工费	钢材	水泥	集料	一级红砖	砂	木材	不调值费用
比例	45%	1%	11%	5%	6%	3%	4%	15%
2015年3月指数	100	100.8	102.0	93.6	100.2	95.4	93.4	
2016年5月指数	110.1	98.0	112.9	95.9	98.9	91.1	117.9	

$$实际结算价款 = 100 \times \left(0.15 + 0.45 \times \frac{110.1}{100} + 0.11 \times \frac{98}{100.8} + 0.11 \times \frac{112.9}{102} + 0.05 \times \frac{95.9}{93.6} \right)$$
$$+ 100 \times \left(0.06 \times \frac{98.9}{100.2} + 0.03 \times \frac{91.1}{95.4} + 0.04 \times \frac{117.9}{93.4} + 0.15 \right)$$
$$= 100 \times 1.064$$
$$= 106.4 (万元)$$

任务二 施工企业竣工环节账务处理

【任务描述】

了解建造合同的类型；了解建造合同的分立与合并；熟悉建造合同收入与成本的内容；掌握建造合同收入与成本的确认及其账务处理；掌握工程价款结算的账务处理。

【知识准备】

一、施工企业收入与成本的确认

(一)施工企业收入的概念

收入是指企业在日常生活中形成的会导致所有者权益增加的、与所有者投入资本无关的经济利益的总流入。按经营业务的主次，企业的收入可以分为主营业务收入和其他业务收入。施工企业的主营业务收入是建造合同收入。销售产品或材料、提供作业或劳务、让渡资产使用权等取得的收入属于其他业务收入。

(二)建造合同收入与成本的确认和计量

建造合同收入与成本的确认和计量，应首先判断建造合同的结果能否可靠估计，再根据合同完工进度加以处理。

1.固定造价合同的结果能够可靠地估计的条件

固定造价合同的结果能够可靠估计，是指同时满足下列条件：

(1)合同总收入能够可靠地计量。合同总收入一般根据建造承包商与客户签订的合同中

的合同总金额来确定，如果在合同中明确规定了合同总金额，且订立的合同是合法有效的，则合同总收入能够可靠地计量；反之，合同总收入不能可靠计量。

（2）与合同相关的经济利益很可能流入企业。企业能够收到合同价款，表明与合同相关的经济利益很可能流入企业。合同价款能否收回，取决于客户与建造承包商双方是否都能正常履行合同。

（3）实际发生的合同成本能够清楚地区分和可靠地计量。实际发生的合同成本能否清楚地区分和可靠地计量，关键在于建造承包商能否做好建造合同成本核算的各项基础工作和准确计算合同成本。

（4）合同完工进度和为完成合同尚需发生的成本能够可靠地确定。合同完工进度能够可靠地确定，要求建造承包商已经和正在为完成合同而进行工程施工，并已完成了一定的工程量，达到了一定的工程完工进度，对将要完成的工程量也能够作出科学、可靠的测定。

2. 成本加成合同的结果能够可靠地估计的条件

成本加成合同的结果能够可靠估计，是指同时满足下列条件：

（1）与合同相关的经济利益很可能流入企业；

（2）实际发生的合同成本能够清楚地区分和可靠地计量。

（三）合同完工进度的确定

1. 投入测算法

根据累计实际发生的合同成本占合同预计总成本的比例确定合同完工进度。这是确定合同完工进度比较常见的方法。计算公式如下：

合同完工进度 = 累计实际发生的合同成本 ÷ 合同预计总成本 × 100%

上式中，"合同预计总成本"并非最初预计的总成本，而是根据累计实际发生的合同成本和预计为完成合同尚需发生的成本计算确定的。因此，各年确定的"合同预计总成本"不一定相同。

【例 6 - 2】 湘西公司与客户签订一项总金额为 5400 万元的建造合同，合同规定建设期为 3 年，2014 年实际发生合同成本 1440 万元，年末预计为完成合同尚需发生成本 3360 万元，2015 年实际发生合同成本 2160 万元，年末预计为完成合同还需发生成本 1400 万元。

第一年合同完工进度 = 1440 ÷ (1440 + 3360) × 100% = 30%

第二年合同完工进度 = (1440 + 2160) ÷ (1440 + 2160 + 1400) × 100% = 72%

2. 产出测算法

根据已经完成的合同工程量占合同预计总工作量的比例确定完工进度。该法适用于合同工作量容易确定的建造合同，如道路工程、土石方挖掘、砌筑工程等。计算公式如下：

合同完工进度 = 已经完成的合同工程量 ÷ 合同预计总工作量 × 100%

【例 6 - 3】 湘西公司与客户签订一项高速公路的建造合同，合同总里程为 600 公里，合同总金额为 9000 万元，工期为 4 年，第一年修建了 150 公里，第二年修建了 180 公里。

第一年合同完工进度 = 150 ÷ 600 × 100% = 25%

第二年合同完工进度 = (150 + 180) ÷ 600 × 100% = 55%

3. 实地测量法

该法是在无法根据上述两种方法确定合同完工进度时所采用的一种特殊的技术测量方

法,适用于一些特殊的建造合同,如水下施工工程等。需要指出的是,这种技术测量并不是由建造承包商自行随意测定,而应由专业人员现场进行科学测定。

(四)完工百分比法的运用

采用完工百分比法确认合同收入和合同费用时,收入和相关费用应按以下公式计算:

本期确认的合同收入 = 合同总收入 × 完工进度 – 以前会计期间累计已确认合同收入

完工进度 = 累计实际发生的合同成本 ÷ 合同预计总成本 × 100%

本期确认的合同费用 = 合同预计总成本 × 完工进度 – 以前会计期间累计已确认合同费用

本期确认的合同毛利 = (合同总收入 – 合同预计总成本) × 完工进度 – 以前期间累计已确认合同毛利

【例 6 - 4】 承例 6 - 2,假设 2016 年为完成合同又发生成本 1400 万元,年末合同完工。各年合同收入和合同费用确认如下:

2014 年:确认的合同收入 = 5400 × 30% = 1620(万元)

确认的合同毛利 = (5400 – 1440 – 3360) × 30% = 180(万元)

确认的合同费用 = 1620 – 180 = 1440(万元)

2015 年:确认的合同收入 = 5400 × 72% – 1620 = 2268(万元)

确认的合同毛利 = (5400 – 1440 – 2160 – 1400) × 72% – 180 = 108(万元)

确认的合同费用 = 2268 – 108 = 2160(万元)

2016 年:确认的合同收入 = 5400 – 1620 – 2268 = 1512(万元)

确认的合同毛利 = (5400 – 1440 – 2160 – 1400) – 180 – 108 = 112(万元)

确认的合同费用 = 1512 – 112 = 1400(万元)

二、施工企业收入的账务处理

(一)建造合同结果能够可靠估计时收入的处理

施工企业应设置"主营业务收入""主营业务成本"等损益类账户,核算和监督建造合同收入和建造合同成本的结转情况。

"主营业务收入"账户,用以核算施工企业当期确认的建造合同收入。其贷方登记当期确认的收入,借方登记期末转入"本年利润"账户的收入,期末结转后应无余额。

"主营业务成本"账户,用以核算施工企业当期确认的建造合同费用。其借方登记当期确认的费用,供方登记期末转入"本年利润账户的费用,期末结转后应无余额。

"工程施工——合同毛利"明细账户,用以核算施工企业当期确认的合同毛利或损失。其借方登记确认的毛利,贷方登记确认的损失,期末借方余额反映累计确认的毛利。工程竣工后,本账户应与"工程结算"账户对冲后结平。

【提示】 对于当期完成的建造合同,应当按照实际合同总收入扣除以前会计期间累计已确认收入后的金额,确认为当期合同收入;同时,按照累计实际发生的合同成本扣除以前会计期间累计已确认费用后的金额,确认为当期合同费用。

(1)每期按完工百分比法确认收入、成本。

【例 6 - 5】 依例 6 - 4 的计算结果,确认各年收入和费用。

①2014 年的账务处理：

借：主营业务成本   14400000
　　工程施工——合同毛利   1800000
　　　贷：主营业务收入   16200000

②2015 年的账务处理：

借：主营业务成本   21600000
　　工程施工——合同毛利   1080000
　　　贷：主营业务收入   22680000

③2016 年的账务处理：

借：主营业务成本   14000000
　　工程施工——合同毛利   1120000
　　　贷：主营业务收入   15120000

（2）工程竣工后，结清"工程施工"和"工程结算"账户的记录。

【例 6－6】　依例 6－2，工程竣工后进行结算。

借：工程结算   54000000
　　　贷：工程施工   54000000

（二）建造合同结果不能可靠估计时收入的处理

若建造合同的结果不能可靠地估计，则不能采用完工百分比法确认和计量合同收入及费用，而应区别以下三种情况进行会计处理：

（1）合同成本能够收回的，合同收入根据能够收回的实际合同成本予以确认为当期收入和当期费用，不确认利润。

【例 6－7】　湘西公司与 A 公司签订一项金额为 400 万元的固定造价合同，第一年实际发生工程成本 160 万元，且双方均能履行合同规定的义务。但湘西公司年末时对为完成工程尚需发生的成本不能可靠估计。年末，湘西公司账务处理如下：

借：主营业务成本   1600000
　　　贷：主营业务收入   1600000

（2）合同成本不可能收回的，应在发生时立即确认为合同费用，不确认合同收入。

【例 6－8】　承例 6－7，假设 A 公司因经营不善濒临破产，湘西公司发生的工程成本可能不能收回。年末，湘西公司账务处理如下：

借：主营业务成本   1600000
　　　贷：工程施工——合同毛利   1600000

（3）若建造合同的结果不能可靠估计的不确定因素不复存在，就不应再按照上述规定确认合同收入和费用，而应转为按照完工百分比法确认合同收入和费用，二者的差额确认为损失，冲减建造合同的毛利。

【例 6－9】　承例 6－8，假设湘西公司本年已结算了工程款 100 万元，其余款项无法收回。年末，湘西公司账务处理如下：

借：主营业务成本   1600000
　　　贷：主营业务收入   1000000

工程施工—合同毛利	600000

(三)合同预计损失的处理

若建造合同的预计总成本超过合同总收入,则形成合同预计损失,应将预计损失总额分为两部分核算。一部分为已施工的工程应负担的损失,确认时借记"主营业务成本"账户,贷记"工程施工——合同毛利"账户;一部分为未施工的工程应负担的损失,应提取损失准备,确认时借记"资产减值损失"账户,贷记"存货跌价准备"账户。合同完工时,将已提取的损失准备冲减合同费用。

"资产减值损失——合同预计损失"属于损益类账户,用以核算施工企业当期确认的合同预计损失。借方登记当期确认的未来预计损失,贷方登记期末转入"本年利润"账户的金额,本账户结转后应无余额。

"存货跌价准备——合同预计损失准备"账户属于资产账户的备抵账户,用以核算建造合同计提的损失准备。其贷方登记在建项目计提的损失准备,借方登记在建项目完工后冲减"主营业务成本的金额,期末贷方余额反映在建项目累计计提的损失准备。

(1)确认计量当年的收入和费用。

【例6-10】 湘西公司与B公司签订了一项金额为800万元的建造合同,预计总成本为760万元,工期两年。开工后,由材料价格及人工成本上涨幅度较大,预计总成本将调整为840万元,预计损失为40万元。若第一年完工进度为50%,账务处理如下:

第一年应确认的合同收入 $=800 \times 50\% =400$(万元)

第一年应确认的合同毛利 $=(800-840) \times 50\% = -20$(万元)

第一年应确认的合同费用 $=400-(-20) =420$(万元)

借:主营业务成本　　　　　　　　　　　4200000
　　贷:主营业务收入　　　　　　　　　　　　4000000
　　　　工程施工——合同毛利　　　　　　　　200000

未施工部分应负担的损失 =预计损失总额 -已施工部分确认的损失 $=40-20 =20$(万元)

借:资产减值损失——合同预计损失　　　　200000
　　贷:存货跌价准备——合同预计损失准备　　200000

(2)工程全部完工,结转以前预计的损失。

【例6-11】 承上例,第二年末工程竣工,累计实际发生成本830万元。账务处理如下:

应确认的合同收入 $=800-400 =400$(万元)

应确认的合同毛利 $=(800-830)-(-20) = -10$(万元)

应确认的合同费用 $=400-(-10) =410$(万元)

借:主营业务成本　　　　　　　　　　　4100000
　　贷:主营业务收入　　　　　　　　　　　　4000000
　　　　工程施工——合同毛利　　　　　　　　100000

借:存货跌价准备——合同预计损失准备　　200000
　　贷:主营业务成本　　　　　　　　　　　　200000

(四)工程价款结算的账务处理

1. 工程价款的核算方法

为了总括的核算和监督与发包单位的工程价款结算情况，建筑企业除应设置"应收账款""预收账款"科目外，还应设置"工程结算"科目，它是"工程施工"的备抵科目，用来核算企业根据合同完工进度，已向客户开出工程价款结算账单办理结算的价款，其贷方登记已向客户开出工程价款结算账单办理结算的价款，借方在合同完成前不登记；期末贷方余额反映在建合同累计已办理结算的工程价款。合同完成后本科目与"工程施工"科目对冲结平。

【例6-12】 湘西公司承建一项土石方工程，开工前按工程承包合同的规定，收到甲方通过银行转账支付的工程备料款45万元。月中，向甲方预收上半月的工程进度款20万元。月末，企业以工程价款结算账单与甲方办理工程价款结算：本月完成工程价款38万元，按规定应扣还预收工程款20万元，预收备料款9万元。施工项目部收到发包单位支付的工程价款9万元。

①开工前预收工程备料款

借：银行存款　　　　　　　　　　　　　　　　　450000
　　贷：预收账款——预收备料款　　　　　　　　　　　450000

②月中预收工程备料款

借：银行存款　　　　　　　　　　　　　　　　　200000
　　贷：预收账款——预收工程款　　　　　　　　　　　200000

③月末办理结算

借：应收账款—应收工程款　　　　　　　　　　　380000
　　贷：工程结算　　　　　　　　　　　　　　　　　380000

借：预收账款——预收工程款　　　　　　　　　　200000
　　　　　　　——预收备料款　　　　　　　　　　 90000
　　贷：应收账款——应收工程款　　　　　　　　　　 290000

④收到甲方支付的工程价款

借：银行存款　　　　　　　　　　　　　　　　　 90000
　　贷：应收账款——应收工程款　　　　　　　　　　　 90000

2. 分包完成工程的结算

因为市场原因或工期太紧，或施工单位的资质限制，建筑工程总承包单位经建设单位认可，可以将承包工程中的部分工程发包给具有相应资质条件的其他单位完成，包括合作分包、切块分包、劳务分包等。分包单位完成的工程，由总包单位向建设单位办理工程价款结算。

为了总括地核算和监督与分包单位工程价款的结算情况，施工企业应设置以下会计账户：

"预付账款——预付分包单位款"账户。该账户用以核算施工企业按规定预付给分包单位的工程款和备料款。其借方登记预付给分包单位的工程款和备料款，以及拨付给分包单位抵作备料款的材料价款；贷方登记按规定从应付分包单位的工程款中扣回的预付款；期末借方余额反映尚未扣回的预付款。本账户应按分包单位的户名设置明细账进行明细核算。

"应付账款——应付分包工程款"账户。该账户用以核算施工企业与分包单位办理工程价款结算时，按照合同规定应付给分包单位的工程款。其贷方登记应付给分包单位的工程款，借方登记实际支付给分包单位的工程款和根据合同规定扣回的预付款；期末贷方余额反映尚未支付的应付分包工程款。本账户应按分包单位户名设置明细账进行明细核算。

【例 6 – 13】 湘西公司按工程合同规定，以银行存款预付 60000 元给分包单位作备料款。月中，预付分包单位工程进度款 300000 元。将分包单位完成的工程同甲方结算，经甲方签证的工程结算款为 500000 元，月末，分包单位提出的"工程价款结算账单"，经审核，应结算工程价款 500000 元，扣除已预付的工程款 300000 元、备料款 60000 元，余款以银行存款支付。账务处理如下：

①向分包单位拨付备料款的材料时：

借：预付账款——预付分包工程款　　　　　60000

　　贷：银行存款　　　　　　　　　　　　　60000

②预付分包单位工程进度款时：

借：预付账款——预付分包工程款　　　　　300000

　　贷：银行存款　　　　　　　　　　　　　300000

③将分包单位完成的工程同甲方结算时：

借：应收账款　　　　　　　　　　　　　　500000

　　贷：工程结算　　　　　　　　　　　　　500000

④收到分包单位"工程价款结算账单"，结算工程价款时：

借：工程施工　　　　　　　　　　　　　　500000

　　贷：预付账款——预付分包工程款　　　　360000

　　　　应付账款——应付分包工程款　　　　140000

⑤支付分包单位工程价款时：

借：应付账款——应付分包工程款　　　　　140000

　　贷：银行存款　　　　　　　　　　　　　140000

【任务实施】

项目导入问题	例题及解答
1. 确定完工进度	例 6 – 2、例 6 – 3
2. 确认合同收入、合同费用	例 6 – 4
3. 对合同收入、合同费用进行账务处理	例 6 – 5、例 6 – 6、例 6 – 7、例 6 – 8、例 6 – 9
4. 确认合同预计损失	例 6 – 10、例 6 – 11
5. 结算工程价款	例 6 – 12
6. 结算分包完成工程	例 6 – 13
7. 相关税金及附加的核算	例 6 – 14、例 6 – 15、例 6 – 16

【总结回顾】

建造合同收入包括合同中规定的初始收入和因合同变更、索赔、奖励等形成的追加收入。建造合同的结果能够可靠估计时，企业应采用完工百分比法确认合同收入和合同费用。完工百分比法是根据合同完工进度确认合同收入和费用的方法。其确认步骤为：第一，确定建造合同的完工进度；第二，根据完工进度确认合同收入和费用。建造合同的结果不能可靠地估计时，则不能采用完工百分比法确认合同收入和合同费用。如果合同成本能够收回，合同收入根据能够收回的实际合同成本加以确认，合同成本在其发生的味道却要我缆；如果合同成本不能收回，应在发生时立即确认为费用，不确认收入。

施工企业工程价款的结算方式有按月结算、竣工后一次结算、分段结算、目标结算等方式。企业应根据工程项目的具体情况，及时与建设单位办理工程价款结算。分包单位完成的工程由总包单位向建设单位办理结算。

施工企业取得的建造合同收入，应按规定向国家缴纳增值税、城市维护建设税和教育费附加。

技能训练

一、思考题

1. 建造合同收入的内容有哪些？各部分如何确认？
2. 确定建造合同完工进度有哪些方法？
3. 如何按完工百分比法确认建造合同的收入和费用？
4. 施工企业取得的建造合同收入，应按规定向国家缴纳哪些税费？如何计算税额？

二、综合训练题

1. 淮海建筑公司签订了一项总金额为 9000000 元的建造合同，承建一座桥梁。工程已于 2014 年 7 月开工，预计 2016 年 10 月完工。最初，预计工程总成本为 8000000 元，到 2015 年底，预计工程总成本已为 8100000 元。建造该项工程的其他有关资料如下：

	2014 年	2015 年	2016 年
至目前为止已发生的成本	2000000	5832000	8100000
完成合同尚需发生成	6000000	2268000	—
已结算工程价款	1800000	4800000	2400000
实际收到价款	1500000	3500000	4000000

要求：

(1) 确定各年的合同完工进度；

(2) 计算确认各年的收入、费用和毛利；

(3) 编制相关会计分录。

2. 东方建筑公司签订了一项总金额为 240 万元的建造合同，工期三年。最初预计总成本为 200 万元，第一年实际发生成本 130 万元，年末预计完成合同尚需发生成本 130 万元；第二年实际发生成本 40 万元，年末预计完成合同尚需发生成本 80 万元；第三年实际发生成本 100 万元。假定该合同的结果能够可靠地估计。

要求：

（1）确认各年合同收入、费用、毛利及预计损失；

（2）编制相关会计分录。

3. 某建筑公司本月发生以下经济业务：

（1）自行完成建安工程工作量 500000 元，已向发包单位提出并签证；

（2）向分包单位预付工程款 100000 元；

（3）向甲方办理分包工程款结算，结算价款 200000 元，甲方已签证；

（4）分包单位办理已完工结算，价款 200000 元；

（5）通过银行收到甲方支付的分包工程款 200000 元；

（6）以银行存款支付分包单位剩余工程款。

要求：根据经济业务编制会计分录。

项目七　施工企业财务成果形成与分配环节会计处理

【项目导入】

湘西公司采用账结法核算本年利润，2016 年 12 月 31 日，各损益类账户余额表 7－1 所示。

表 7－1　各损益类账户余额表　　　　　　　　　　单位：元

账户名称	借方余额	贷方余额
主营业务收入		3155000
主营业务成本	2434000	
税金及附加	128000	
其他业务收入		500000
其他业务成本	328000	
管理费用	52000	
财务费用	4000	
资产减值损失	75000	
公允价值变动损益		250000
投资收益		160000
营业外收入		24000
营业外支出	68000	

该建筑企业适用的所得税税率为 25%，"递延所得税资产"账户和"递延所得税负债"账户均无余额。2016 年纳税所需要调整的项目有：

(1) 会计采用加速折旧法计提折旧，税法规定应按直线法折旧，计提折旧差额 15 万元；

(2) 通过银行转账支付，直接向贫困山区捐赠 18 万元；

(3) 当期取得作为交易性金融资产的股票投资成本为 50 万元，年末公允价值为 75 万元；

(4) 违反有关法律法规罚款 2.1 万元；

(5) 取得国债利息收入为 1.8 万；

(6) 期末对持有存货计提了 7.5 万元跌价准备；

(7) 年末预提了因销售商品承诺提供 1 年的保修费用 1.5 万元。

你知道公司当年有多少利润吗？利润该怎样分配？会计如何进行账务处理呢？

【学有所获】

通过本项目的学习，你将收获：

➤了解施工企业利润的构成；

➤掌握施工企业营业利润的核算；

➤掌握施工企业营业外收支的核算；

➤掌握施工企业所得税费用的核算；

➤掌握施工企业利润分配的核算；

➤学会处理施工企业财务成果形成与分配业务。

任务一　施工企业利润构成分析

【任务描述】

理解企业利润的构成；会区分期间费用与间接费用；熟练掌握营业利润、利润总额、净利润的计算；掌握投资净收益的会计处理；掌握期间费用的会计处理。编制项目七【项目导入】业务(3)(5)(6)(7)的会计分录，计算 2016 年 12 月营业利润。

【知识准备】

一、利润的概念

利润是指企业在一定会计期间的经营成果，利润包括收入减去费用后净额、直接计入当期利润的利得和损失等。利润是衡量企业经营管理水平，评价企业经济效益的重要指标。

直接计入当期利润的利得和损失，是指应计入当期损益、会导致所有者权益发生增减变动的、与所有者投入资本或者向所有者分配利润无关的利得或者损失。

二、营业利润的核算

营业利润是企业利润的主要来源，由主营业务利润、其他业务利润、期间费用、税金及附加、资产减值损失以及投资收益等构成。主营业务利润是施工企业从事施工生产活动所产生的利润；其他业务利润是施工企业从事施工生产活动以外的其他活动所产生的利润；而期间费用，是指企业当期发生的必须从当期收入得到补偿的费用。由于它仅与当期实现的收入相关，必须计入当期损益，所以称其为期间费用。

营业利润计算公式如下：

营业利润＝营业收入－营业成本－税金及附加－销售费用－管理费用－财务费用－资产减值损失±公允价值变动损益±投资净收益

其中：

营业收入＝主营业务收入＋其他业务收入

营业成本＝主营业务成本＋其他业务成本

1. 管理费用的会计处理

管理费用是指企业行政管理部门为组织和管理生产经营活动所发生的各项支出。为了核算和监督管理费用的发生情况，企业应设置"管理费用"账户进行总分类核算，并按费用项目设置专栏进行明细核算。其借方登记发生的各项费用，贷方登记期末转入"本年利润"账户的管理费用，结转后本账户期末应无余额。

【例7-1】 公司行政办公室领用龙绳价值300元。应编制会计分录如下：

借：管理费用——公司经费   300

    贷：库存材料——其他材料   300

【提示】 企业内部独立核算单位发生的属于公司经费的有关费用，应在"施工间接费用"账户核算；发生的除公司经费以外的上述有关费用，应列作管理费用，直接计入当期损益。

【例7-2】 施工现场管理办公室领用龙绳价值300元。应编制会计分录如下：

借：工程施工——间接费用   300

    贷：库存材料——其他材料   300

2. 财务费用的会计处理

财务费用是指企业为筹集和使用生产经营所需资金而发生的各项费用。

为了核算和监督财务费用的发生情况，企业应设置"财务费用"账户进行总分类核算，并按费用项目设置专栏进行明细分类核算。其借方登记发生的各项财务费用，贷方登记取得的利息收入和汇兑收益，以及期末转入"本年利润"账户的金额，结转后本账户期末应无余额。

【例7-3】 计提应由本月负担的短期借款利息10000元。应编制会计分录如下：

借：财务费用——利息支出   10000

    贷：应付账款——借款利息   10000

3. 投资净收益的会计处理

投资净收益是指施工企业对外投资取得的收益（利润、股权、债券利息等）减去发生的投资损失和计提的投资减值准备后的净额。企业应设置"投资收益"账户，核算对外投资取得的收益或发生的损失。其贷方登记取得的投资收益，借方登记发生的投资损失。期末，应将本账户余额全部转入"本年利润"账户。结转后本账户应无余额。本账户应按投资收益的种类设置明细账进行明细核算。投资收益的会计处理如下：

【例7-4】 建筑公司将所持有的某公司股票20000股出售，每股售价15元，扣除相关费用1000元后实际收款299000元。出售时该股票的账面价值为226000元。公司应作如下会计分录：

借：银行存款   299000

    贷：短期投资   226000

        投资收益   73000

如果上例中该股票的账面价值为300000，则会计分录应为：

借：银行存款   299000

    投资收益   1000

    贷：短期投资   300000

三、利润总额的核算

施工企业利润总额包括一般营业利润和营业外收支净额两部分构成。其计算公式如下：

利润总额＝营业利润＋营业外收入－营业外支出

四、净利润的核算

净利润是指在利润总额中按规定交纳了所得税以后公司的利润留存，一般也称为税后利润或净收入。其计算公式如下：

净利润＝利润总额－所得税费用

其中，所得税费用是指企业确认的应从当期利润总额中扣除的所得税费用。

【任务实施】

1. 编制会计分录

业务(3)：

借：交易性金融资产——公允价值变动	250000
贷：公允价值变动损益	250000

业务(5)：

借：银行存款	18000
贷：投资收益	18000

业务(6)：

借：资产减值损失	75000
贷：存货跌价准备	75000

业务(7)：

借：管理费用——经营费用	15000
贷：其他应付款	15000

2. 计算湘西公司 2016 年营业利润

营业利润＝营业收入－营业成本－营业税金及附加－销售费用－管理费用－财务费用
　　　　　－资产减值损失±公允价值变动损益±投资净收益

＝（3155000＋500000）－（2434000＋328000）－128000－52000－4000－75000
　　＋250000＋160000

＝1044000（元）

任务二　施工企业营业外收支的核算

【任务描述】

理解营业外收入的概念；理解营业外支出的概念；掌握营业外收入的内容；掌握营业外支出的内容；掌握营业外收入的会计处理；掌握营业外支出的会计处理。编制本项目的【项目导入】业务(2)(4)的会计分录，计算 2016 年 12 月利润总额。

【知识准备】

一、营业外收入

营业外收入，是指企业发生的与日常活动无直接关系的各项利得，主要包括处置非流动资产利得、债务重组利得、非货币性资产交换利得、罚没利得、政府补助利得、捐赠利得、确实无法支付而按规定程序经批准后转作营业外收入的应付款等。企业应当设置"营业外收入"账户，其属于损益类账户，贷方登记企业取得的各项营业外收入，借方登记期末转入"本年利润"账户的营业外收入总额，结转后本账户应无余额。本账户应按营业外收入项目进行明细分类核算，应设置"营业外收入——处置非流动资产利得"明细账核算处置固定资产和处置无形资产利得；应设置"营业外收入——罚没收入"明细账核算企业收取的滞纳金、违约金以及其他形式的罚款，在弥补了由于对方违约而造成的经济损失后的净收入；应设置"营业外收入——政府补助"明细账核算企业从政府直接、无偿取得的货币性资产或非货币性资产，但不包括政府作为企业所有者投入的资本。

【例7-5】 政府拨付给企业20000元财政拨款，用于企业科研项目。应作会计分录如下：

借：银行存款 20000
　　贷：营业外收入——政府补助 20000

二、营业外支出

营业外支出是指企业发生的与日常活动无直接关系的各项损失，主要包括处置非流动资产损失、非货币性资产交换损失、债务重组损失、罚款支出、捐赠支出、非常损失等。

企业应设置"营业外支出"账户，其属于损益类账户，借方登记企业发生的各项营业外支出，贷方登记期末转入"本年利润"账户的营业外支出总额，结转后本账户应无余额。本账户应按营业外支出项目进行明细分类核算，应设置"营业外支出——处置非流动资产损失"明细账核算处置固定资产和处置无形资产损失；设置"营业外支出——罚款支出"明细账核算企业由于违反合同、违法经营、偷税漏税、拖欠税款等而支付的违约金、罚款、滞纳金等支出；"营业外支出——捐赠支出明细账核算企业对外捐赠支出；"营业外支出——非常损失"明细账核算企业由于自然灾害等客观原因造成的财产损失，在扣除保险公司赔款和残料价值后，应计入营业外支出的净损失。

【例7-6】 通过银行转账支付向贫困山区的捐款150000元。作会计分录如下：
借：营业外支出——捐赠支出 150000
　　贷：银行存款 150000

【例7-7】 因未按规定计算缴纳税金，被处以罚款3000元，款项已从企业存款账户中支付。作会计分录如下：
借：营业外支出——罚款支出 3000
　　贷：银行存款 3000

营业外收入与营业外支虽然与企业的日常生活活动无直接关系，但站在企业主体的角度来看，同样是其经济利益的流入或经济利益的流出，从而构成利润要素的一部分，对企业的盈亏状况具有不可忽视的影响。

【任务实施】
1.编制会计分录
业务(2)：
借：营业外支出——捐赠支出 180000

　　贷：银行存款　　　　　　　　　　　　　　　　　　180000
业务(4)：
借：营业外支出——罚款支出　　　　　　　　21000
　　贷：银行存款　　　　　　　　　　　　　　21000
2. 计算湘西公司 2016 年的利润总额
承子任务一，营业利润 = 1044000 元

$$利润总额 = 营业利润 + 营业外收入 - 营业外支出$$
$$= 1044000 + 24000 - 68000 = 1000000(元)$$

任务三　施工企业所得税费用的核算

【任务描述】

掌握当期所得税与递延所得税的区别；掌握当期所得税的计算公式；掌握当期所得税的会计处理；理解递延所得税的计算公式；掌握企业所得税费用的会计处理。

【知识准备】

一、所得税的概念

所得税又称所得课税，是国家对法人、自然人和其他经济组织在一定时期内的各种所得征收的一种税。

所得税按国际上通行的以纳税人为标准分类，可分为个人所得税和企业所得税。企业所得税是对企业的经营所得及其他所得征收的税，纳税对象是企业和其他经济组织。

在我国，依法缴纳个人所得税的独资企业、合伙企业和其他企业不需缴纳企业所得税。

《企业所得税法》规定企业所得税的法定税率为 25%，国家重点扶持的高新技术企业为 15%，小型微利企业为 20%，非居民企业为 20%。

二、企业所得税费用的核算

利润表中的所得税费用由当期所得税和递延所得税两部分组成。由于财务会计与税法分别遵循不同的原则、服务于不同的目的，因而，按照财务会计方法计算的会计利润（即利润总额）与按照税法规定计算的应税所得（即应纳税所得额）之间可能存在差异。资产账面价值小于其计税基础或者负债的账面价值大于其计税基础的，会产生可抵扣暂时性差异。资产账面价值大于其计税基础或者负债的账面价值小于其计税基础的，会产生应纳税暂时性差异。这种差异需要运用所得税会计进行核算。

所得税会计核算程序如下：

(1)确定资产、负债的账面价值；

(2)确定资产、负债的计税基础；

(3)确定暂时性差异，并用未来可税前列支金额分别确定资产、负债导致的是可抵扣暂时性差异还是应纳税暂时性差异；

(4)计算递延所得税资产和递延所得税负债的确认额或转回额；

(5)计算当期应交所得税额；

(6)确定当期所得税费用。

三、当期所得税的确认

当期所得税，是指企业对当期发生的交易和事项按照税法规定计算确定的应交所得税。

1.当期所得税的确定方法

第一步将会计利润按税法规定调整为应纳税所得额

$$应纳税所得额 = 会计利润 \pm 纳税调整项目的金额$$

$$纳税调整项目的金额 = 已计入损益但税法不允许扣除的部分$$
$$- 已计入损益但税法规定不纳税的部分$$

第二步计算应交所得税

$$应交所得税 = 应纳税所得额 \times 适用税率$$

2.当期所得税会计处理

借：所得税费用

  贷：应交税费——应交所得税

四、递延所得税的确认

递延所得税，是指企业在某一会计期间确认的递延所得税资产和递延所得税负债的综合结果，是指按照企业会计准则规定应予确认的递延所得税资产和递延所得税负债在期末应有的金额相对原已确认金额之间的差额。当期和以前期间应交未交的所得税确认为递延所得税负债，已支付的所得税超过应支付的部分确认为递延所得税资产。

递延所得税的计算公式为：

$$递延所得税 = 递延所得税负债 - 递延所得税资产$$
$$= (应纳税暂时性差异 - 可抵扣暂时性差异) \times 适用税率$$

式中的增加数、减少数均需要按年初、年末数比较计算确认。

五、所得税费用的确认

$$所得税费用 = 当期应交所得税 + 当期递延所得税$$

【例7-8】　某建筑公司2013年度实现利润总额800万元。该建筑公司适用所得税率为25%，"递延所得税资产"和"递延所得税负债"账户余额为零。2012年度发生的亏损尚有10万元未弥补；当年投资收益中有从联营企业分回的利润6万元（已按25%纳税）；当年实际发放职工工资600万元，税务部门核定的全年计税工资为550万元；当年1月1日向职工借入年利率为5%的借款400万元，税务部门确认的金融机构同期同类贷款利率为4%；当年还发生非公益救济性捐赠支出5万元，已列入营业外支出核算。

根据上述资料，企业2013年应交纳的所得税计算如下：

应调增计入应纳税所得额的工资 = 600 - 550 = 50（万元）

应调增计入应纳税所得额的利息支出 = 400 × (5% - 4%) = 4（万元）

应纳税所得额 = 800 - 10 - 6 + 50 + 4 + 5 = 843（万元）

应交所得税 = 843 × 25% = 210.75（万元）

编制会计分录如下：

借：所得税费用　　　　　　　　　　　　　　　　　　2107500

　　贷：应交税费——应交所得税　　　　　　　　　　　2107500

【任务实施】

1.计算导入案例中湘西公司 2016 年应缴纳的所得税

承子任务二,利润总额为 1000000 元。

应纳税所得额 = 1000000 + 150000 + 180000 − 250000 + 21000 − 18000 + 75000 + 15000

　　　　　　　 = 1173000(元)

当期所得税 = 应纳税所得额 × 适用税率 = 1173000 × 25% = 293250(元)

递延所得税 = 递延所得税负债 − 递延所得税资产

　　　　　 = (应纳税暂时性差异 − 可抵扣暂时性差异) × 适用税率

　　　　　 = [250000 − (150000 + 75000 + 15000)] × 25% = 2500(元)

所得税费用 = 当期所得税 + 递延所得税 = 293250 + 2500 = 295750(元)

2.编制会计分录

借：所得税费用　　　　　　　　　　　　　　　　　　295750

　　贷：应交税费——应交所得税　　　　　　　　　　　293250

　　　　递延所得税负债　　　　　　　　　　　　　　　　2500

任务四　施工企业本年利润的核算

【任务描述】

熟悉本年利润账户;掌握利润结转的方法;理解表结法的步骤;掌握账结法的步骤;掌握"本年利润"账户的会计处理。

【知识准备】

一、"本年利润"账户设置

为了核算本年度实现的利润或发生的亏损,企业应设置"本年利润"账户。它属于所有者权益类账户,贷方登记期末从"主营业务收入""其他业务收入""投资收益""营业外收入"等账户转入的增加本年利润的数额;借方登记期末从"主营业务成本""税金及附加""其他业务支出""管理费用""财务费用""营业费用""营业外支出""所得税"等账户转入的减少本年利润的数额,期末贷方余额表示累计实现的净利润,若为借方余额则表示发生的亏损。年度终了,应将本账户的余额全部转入"利润分配——未分配利润"账户。年终结转后,本账户应无余额。

二、利润结转

利润的结转,可以采用表结法,也可以采用账结法,由企业选择使用。

1.表结法

表结法是在年终决算以外的月末、季度末计算利润和本年累计利润时,按"利润表"填制的要求,将全部损益类账户的余额填入利润表中,在表中计算出本期利润和本年累计利润。在这种方法下,每月月末损益类账户的余额不必转入"本年利润"账户,各损益类账户的期末余额反映本月末止的本年累计金额。而"本年利润"账户1～11月份不作任何记录。

年末结转本年利润时，借记所有收益类账户，贷记"本年利润"；借记"本年利润"，贷记所有费用类账户。年末，损益类账户没有余额，"本年利润"账户的贷方余额反映全年累计实现的净利润，借方余额反映全年累计发生的净亏损。年终结算时，应将"本年利润"账户的余额全部转入"利润分配——未分配利润"账户。

2. 账结法

账结法就是于每月末将各损益类账户的余额转入"本年利润"账户，通过"本年利润"账户结转出各月份的净利润或者累计亏损的方法。采用账结法时，各损益类账户月末均无余额，"本年利润"账户的月末余额反映年度内的累计净利润（或亏损）。年终决算时，也应将"本年利润"账户的余额全部转入"利润分配——未分配利润"账户，结转后，"本年利润"账户应无余额。

【例7－9】 假设某建筑公司2013年12月末各损益类账户结账前的余额如下：

会计账户	结账前余额（元）
主营业务收入	1000000（贷方）
主营业务成本	600000（借方）
税金及附加	9900（借方）
其他业务收入	60000（贷方）
其他业务成本	35000（借方）
管理费用	30000（借方）
财务费用	8000（借方）
投资收益	150000（贷方）
营业外收入	38000（贷方）
营业外支出	17100（借方）
所得税费用	180840（借方）

期末，根据上述资料作如下会计处理：

①结转各种收入，编制会计分录如下：

借：主营业务收入	1000000
其他业务收入	60000
投资收益	150000
营业外收入	38000
贷：本年利润	1248000

②结转各种成本、费用及损失。作会计分录如下：

借：本年利润	880840
贷：主营业务成本	600000
税金及附加	9900
其他业务支出	35000
管理费用	30000
财务费用	8000
营业外支出	17100

　　　所得税费用　　　　　　　　　　　　　　　　　　　180840

期末结转后，"本年利润"账户反映出的 12 月份利润总额为 367160 元。

【任务实施】

编制湘西公司有关利润结转的会计分录：

(1)将各收益类账户的余额转入"本年利润"贷方，编制会计分录如下：

借：主营业务收入　　　　　　　　　　　　　　　　　3155000

　　其他业务收入　　　　　　　　　　　　　　　　　　500000

　　投资收益　　　　　　　　　　　　　　　　　　　　160000

　　公允价值变动损益　　　　　　　　　　　　　　　　250000

　　营业外收入　　　　　　　　　　　　　　　　　　　24000

　　贷：本年利润　　　　　　　　　　　　　　　　　4089000

(2)将各成本费用类账户余额转入"本年利润"借方，编制会计分录如下：

借：本年利润　　　　　　　　　　　　　　　　　　　3089000

　　贷：主营业务成本　　　　　　　　　　　　　　　2434000

　　　　其他业务成本　　　　　　　　　　　　　　　　328000

　　　　税金及附加　　　　　　　　　　　　　　　　　128000

　　　　管理费用　　　　　　　　　　　　　　　　　　52000

　　　　财务费用　　　　　　　　　　　　　　　　　　4000

　　　　资产减值损失　　　　　　　　　　　　　　　　75000

　　　　营业外支出　　　　　　　　　　　　　　　　　68000

(3)将所得税费用账户余额转入"本年利润"借方，编制会计分录如下：

借：本年利润　　　　　　　　　　　　　　　　　　　295750

　　贷：所得税费用　　　　　　　　　　　　　　　　295750

(4)上述结转后，"本年利润"账户贷方余额反映出的是公司 2016 年度净利润。

　　　　净利润 = 4089000 - 3089000 - 295750 = 704250(元)

任务五　施工企业利润分配的核算

【任务描述】

熟悉利润分配程序；掌握利润分配的会计处理。

【知识准备】

一、利润分配的程序

按照公司法的规定，施工企业实现的净利润，按下列顺序分配：

1.弥补以前年度亏损

税法规定，企业发生的年度亏损，可以用下一年度的税前利润弥补；下一年度利润不足以弥补的，可以在五年内延续弥补；如五年内未弥补完，用税后利润弥补。

2.提取法定盈余公积

按照当年税后利润(扣除前一项)的 10% 提取。累计提取的法定盈余公积达到注册资本的 50% 时可不再提取。

3. 提取法定公益金

公益金的计提基数与法定盈余公积金相同，计提比例一般为 5% ~ 10%。提取的法定公益金用于职工集体福利设施建设。

4. 向投资者分配利润

企业当期实现的净利润，加上年初未分配利润（或减去年初未弥补亏损）再减去提取的法定盈余公积、法定公益金后，为可供投资者分配的利润。企业可按投资各方的出资比例分配给各投资者。但股份制企业可供投资者分配的利润应按下列顺序分配：

（1）应付优先股股利。指股份有限公司按利润分配方案分配给优先股股东的现金股利。

（2）提取任意盈余公积。指股份有限公司按股东大会决议提取的公积金。任意盈余公积的提取比例由企业确定。

（3）应付普通股股利。指企业按照利润分配方案分配给普通股股东的现金股利或分给投资人的利润。

（4）转作资本（或股本）的普通股股利。指企业按照利润分配方案以分配股票股利的形式转增的资本（或股本）或以利润转增的资本。

可供投资者分配的利润，经过上述分配后，即为未分配利润（或未弥补亏损）。未分配利润可留待以后年度进行分配。企业如发生亏损，可以按规定由以后年度实现的利润弥补，也可以用以前年度提取的盈余公积弥补。企业以前年度亏损未弥补完，不得提取盈余公积和公益金；在提取盈余公积、公益金以前，不得向投资者分配利润。

二、利润分配的会计处理

企业应设置"利润分配"账户，核算企业净利润的分配（或亏损的弥补）及历年分配（或弥补）后的结存余额。该账户属于所有者权益类，借方登记分配的利润数额或年末转入的本年亏损额；贷方登记年末转入的本年净利润或用盈余公积弥补亏损的数额；年末贷方余额表示历年结存的未分配利润，若为借方余额表示历年累计的未弥补亏损。本账户应设置以下明细账户：

（1）"其他转入"明细账户，核算企业用盈余公积弥补亏损的数额。其贷方登记转入的用于弥补亏损的数额，借方登记年末转入"未分配利润"明细账户的金额，年末结转后本账户应无余额。

（2）"提取法定盈余公积""提取法定公益金""提取任意盈余公积"等明细账户，核算按规定提取的法定盈余公积、法定公益金和任意盈余公积。其借方登记提取的各种盈余公积，贷方登记年末转入"未分配利润"明细账户的金额，年末结转后应无余额。

（3）"应付优先股股利""应付普通股股利"明细账户，核算分配给投资者的现金股利或利润。其借方登记分配给投资者的利润，贷方登记年末转入"未分配利润"明细账户的金额，年末结转后应无余额。

（4）"转作资本（或股本）的普通股股利"明细账户，核算企业按规定分配的股票股利。其借方登记分配给投资者的股票股利，贷方登记年末转入"未分配利润"明细账户的金额，年末结转后应无余额。

（5）"未分配利润"明细账户，核算企业累计尚未分配的利润（或尚未弥补的亏损）。年度终了，将本年度实现的净利润自"本年利润"账户转入本明细账户的贷方，如为亏损，则转入借方。

同时将"利润分配"账户所属其他明细账户的余额也转入本明细账户。年终结转后，除本明细账户外，"利润分配"账户所属的其他明细账户均无余额。本明细账户的年末贷方余额为累计未分配的利润，如为借方余额则为累计未弥补的亏损。

【例7-10】 某建筑公司2013年12月份实现利润总额548000元，依法交纳所得税180840元后，净利润为367160元。假设该公司2013年12月初"本年利润"账户有贷方余额4032840元，年末按10%提取法定盈余公积金，按5%提取法定公益金，并向投资者分配利润100万元。有关账务处理为：

（1）计提法定盈余公积金44万元，计提法定公益金22万元。作会计分录如下：

借：利润分配——提取法定盈余公积   440000

  利润分配——提取法定公益金   220000

  贷：盈余公积——法定盈余公积   440000

    盈余公积——法定公益金   220000

（2）向投资者分配利润100万元。作会计分录如下：

借：利润分配——应付普通股股利   1000000

  贷：应付股利   1000000

（3）结转全年实现的净利润4400000元。作会计分录如下：

借：本年利润   4400000

  贷：利润分配——未分配利润   4400000

（4）结转"利润分配"账户各明细账户的余额。作会计分录如下：

借：利润分配——未分配利润   1660000

  贷：利润分配——提取法定盈余公积   440000

    利润分配——提取法定公益金   220000

    利润分配——应付普通股股利   1000000

经过以上账务处理，年末"利润分配—未分配利润"账户有贷方余额2740000元，为该企业累计未分配利润（假设企业以前年度无未分配利润）。

【例7-11】 某建筑公司本年发生亏损30000元，董事会决议用盈余公积金弥补。作会计分录如下：

借：盈余公积——法定盈余公积金   30000

  贷：利润分配——其他转入   30000

同时：

借：利润分配——其他转入   30000

  贷：利润分配——未分配利润   30000

【提示】 企业用当年实现的利润弥补以前年度亏损时，无论是用税前利润弥补，还是用税后利润弥补，均无需专门作会计分录。只需将本年实现的利润转入"利润分配"账户，就可直接抵消亏损额。

【任务实施】

期末，将湘西公司的本年利润转至利润分配，按10%提取盈余公积，并分配现金股利10

万。编制会计分录如下：

①结转本年利润：

借：本年利润   704250

  贷：利润分配——未分配利润   704250

②提取盈余公积

借：利润分配——提取法定盈余公积   70425

  贷：盈余公积——法定盈余公积   70425

③分配现金股利

借：利润分配——应付普通股股利   100000

  贷：应付股利   100000

【总结回顾】

利润是企业在一定期间的经营成果，由营业利润、投资净收益及营业外收支净额三部分组成。净利润为一定期间的利润总额减去所得税后的余额。

所得税是对企业的生产经营所得和其他所得征收的一种税。施工企业应该按照税法规定，将利润总额调整为应纳税所得额，以应纳税所得额计算应交所得税。

企业净利润的分配程序为：①弥补以前年度亏损；②提取法定盈余公积；③提取法定公益金；④向投资者分配利润。

企业应设置"利润分配"账户，核算企业净利润的分配(或亏损的弥补)及历年分配(或弥补)后的结存余额。

技能训练

一、单项选择题

1."利润分配"科目归属于( )。

A.资产要素   B.负债要素

C.利润要素   D.所有者权益要素

2.假设企业全年应纳税所得额为180000元，按税法规定25%的税率计算应纳所得税额，下列账务处理中正确的是( )。

A.借：所得税费用   45000

  贷：银行存款   45000

B.借：营业税金及附加   45000

  贷：应交税费——应交所得税   45000

C.借：营业税金及附加   45000

  贷：银行存款   45000

D.借：所得税费用   45000

  贷：应交税费——应交所得税   45000

3.企业发生因债权人撤销而无法支付的应付账款时，应将其计入( )。

A. 资本公积　　　　　　　　　　B. 其他应付款

C. 营业外收入　　　　　　　　　D. 营业外支出

4. 下列账户中,(　　)期末一般无余额。

A. 管理费用　　　　　　　　　　B. 生产成本

C. 利润分配　　　　　　　　　　D. 应付账款

5. 企业根据净利润的一定比例计提盈余公积,会计分录为(　　)。

A. 借:利润分配——提取法定(或任意)盈余公积

　　　贷:盈余公积——法定(或任意)盈余公积

B. 借:利润分配——未分配利润

　　　贷:盈余公积——法定(或任意)盈余公积

C. 借:盈余公积——法定(或任意)盈余公积

　　　贷:未分配利润

D. 借:盈余公积——法定(或任意)盈余公积

　　　贷:本年利润

6. 下列各项中,不会引起利润总额增减变化的是(　　)。

A. 销售费用　　　　　　　　　　B. 管理费用

C. 所得税费用　　　　　　　　　D. 营业外支出

二、多项选择题

1. 利润分配的明细科目包括(　　)。

A. 提取任意盈余　　　　　　　　B. 盈余公积补亏

C. 未分配利润　　　　　　　　　D. 转作股本的股利

2. 下列项目中,应记入"营业外支出"账户的有(　　)。

A. 广告费　　　　　　　　　　　B. 借款利

C. 固定资产盘亏　　　　　　　　D. 捐赠支出

3. 下列科目属于损益类科目的有(　　)。

A. 管理费用　　　　　　　　　　B. 销售费用

C. 制造费用　　　　　　　　　　D. 财务费用

4. 下列各项中,应计入营业收入的有(　　)。

A. 商品销售收入　　　　　　　　B. 原材料销售收入

C. 固定资产租金收入　　　　　　D. 无形资产使用费收入

三、判断题

1. "盈余公积"账户属于所有者权益类账户,该账户借方登记提取的盈余公积,贷方登记实际使用的盈余公积。期末借方余额反映结余的盈余公积。(　　)

2. 企业计算所得税费用时应以净利润为基础,根据适用税率计算确定。(　　)

3. "营业税金及附加"账户在期末结转时,借记"营业税金及附加"科目,贷记"本年利润"科目。(　　)

4. 商品取得的收入均属于"主营业务收入",而提供劳务取得的收入则属于"其他业务收

入"。（　　）

5.如果不存在年初累计亏损，提取法定盈余公积的基数为可供分配利润；如果存在年初累计亏损，提取的法定盈余公积的基数为当年实现的净利润。（　　）

四、业务题

1.某企业 2016 年 12 月有关损益类账户的累计发生额如下：

账户名称	账户余额	账户名称	账户余额
财务费用	借方 2900	投资收益	贷方 9600
主营业务成本	借方 98000	其他业务收入	贷方 120000
公允价值变动损益	借方 1800	主营业务收入	贷方 170000
销售费用	借方 3700	营业外收入	贷方 50000
其他业务成本	借方 67000	营业外支出	借方 21000
管理费用	借方 4600	资产减值损失	借方 3800

假如没有纳税调整事项，企业适用的所得税税率为 25%，根据要求编制下列业务编制会计分录。

（1）结转各项收入、收益及利得；

（2）结转各项费用及损失；

（3）计算并结转所得税费用；

（4）净利润转入利润分配；

（5）按净利润的 10% 提取法定盈余公积，分配现金股利 10000 元。

项目八 施工企业往来款项会计处理

【项目导入】

华天建筑企业于 2015 年 6 月 30 日与顺风集团签订了其办公楼建设合同，合同规定顺风集团应于工程开工时间 7 月 2 日预先交付工程预交款项 444000 元，并与每年末进行工程进度款项结算；8 月 15 日，该建筑项目为了使项目顺利进行，向大洋公司购买边角料，收到的增值税专用发票上注明的价款为 465000 元，增值税进项税为 79050 元。商品已收到，并验收入库。约定的现金折扣条件为 2/10(即 10 日内付款可享受 2% 的折扣)。8 月 31 日，华天公司因资金问题无法偿还大洋公司的购货款，于 9 月 1 日签发并承兑一张期限为两个月，面额为 544050 元，年利率为 9% 的商业汇票。

同年，华天公司于 2015 年年 11 月 30 日销售产品一批给 B 企业，货款发出，增值税专用发票上注明货款为 200000 元，增值税额为 34000 元。收到 B 企业同日签发的为期三个月的商业承兑汇票一张，面额为 234000 元，票面利率为 6%。

且该企业 2013 年期初"坏账准备"账户余额 2000 元，本期实际发生坏账损失 3000 元，年末应收账款余额 800000 元；2014 年实际发生坏账损失 1000 元，年末应收账款余额 1000000 元；2015 年实际发生坏账损失 2600 元，年末应收账款余额 460000 元。计提百分比为 0.5%。

【学有所获】

通过本项目的学习，你将收获：
➤熟练掌握应收账款的确认及核算；
➤掌握应收票据的确认及核算；
➤掌握其他应收款的核算；
➤掌握应付账款的核算；
➤掌握应付票据的核算；
➤理解坏账损失确认的条件及核算方法。

任务一 应收账款的核算

【任务描述】

理解应收账款含义；掌握应收账款的管理要求；掌握应收账款的计价；掌握应收账款现金折扣的计算；掌握应收账款现金折扣的会计处理；掌握应收账款商业折扣的会计处理。

【知识准备】

一、应收账款含义

应收账款是指施工企业由于工程结算、销售产品和材料、提供劳务和作业应向发包单位、购货单位、接受劳务或作业的单位收取的款项。应收账款仅指因销售活动而形成的债权。

企业在非销售活动中产生的应收款项，如应收的赔款、罚款、存出保证金以及各种垫付款项等，不属于应收账款，应作为其他应收款核算；企业在销售产品和材料、提供劳务和作业时取得的商业汇票，也不属于应收账款，而应作为应收票据核算。

二、应收账款管理要求

将合格的建筑产品点交给建设单位，并尽快与建设单位办理工程价款结算，是施工企业生产经营活动的一个重要环节。如果企业将已完工程点交给建设单位并办理工程价款结算后，不能及时收回货币资金，企业在生产经营过程中的资金耗费就不能得到及时补偿，就会影响企业的资金周转和正常的施工经营秩序，严重的甚至会威胁到企业的生存。因此，施工企业应从以下几方面加强应收账款的管理工作：

1. 确定合理的信用标准

信用标准是施工企业同意给予客户（指发包单位、购货单位或接受劳务作业单位）商业信用时要求客户必须具备的最低条件。由于建筑产品的特点，施工企业大多是先行施工，再同建设单位办理结算，然后才能收取工程价款。这就使得施工企业的生产经营活动带有很大的风险性。若工程完工后无法收回工程款，企业将蒙受巨大损失。因此，企业必须重视对建设单位信用情况的调查和评价，分别从其信誉特点、经济实力、偿债能力、担保等方面进行分析，以确定是否应与该单位签订建造合同，从源头上杜绝发生坏账损失的可能性。在合同执行过程中，还要及时与客户办理工程结算，分期分批回收工程款，以减少发生坏账的可能性。

2. 提供科学的信用条件

对各种应收账款，企业应定期与对方核对，并根据具体情况采取行之有效的措施，提供科学的信用条件或其他优惠条件，促使工程款的及时收回。信用条件是指施工企业给予客户的付款条件，具体内容由信用期限、折扣期限和现金折扣三部分构成。信用条件的一般形式如"2/10，n/30"，表示若客户在 10 天内付款，可以享受 2% 的现金折扣；即使客户不愿享受现金折扣，也必须在 30 天内付款。上述信用条件的信用期限为 30 天，折扣期限为 10 天，现金折扣率为 2%。信用条件是否优惠对企业应收账款的变现具有很大的影响。

3. 定期对应收账款进行检查

企业应当定期或者至少于每年年度终了，对应收账款进行全面检查，并合理地计提坏账准备。对于不能收回的应收账款应当查明原因，追究责任。对确实无法收回的，应按照企业的管理权限，经有关机构批准后作为坏账损失，冲销提取的坏账准备金。

三、应收账款计价

应收账款的确认时间，因其内容的不同而不同。一般情况下，施工企业按照工程承包合同将已完工程点交给建设单位，或按有关合同交付了货物或提供了劳务和作业等，并已取得索取款项的权利时，确认应收账款。

应收账款应当按实际发生额确认。但是，对于附有折扣的工程结算或销售业务，在确认应收账款的入账金额时，还要另加考虑。常用的折扣包括商业折扣和现金折扣。

1. 商业折扣

商业折扣是指为了鼓励客户多购货而在价格上给予的优惠。通常用折扣10%（九折）、折扣50%（五折）等表示。由于商业折扣一般在交易发生时即已确定，折扣后的净额才是实际收入额，也是应收账款的入账金额；

【提示】　商业折扣对应收账款和营业收入均不产生影响。

2. 现金折扣

现金折扣是指企业为了鼓励客户在一定时间内早日付款而给予的优惠。在存在现金折扣的前提下，应收账款入账价值的确认有两种方法，即总价法和净价法。

总价法下，应收账款按不扣除折扣的全部金额额作为应收账款的入账价值。如果买方在约定的折扣期间内提前付款，则将由此支付给买方的折扣作为当期的一项理财费用，计入财务费用。

净价法下，应收账款按扣除最大折扣后的金额作为应收账款的入账价值。这种方法认为买方一般都会在折扣期间内付款，将买方提前付款视为正常现象。而一旦客户未在约定的折扣内付款，则将该部分买方未能享受而多收的金额，视为向买方提供信贷而获取的收入，冲减财务费用。

我国会计实务中，企业一般采用总价法。施工企业由于工程结算而产生的应收账款，应以经过建设单位签证的"工程价款结算账单"上的金额入账。

【提示】　营改增后，纳税人发生应税行为，将价款和折扣额在同一张发票发票上分别注明的，以折扣后的价款为销售额，未在同一账发票上分别注明的，以价款为销售额，不得扣减折扣额。

四、应收账款的核算

为了核算和监督应收账款的增减变动及其结存情况，施工企业应设置"应收账款"账户。该账户属于资产类，其借方登记实际发生的各种应收账款（包括代购货单位垫付的包装费、运杂费），以及收到预收账款时应缴纳待确认的增值税销项税额。贷方登记已经收回、转销或改用商业汇票方式结算的应收账款，以及结算工程进度款时应扣除业主确认的包含在本次约定收款金额中的前期部分预收款对应的增值税销项税额。期末借方余额反映尚未收回的应收账款。本账户应设置"应收工程款"和"应收销货款"两个明细账户，并按不同单位设置明细账，进行明细分类核算。

企业预收的款项（包括预收的工程款、备料款、购货款等），应在"预收账款"账户内核算。但施工企业一般不不单独设置"预收账款"账户的，预收的款项在本账户核算。

（一）销售货物或提供服（劳）务

企业销售货物或提供服（劳）务按照实现的应税收入和按规定收取的增值税额，借记"应收账款""应收票据""银行存款"等科目；按照当期的销售额和规定税率计算的增值税，贷记"应交税费——应交增值税——销项税额"科目；按实现的销售收入，贷记"主营业务收入""其他业务收入"科目。发生的销售退回，退回销售货物应冲销的销项税额，用红字登记。

【提示】 施工企业销售货物或提供服(劳)务为企业主营业务范畴，适用的增值税税率为11%，如不属于施工企业主营业务范畴，适用的增值税税率应为17%。

【例8-1】 2015年3月，A建筑公司为甲公司提供修理修配劳务，增值税发票上注明价款为10000元，增值税1100元。则应编制会计分录如下：

借：应收账款   11100
  贷：主营业务收入   10000
    应交税费——应交增值税——销项税额   1100

(二) 提供建筑服务

根据财税(2016)36号附件1《营业税改征增值税试点实施办法》第四十四条规定，销项税额的纳税义务发生时间(即应收账款确认时间)以收到款项时间、按合同约定的收款时间、开具增值税发票时间三者孰先的原则进行核算。

1. 收到预收款项的时间为增值税纳税时间的会计核算

收到预算款项时，

借：银行存款
  贷：应收账款——建筑安装——已收工程款

同时确认销项税额

借：应收账款——建筑安装——增值税待确认销项税额
  贷：应交税费——应交增值税——销项税额

2. 以合同约定的收款时间的会计核算

收到业主监理签证时，

借：应收账款——建筑安装——应收工程款
  贷：工程结算
    应收账款——建筑安装——增值税待确认销项税额

到合同约定的收款时间时(应扣除经业主确认的包含在本次约定收款金额中的前期部分预收款对应的销项税额)，

借：应收账款——建筑安装——增值税待确认销项税额
  贷：应交税费——应交增值税——销项税额

收到款项时，

借：银行存款
  贷：应收账款——建筑安装——已收工程款

3. 以开具增值税专用发票时间为增值税纳税时间的会计核算

借：应收账款-建筑安装-增值税待确认销项税额
  贷：应交税费-应交增值税-销项税额

【例8-2】 A建筑公司位于本地的一项建筑安装工程，施工许可证明开工时间为2016年6月28日，当日收到工程预付款111000元。则6月28日应做会计分录如下：

借：银行存款   111000
  贷：应收账款——建筑安装——已收工程款   111000

同时确认销项税额，

借：应收账款——建筑安装——增值税待确认销项税额　11000
　　贷：应交税费——应交增值税——销项税额　　　　　11000

【例8-3】　仍依例8-2，该公司7月份工程完工累计结算工程款项621600，并取得了业主监理签证单。则应做会计分录如下：

借：应收账款——建筑安装——应收工程款　　　　　621600
　　贷：工程结算　　　　　　　　　　　　　　　　560000
　　　　应收账款——建筑安装——增值税待确认销项税额　61600

同时，应扣除6月份包含在本次约定收款金额中预收款对应的销项税额。

借：应收账款——建筑安装——增值税待确认销项税额　50600
　　贷：应交税费——应交增值税——销项税额　　　　　50600

【例8-4】　仍依例8-3，收到开户银行的收账通知，甲方已付清上项工程款621600元。编制会计分录如下：

借：银行存款　　　　　　　　　　　　　　　　　621600
　　贷：应收账款——建筑安装——应收工程款　　　　621600

【任务实施】

1. 预收账款会计处理

7月2日，华天公司收到顺风集团预交款项应做如下会计处理：

借：银行存款　　　　　　　　　　　　　　　　　444000
　　贷：应收账款——建筑安装——已收工程款　　　　444000

同时确认销项税额，销项税额=（444000÷1.11）×11%=44000

借：应收账款——建筑安装——增值税待确认销项税额　44000
　　贷：应交税费——应交增值税——销项税额　　　　　44000

2. 结算工程进度款时

12月30日，收到业主监理确权单时，应作会计分录如下：

借：应收账款——建筑安装——应收工程款　　　　1110000
　　贷：工程结算　　　　　　　　　　　　　　　1000000
　　　　应收账款——建筑安装——增值税待确认销项税额110000

同时，应扣除6月份包含在本次约定收款金额中预收款对应的销项税额。

借：应收账款——建筑安装——增值税待确认销项税额　66000
　　贷：应交税费——应交增值税——销项税额　　　　　66000

3. 收到银行到账通知

12月31日收到银行到账通知时，应作会计分录如下：

借：银行存款　　　　　　　　　　　　　　　　1110000
　　贷：应收账款——建筑安装——应收工程款　　　1110000

任务二　应收票据核算

【任务描述】

理解应收票据的内容；了解应收票据的管理要求；掌握应收票据的计价；掌握不带息的

应收票据的会计核算；掌握带息应收票据的会计核算，掌握应收票据贴现的会计处理。

【知识准备】

一、应收票据定义

票据是证明债权债务的存在而依一定形式做成的书面文件，通常包括支票、银行本票、银行汇票和商业汇票等。

应收票据是指企业因结算工程价款以及对外销售产品、材料等收到的商业汇票。商业汇票按其承兑人不同，分为商业承兑汇票和银行承兑汇票；按是否计息分为不带息商业汇票和带息商业汇票。

在我国会计实务中，支票、银行本票、银行汇票都属于即期票据，可以即刻收款或存入银行成为货币资金，不许作为应收票据核算。

二、应收票据的计价

应收票据一般按其面值计价。企业收到商业汇票时，无论是带息汇票还是不带息汇票，一律按汇票的面值入账。对于带息汇票，应于期末(指中期期末和年度终了)按票面金额和确定的利率计提利息。计提的利息增加应收票据的账面价值，并同时冲减财务费用。不带息汇票到期时，只能收取票面金额，即其到期值等于面值。带息汇票到期时，除收取票面金额外，还可收取按票面金额和规定利率计算的到期利息，即：

$$不带息汇票的到期值 = 票据面值$$
$$带息汇票的到期值 = 票据面值 + 到期利息$$
$$到期利息 = 票据面值 \times 票面利率 \times 汇票期限$$

上式中的票面利率一般指年利率，汇票期限指签发日至到期日止的时间。票据的期限有按月表示和按日表示两种。

票据期限按月表示时，以到期月份中与出票月份相同的那一天为到期日。如 4 月 15 日签发的期限为一个月的票据，到期日应为 5 月 15 日。月末签发的票据不论月份大小，以到期月份的最后一天为到期日，与月份内天数无关。如 1 月 31 日签发，期限为 1 个月的票据于 2 月 28 日到期(闰年为 2 月 29 日)。在确定期限后，计算利息使用的利率也应相应换算为月利率(年利率 ÷ 12)。

票据期限按日表示时，天数从出票日起按实际持有天数计算，通常出票日和到期日只能算一天，即"算头不算尾"或"算尾不算头"。如 4 月 15 日签发的 90 天票据，到期日为 7 月 14 日 $[90 - (30 - 15) - 31 - 30]$。计算利息使用的利率也应相应换算为日利率(年利率 ÷ 360)。

【例 8 - 5】 某建筑公司 2015 年 8 月 31 日收到甲建设单位签发并承兑的期限为 6 个月，票面利率 10%，

面值为 61050 元的带息商业汇票一张。则：

票据到期利息 = 61050 × 10% × 6/12 = 3052.5(元)

票据到期值 = 61050 + 3052.5 = 64102.5(元)

三、应收票据核算

为了核算和监督应收票据的取得和到期承兑情况，企业应设置"应收票据"账户。该类账

户是资产类账户，借方登记应收票据的面值及按期确认的应计利息，贷方登记背书转让、到期回收或因未能收回票款而转作应收账款的应收票据账面价值，期末借方余额反映未到期应收票据的账面价值。

1. 不带息应收票据的核算

企业销售商品或提供劳务收到商业汇票时，借记"应收票据"账户，贷记"工程结算"账户。应收票据到期收回款项时，按票面金额借记"银行存款"账户，贷记"应收票据"账户。如果商业承兑汇票到期，承兑人违约拒付或无力支付票款，企业应将应收票据的账面价值转入"应收账款"账户核算。

【例 8 - 6】 某建筑公司与甲建设单位结算工程价款，收到承兑期限为 3 个月的不带息商业承兑汇票一张，票面金额 222000 元。作会计分录如下：

借：应收票据——甲单位　　　　　　　　　　　　222000
　贷：工程结算　　　　　　　　　　　　　　　　　　200000
　　　应收账款——建筑安装——增值税待确认销项税额　22000

3 个月后应收票据到期，收回款项 222000 元，存入银行。作会计分录如下：

借：银行存款　　　　　　　　　　　　　　　　　222000
　贷：应收票据　　　　　　　　　　　　　　　　　　222000

如果该票据到期，甲单位违约拒付，企业收到银行退回的商业承兑汇票、委托收款凭证、未付票据通知书或拒绝付款证明等，应将到期票据的账面价值转入"应收账款"账户。作会计分录如下：

借：应收账款——甲单位　　　　　　　　　　　　222000
　贷：应收票据——甲单位　　　　　　　　　　　　　222000

2. 带息应收票据的核算

企业收到的带息应收票据，除按照上述方法进行核算外，还应于中期期末和年度终了，按票面金额和规定的利率计提票据利息。计提的利息增加应收票据的账面金额，并同时冲减财务费用。到期不能收回的带息票据本息，转入"应收账款"账户后，期末不再计提利息。

【例 8 - 7】 承例 8 - 6，企业的会计处理为：

(1) 收到票据时，作会计分录如下：

借：应收票据　　　　　　　　　　　　　　　　　61050
　贷：工程结算　　　　　　　　　　　　　　　　　　55000
　　　应收账款——建筑安装——增值税待确认销项税额　6050

(2) 年度终了，计提票据利息 2035 元(60000×10%×4/12)。作会计分录如下：

借：应收票据　　　　　　　　　　　　　　　　　2035
　贷：财务费用　　　　　　　　　　　　　　　　　　2035

(3) 2016 年 2 月 29 日票据到期收回货款时的会计处理为：

应计利息 = 61050×10%×2/12 = 1017.5(元)
应收金额 = 61050 + 2035 + 1017.5 = 64102.5(元)

根据银行的收账通知，作会计分录如下：

借：银行存款　　　　　　　　　　　　　　　　　64102.5
　贷：应收票据　　　　　　　　　　　　　　　　　　63085

财务费用　　　　　　　　　　　　　　　　　　　1017.5

　　3.应收票据贴现的核算

　　企业持有的应收票据在到期前,如果急需资金,可以向其开户银行申请贴现。"贴现"是指汇票持有人将未到期的汇票背书后送交银行,银行按汇票到期值扣除贴现利息后的金额付款给持票人的行为。可见,票据贴现实质上是企业融通资金的一种方式。

　　(1)不带息汇票的贴现

　　不带息汇票贴现收入的计算方法如下:

$$贴现收入 = 汇票面值 - 贴现利息$$

$$贴现利息 = 票据面值 \times 贴现率 \times 贴现天数 \div 360$$

$$贴现天数 = 贴现日至票据到期日的实际天数 - 1$$

　　如果承兑人在异地,贴现天数的计算应另加3天的划款天数。

　　企业持未到期的无息商业汇票向银行贴现,应按扣除贴现息后的净额,借记"银行存款"账户,按贴现息部分,借记"财务费用"账户,按商业汇票的面值,贷记"应收票据"账户。

　　【例8-8】　某建筑公司于2013年5月7日将9月5日到期、面值为200000元的不带息商业汇票一张到银行贴现,贴现率为12%。该公司与承兑企业在同一票据交换区域内。其会计处理为:

　　(1)计算贴现天数

　　该票据到期日为9月5日,其贴现天数为120天(24 + 30 + 31 + 31 + 5 - 1 = 120)。

　　(2)计算贴现收入

　　贴现息 = 200000 × 12% × 120 ÷ 360 = 8000(元)

　　贴现收入 = 200000 - 8000 = 192000(元)

　　(3)编制会计分录如下:

　　借:银行存款　　　　　　　　　　　　　　　　　　192000
　　　　财务费用　　　　　　　　　　　　　　　　　　　8000
　　　　贷:应收票据　　　　　　　　　　　　　　　　　　　200000

　　(2)带息汇票的贴现

　　带息汇票贴现收入的计算方法如下:

$$贴现收入 = 汇票到期值 - 贴现利息$$

$$贴现利息 = 汇票到期值 \times 贴现率 \times 贴现天数 \div 360$$

　　【例8-9】　如果上例中商业汇票为带息票据,票面利率为10%。则:

　　票据到期值 = 200000 × (1 + 10% × 6 ÷ 12) = 210000(元)

　　贴现利息 = 210000 × 12% × 120/360 = 8400(元)

　　贴现收入 = 210000 - 8400 = 201600(元)

　　作会计分录如下:

　　借:银行存款　　　　　　　　　　　　　　　　　　201600
　　　　贷:应收票据　　　　　　　　　　　　　　　　　　　200000
　　　　　　财务费用　　　　　　　　　　　　　　　　　　　1600

　　如果贴现的商业汇票到期,承兑人的银行账户不足支付,银行即将已贴现的票据退回申请贴现的企业,同时从贴现企业的账户中扣回票款。此时,贴现企业应将所付票据本息作为应收账款核算，借记"应收账款"账户，贷记"银行存款"账户；如果贴现企业的银行存款余额也不足，银行即将票款作为贴现企业的逾期贷款处理。贴现企业应借记"应收账款"账户，贷记"短期借款"账户。

【例 8－10】 如上述不带息商业汇票到期，承兑人的银行存款账户不足支付，企业在收到银行退回的商业汇票、支款通知等凭证时，作会计分录如下：

借：应收账款   200000
　　贷：银行存款   200000

【例 8－11】 假设上述的带息商业汇票到期，申请贴现企业的银行存款账户余额不足，银行作逾期贷款处理。贴现企业应作会计分录如下

借：应收账款   210000
　　贷：短期借款   210000

三、应收票据的管理

施工企业应指定专人负责管理应收票据，并设置"应收票据备查簿"，逐笔登记每一应收票据的种类、号数和出票日期、票面利率、票面金额、交易合同号和付款人、承兑人、背书人的姓名或单位名称、到期日、背书转让日、贴现日期、贴现率和贴现净额，未计提的利息以及收款日期和收回金额、退票情况等资料。应收票据到期结清票款或退票后，应当在备查簿内逐笔注销。

【任务实施】

本项目的【项目导入】华天公司销售货物给 B 公司，应作如下会计处理：

（1）收到 B 公司商业承兑汇票时：

借：应收票据   234000
　　贷：主营业务收入   200000
　　　　应交税费——应交增值税——销项税额   34000

（2）2015 年 12 月计提利息

$$计提利息 = 234000 \times 6\% \times 1/12 = 1170（元）$$

借：应收票据   1170
　　贷：财务费用   1170

（3）票据到期

$$票据到期值 = 234000 + 234000 \times 6\% \times 3/12 = 237510（元）$$

借：银行存款   237510
　　贷：应收票据   （234000 + 1170）   235170
　　　　财务费用   （234000 \times 6\% \times 2/12）   2340

（4）票据到期无法支付

借：应收账款   237510
　　贷：应收票据   235170
　　　　财务费用   2340

任务三　其他应收款的核算

【任务描述】

理解其他应收款的概念；熟悉其他应收款的内容；掌握其他应收款的会计核算。

【知识准备】

其他应收款是指施工企业除应收账款、应收票据、预付账款以外的各种应收、暂付款项。主要包括以下内容：

(1)应收取的各种赔偿款、罚款；

(2)存出的保证金，如租入包装物而交付的押金；

(3)出租包装物应收取的租金；

(4)应向职工收取的各种垫付款项。

施工企业应建立健全各项规章制度，加强其他应收款的管理，减少不合理资金占用，提高资金使用效率。对于各种赔款和罚款，应严格按照国家的有关规定，划清责任，凡是应由责任者个人承担的，必须向个人收取，不得列入企业的成本、费用中；对于因管理不善、贪污、盗窃等原因造成的财产损失以及购入物资在运输途中的短缺或损耗等，必须根据具体情况，确定责任部门或责任人，并据以进行相应的账务处理。

为了核算和监督其他应收款的形成和收回情况，企业应设置"其他应收款"账户。其借方登记发生的各项其他应收款，贷方登记收回或转销的其他应收款，余额在借方，表示应收未收的其他应收款。该账户应按债务人设置明细账，进行明细分类核算。

【例8－12】　企业购买的商品砼发生途中损耗3000元，已按合同规定向供货单位提出索赔。编制会计分录如下：

借：其他应收款——某供货单位　　　　　　　　　　　　3000
　贷：物资采购　　　　　　　　　　　　　　　　　　　　3000

【例8－13】　企业收到该供货单位支付的上项赔款3000元，已存入银行。编制会计分录如下：

借：银行存款　　　　　　　　　　　　　　　　　　　　3000
　贷：其他应收款——某供货单位　　　　　　　　　　　　3000

任务四　应付账款的核算

【任务描述】

掌握应付账款的入账时间和入账金额；熟练掌握预付账款的会计核算。

【知识准备】

应付账款是企业在生产经营过程中，因购买材料物资、接受劳务供应而应付给供应单位的货款和劳务费，以及因分包工程应付给分包单位的工程款。这是双方在购销活动中，由于取得物资和接受劳务在先，支付货款在后而暂时占用在企业的资金。

一、入账时间和入账金额的确定

应付账款的入账时间，应以所购买物资的所有权转移或接受劳务已发生为标志确定。

应付账款往往在短期内就需付款，所以应按发票账单等凭证上记载的应付金额入账。如果购入资产在形成应付账款时是带有现金折扣的，应付账款按发票账单上记载的应付金额的总值入账，不得扣除现金折扣。付款时获得的现金折扣作为一项理财收益，冲减财务费用。

企业购进货物在验收入库时，有时会由于货物的规格、质量等与合同不符，而获得一定的购货折让。企业获得的购货折让应抵减应付账款。

企业应付给分包单位的工程款，按同分包单位办理结算的"工程价款结算账单"上的金额确认。

二、应付账款的账务处理

为了反映应付账款的增减变动情况，企业应设置"应付账款"账户。其贷方登记发生的应付账款，借方登记偿还的应付账款以及转销的无法支付的应付账款，期末贷方余额表示尚未支付的各种应付账款。本账户应分别设置"应付工程款"和"应付购货款"两个明细账户，并分别按分包单位和供应单位名称设置明细账。

【提示】　营改增后，购买货物或者接受劳务，按照专用发票上注明的增值税额，借记"应交税费——应交增值税——进项税额"科目；按照专用发票上记载的应计入采购成本的金额，借记"原材料""间接费用""管理费用""其他业务成本"等科目；按照应付或实际支付的金额，贷记"应付账款""应付票据""银行存款"等科目。退回所购货物应冲销的进项税额，用红字登记。

【例 8-14】　A 建筑公司向东风水泥厂购入水泥 100 吨，单价 260 元/吨，收到的增值税专用发票上注明的价款为 26000 元，增值税进项税为 4420 元。商品已收到，并验收入库。约定的现金折扣条件为 2/10（即 10 日内付款可享受 2% 的折扣）。其账务处理如下：

①钢材验收入库，按应付价款入账。作会计分录如下：

借：物资采购　　　　　　　　　　　　　　　　　26000
　　应交税费——应交增值税—进项税额　　　　　　4420
　　　贷：应付账款——东风水泥厂　　　　　　　　　　　　30420

②若企业于第 9 天付款，可享受 608.4 元折扣（30420×2%＝608.4）。作会计分录如下：

借：应付账款——东风水泥厂　　　　　　　　　　30420
　　贷：银行存款　　　　　　　　　　　　　　　　　　29811.6
　　　　财务费用　　　　　　　　　　　　　　　　　　　608.4

③若超过折扣期限，则应按全额付款。作会计分录如下：

借：应付账款——东风水泥厂　　　　　　　　　　30420
　　贷：银行存款　　　　　　　　　　　　　　　　　　30420

【例 8-15】　A 建筑公司从长城公司购入材料一批，价款 50000 元（税后价）。验收入库时发现其中部分材料的质量与合同规定不符，故向长城公司提出折让条件。经协商，长城公司同意折让 1000 元。企业应根据有关凭证作如下会计分录：

借：物资采购　　　　　　　　　　　　　　　　　49000

　　　　　贷：应付账款——长城公司　　　　　　　　　　　　49000

【任务实施】

华天公司向大洋公司购买边角料，应做如下会计处理：

（1）钢材验收入库，按应付价款入账。作会计分录如下：

借：物资采购　　　　　　　　　　　　　　　　　465000

　　应交税费——应交增值税——进项税额　　　　79050

　　　贷：应付账款——大洋公司　　　　　　　　　　544050

（2）若企业于第6天付款，可享受10881元折扣（544050×2%＝10881）。作会计分录如下：

借：应付账款——大洋公司　　　　　　　　　　　544050

　　　贷：银行存款　　　　　　　　　　　　　　　　533169

　　　　　财务费用　　　　　　　　　　　　　　　　10881

（3）若超过折扣期限，则应按全额付款。作会计分录如下：

借：应付账款——大洋公司　　　　　　　　　　　544050

　　　贷：银行存款　　　　　　　　　　　　　　　　544050

任务五　应付票据的核算

【任务描述】

掌握应付票据的入账价值；掌握应付票据贴现的会计处理。

【知识准备】

　　应付票据是在商品购销活动中由于采用商业汇票结算款项而形成的一项债务。应付票据与应付账款虽然都是由于交易而引起的流动负债，但应付账款是未结清的债务，而应付票据是延期付款的证明。

一、入账价值

　　商业汇票按是否带息，分为带息票据和不带息票据。无论是带息票据还是不带息票据，一律按其票面金额入账。

　　带息票据入账后，应在期末按票面利率计算应付利息，并增加应付票据的账面价值。商业承兑汇票到期，如果企业无力支付票款，应将“应付票据”账户的账面价值转入“应付账款”账户，并且不再计算应付利息。银行承兑汇票到期，如果企业无力支付票款，承兑银行除凭票向持票人无条件付款外，对付款人尚未支付的汇票金额转作逾期贷款处理，并按照每天万分之五计收利息。企业接到转作贷款的通知时，借记“应付票据”账户，贷记“短期借款”账户。对计收的利息，按短期借款利息的处理办法核算。

二、应付票据的账务处理

　　建筑企业对外开出、承兑的商业汇票，应设置“应付票据”账户核算。其贷方登记企业开出、承兑的商业汇票面值和按期计算的利息，借方登记汇票到期支付的本息或到期无款支付转作应付账款或短期借款的本息，期末贷方余额表示尚未到期的应付票据的本息。

企业应当设置"应付票据"备查簿,详细登记每一应付票据的种类、号数、签发日期、到期日、票面金额、票面利率、合同交易号、收款人姓名或单位名称以及付款日期和余额等资料。应付票据到期结清时,应在备查簿内注销。

1. 不带息票据的核算

【例 8-16】　A 建筑公司为了清偿长城公司的货款,于 3 月 1 日签发并承兑一张期限为两个月、面额为 49000 元的无息商业汇票。宏达建筑公司应作账务处理如下:

(1)3 月 1 日签发并承兑汇票时,作会计分录如下:

借:应付账款——长城公司　　　　　　　　　　49000
　　贷:应付票据　　　　　　　　　　　　　　　　49000

(2)5 月 1 日到期支付票款时,作会计分录如下:

借:应付票据　　　　　　　　　　　　　　　　49000
　　贷:银行存款　　　　　　　　　　　　　　　　49000

2. 带息票据的核算

【例 8-17】　假设上例中 A 建筑公司签发的是一张年利率为 9% 的银行承兑汇票,另向银行支付承兑手续费 100 元。则有关会计处理为:

(1)向银行支付承兑手续费,作会计分录如下:

借:财务费用　　　　　　　　　　　　　　　　100
　　贷:银行存款　　　　　　　　　　　　　　　　100

(2)将经银行承兑的汇票交付长城公司,作会计分录如下:

借:应付账款——长城公司　　　　　　　　　　49000
　　贷:应付票据　　　　　　　　　　　　　　　　49000

(3)月末计算利息,作会计分录如下:

借:财务费用　　　　　　　　　　　　　　　　367.5
　　贷:应付票据　　　　　　　　　　　　　　　　367.5

(4)票据到期,还本付息时,作会计分录如下:

借:应付票据　　　　　　　　　　　　　　　　49735
　　贷:银行存款　　　　　　　　　　　　　　　　49735

【任务实施】

若大洋公司 8 月 31 日无法偿还大洋公司的购货款,签发并承兑一张期限为两个月的商业承兑汇票,其会计处理如下:

(1)9 月 1 日,签发商业承兑汇票时,应作会计分类如下:

借:应付账款——长城公司　　　　　　　　　　544050
　　贷:应付票据　　　　　　　　　　　　　　　　544050

(2)9 月 31 日计提利息

借:财务费用　　　　　　　　　　　　　　　　4080.38
　　贷:应付票据　　　　　　　　　　　　　　　　4080.38

(3)10 月 31 日计提利息

借:财务费用　　　　　　　　　　　　　　　　4080.38
　　贷:应付票据　　　　　　　　　　　　　　　　4080.38

(4)11月1日，票据到期，还本付息

借：应付票据　　　　　　　　　　　　　　　552210.76

　　贷：银行存款　　　　　　　　　　　　　　　552210.76

任务六　坏账损失的核算

【任务描述】

掌握坏账损失确认条件；掌握备抵法核算坏账损失；掌握应收款项减值损失的确认；掌握提取坏账准备金核算。

【知识准备】

一、坏账损失确认的条件

在市场经济条件下，施工企业承揽工程、销售产品以及提供劳务等形成的应收款项，可能会有一部分不能收回。这些无法收回的应收款称为坏账。因为发生坏账给企业带来的损失称为坏账损失。

坏账损失确认的条件是：债务人破产或死亡，以其破产财产或遗产清偿后仍无法收回的应收款项；债务人逾期未履行其清偿义务（逾期3年以上），且有明显特征表明无法履行或履行的可能性很小。

施工企业应收款的数额很大，一旦成为坏账，企业将蒙受很大损失。因此，必须加强应收款项的催收工作，并定期对应收款项进行全面检查，对确实无法收回的应作为坏账处理。对已确认为坏账的应收款项，企业并不放弃其追索权，一旦重新收回，应及时入账。

二、坏账损失的核算方法

企业会计准则规定，企业应采用备抵法核算坏账损失。备抵法是指按期估计坏账损失计入当期的管理费用，并提取坏账准备金；实际发生坏账损失时冲减坏账准备金，并转销相应的应收账款。这种方法的优点是：①可将预计不能收回的应收账款及时作为坏账损失入账，体现权责发生制和配比原则，避免企业虚盈实亏；②便于估计应收账款的可变现净值，真实反映企业的财务状况。此外，预计不能收回的应收账款已不符合资产的定义，计提坏账准备可以预防企业虚夸资产。

在资产负债表上，坏账准备作为应收账款的备抵项目，有利于报表使用者了解企业的真实财务状况，根据应收账款净值分析企业的实际偿债能力。

采用备抵法核算坏账损失，企业应设置"坏账准备"账户。其贷方登记提取的坏账准备以及已确认并转销的坏账以后又收回的金额，借方登记发生坏账损失时转销的坏账准备以及冲销多提的坏账准备，期末贷方余额反映提取的坏账准备金。企业计提的坏账准备计入"资产减值损失—计提的坏账准备"科目，该科目属损益类科目，核算企业根据资产减值准则计提各项资产减值准备所形成的损失。

"坏账准备"账户是"应收账款""应收票据""其他应收款"账户的备抵调整账户，简称备抵账户，是以抵减的方式调整被调整账户的金额，以求得被调整账户实际金额的账户。

如"应收账款"账户有借方余额500000元，"坏账准备"账户有贷方余额20000元，则应收账款净额为 480000 元。备抵账户与被调整账户余额的方向相反。

三、应收款项减值损失的确认

企业采用备抵法核算坏账损失时,首先应于每期期末进行应收款项减值损失的测试。测试方法分以下几种情况确定:

1. 单项金额重大的应收款项

对于单项金额重大的应收款项,应当单独进行减值测试。有客观证据表明其发生了减值的,应当根据其未来现金流量现值低于其账面价值的差额,确认减值损失,计提坏账准备。

2. 单项金额非重大的应收款项

对于单项金额非重大的应收款项可以单独进行减值测试,确认减值损失,计提坏账准备;也可以与经单独测试后未减值的应收款项一起按类似信用风险特征划分为若干组合,再按这些应收款项组合在资产负债表日余额的一定比例计算确定减值损失,计提坏账准备。根据应收款项组合余额的一定比例计算确定的坏账准备,应当反映各项目实际发生的减值损失,即各项组合的账面价值超过其未来现金流量现值的金额。

短期应收款项的预计未来现金流量与其现值相差很小的,在确定相关减值损失时,可不对其预计未来现金流量进行折现。

3. 坏账准备计提比例的确定

企业应当根据以前年度与之相同或相类似的、具有类似信用风险特征的应收款项组合的实际损失率为基础,结合现时情况确定本期各项组合计提坏账准备的比例,据此计算本期应计提的坏账准备。

四、坏账准备的账务处理

备抵法下有关账务处理的内容包括三个方面:一是期末按一定方法估计坏账损失,计提坏账准备的账务处理;二是实际发生坏账时的账务处理;三是已确认的坏账又收回的账务处理。有关坏账准备的账务处理,下面以采用应收款项余额百分比为例加以说明:

1. 计提坏账准备的账务处理

$$某期实际提取的坏账准备金 = 当期按应收款项估计的坏账损失金额$$
$$- 提取前“坏账准备”账户的贷方余额$$

若当期估计的坏账损失金额大于“坏账准备”账户的贷方余额,应按其差额提取坏账准备;若当期估计的坏账损失金额小于“坏账准备”账户的贷方余额,应按其差额冲减坏账准备。若提取前“坏账准备”账户为借方余额,则实际提取数应为估计的坏账损失金额与该借方余额的合计数

2. 发生坏账时的账务处理

当应收款项确认为坏账时,企业应按实际坏账损失额转销坏账准备金,借记“坏账准备”科目,贷记“应收款项”“其他应收款项”等。

3. 收回坏账的账务处理

已确认为坏账的应收款项以后又收回时,应同时作两笔分录:借记“应收账款”“其他应收款”等科目,贷记“坏账准备”科目;同时,借记“银行存款”科目,贷记“应收账款”“其他应收款”等科目。

【例 8 – 18】 某建筑公司自 2012 年开始计提坏账准备，提取比例为 1%，年末应收款项余额为 600000 元；2013 年 4 月，经确认 A 公司的欠款 3000 元无法收回，作为坏账处理，年末应收款项余额为 800000 元；2014 年 8 月，上年已核销的坏账 3000 元又收回，年末应收款项余额为 700000 元。则每年末应计提的坏账准备计算如下：

2012 年年末计提坏账准备 = 600000 × 1% = 6000（元）

2013 年年末计提坏账准备 = 800000 × 1% – (6000 – 3000) = 5000（元）

2014 年年末计提坏账准备 = 700000 × 1% – (8000 + 3000) = – 4000（元）

计算说明：

企业首次计提坏账准备时，应直接按年末应收款项余额的 1% 提取；第二年，按应收款项的 1% 应计提 8000 元，但坏账准备有账面余额 3000 元(6000 – 3000 = 3000)，故补提差额 5000 元；第三年，按应收款项应计提 7000 元，但坏账准备有账面余额 11000 元，故应冲减 4000 元。

则建筑公司的有关会计处理如下：

2012 年末计提坏账准备时，编制会计分录如下：

借：管理费用　　　　　　　　　　　　　　　　　　6000
　　贷：坏账准备　　　　　　　　　　　　　　　　　　　　6000

2013 年 4 月发生坏账损失时，编制会计分录如下：

借：坏账准备　　　　　　　　　　　　　　　　　　3000
　　贷：应收账款——A 公司　　　　　　　　　　　　　　　3000

2013 年末计提坏账准备时，编制会计分录如下：

借：管理费用　　　　　　　　　　　　　　　　　　5000
　　贷：坏账准备　　　　　　　　　　　　　　　　　　　　5000

2014 年 8 月，收回已转销的坏账时，应恢复企业的债权并冲回已转销的坏账准备。编制会计分录如下：

借：应收账款——A 公司　　　　　　　　　　　　　3000
　　贷：坏账准备　　　　　　　　　　　　　　　　　　　　3000

借：银行存款　　　　　　　　　　　　　　　　　　3000
　　贷：应收账款——A 公司　　　　　　　　　　　　　　　3000

2014 年末，冲销坏账准备时，编制会计分录如下：

借：坏账准备　　　　　　　　　　　　　　　　　　4000
　　贷：管理费用　　　　　　　　　　　　　　　　　　　　4000

【任务实施】

计提公司坏账准备：

(1)2013 年实际发生坏账损失 3000 元时

借：坏账准备　　　　　　　　　　　　　　　　　　3000
　　贷：应收账款　　　　　　　　　　　　　　　　　　　　3000

(2)2013 年末计提坏账准备时：

坏账准备金 = 800000 × 0.5% = 4000（元）（贷方余额）

年末计提坏账准备前"坏账准备"账户借方余额：3000 – 2000 = 1000（元）

本年应计提坏账准备金 = 4000 + 1000 = 5000（元）（补提）

借：管理费用　　　　　　　　　　　　　　　　　5000
　　贷：坏账准备　　　　　　　　　　　　　　　　　　5000

(3)2014 年实际发生坏账损失 1000 元时：

借：坏账准备　　　　　　　　　　　　　　　　　1000
　　贷：应收账款　　　　　　　　　　　　　　　　　　1000

(4)2014 年末计提坏账准备时：

坏账准备金 = 1000000 × 0.5% = 5000（元）（贷方余额）

年末计提坏账准备前"坏账准备"账户贷方余额：4000 - 1000 = 3000（元）

本年应计提坏账准备金 = 5000 - 3000 = 2000（元）（补提）

借：管理费用　　　　　　　　　　　　　　　　　2000
　　贷：坏账准备　　　　　　　　　　　　　　　　　　2000

(5)2015 年实际发生坏账损失 2600 元时：

借：坏账准备　　　　　　　　　　　　　　　　　2600
　　贷：应收账款　　　　　　　　　　　　　　　　　　2600

(6)2015 年末计提坏账准备时：

坏账准备金 = 460000 × 0.5% = 2300（元）（贷方余额）

年末计提坏账准备前"坏账准备"科目为贷方余额：5000 - 2600 = 2400（元）

本年应计提坏账准备 = 2300 - 2400 = -100（元）（冲销）

借：坏账准备　　　　　　　　　　　　　　　　　100
　　贷：管理费用　　　　　　　　　　　　　　　　　　100

【总结回顾】

企业往来款项主要包括应收账款、应收票据、预付账款、其他应收款、应付账款、应付票据、预收账款以及其他应付款等。为了方便核算，施工企业一般不设置预付账款和预收账款科目，将其分别纳入应付账款和应收账款中核算。

施工企业的应收款项应按实际发生额入账。由于工程结算而产生的应收账款。应以经过建设单位签证的"工程价款结算账单"上的金额入账。

无论是带息汇票还是不带息汇票，收到汇票时一律按其票面金额入账。对于带息汇票，应于期末计提利息。计提的利息增加应收票据的账面价值，并同时冲减财务费用。企业持有的应收票据在到期前，可以向其开户银行申请贴现。

其他应收款是指施工企业除应收账款、应收票据、预付账款等应收款项以外的其他各种应收、暂付款项。

企业应采用备抵法核算坏账损失。计提坏账准备的范围是企业的应收账款、应收票据和其他应收款。

技能训练

一、单项选择题

1. 某企业于 2 月 28 日将某股份公司于 1 月 31 日签发的带息应收票据向银行贴现，该票据面值为 10000 元，年利率为 10%，期限为 6 个月，贴现率为 12%，该企业实际收到的贴现金额应为（　　）元。

A. 10600　　　　　　　　　　　　B. 10335

C. 10000　　　　　　　　　　　　D. 9975

2. 票据贴现期即从（　　）。

A. 票据开出日到贴现日　　　　　　B. 票据开出日到到期日

C. 票据贴现日到到期日　　　　　　D. 票据贴现日到实际收款日

3. 预付货款不多的企业，可以将预付的货款直接计入（　　）的借方，而不单独设置"预付账款"账户。

A."应收账款"账户　　　　　　　　B."其他应收款"账户

C."应付账款"账户　　　　　　　　D."应收票据"账户

4. 企业采用余额百分比法计提坏账准备，计提比例 1%。"坏账准备"的期初贷方余额为 3200 元，以前期间确认的坏账中有 2000 元在本期收回，本期确认的坏账为 5000 元，本期末应收账款借方金额 1000000 元，则本期（　　）。

A. 不计提坏账准备　　　　　　　　B. 计提坏账准备 5000 元

C. 冲减坏账准备 200 元　　　　　　D. 计提坏账准备 9800 元

二、多选题

1. 根据我国的会计制度，通过"应收票据"科目核算的票据有（　　）。

A. 银行本票　　　　　　　　　　　B. 支票

C. 商业承兑汇票　　　　　　　　　D. 银行承兑汇票

2. 带息应收票据贴现时，影响其贴现款的因素有（　　）。

A. 票据的面值　　　　　　　　　　B. 票据的利息

C. 贴现率　　　　　　　　　　　　D. 贴现日到到期日的时间

3. 总价法下，（　　）。

A. 销售收入以实际售价入账　　　　B. 应收账款以实际售价入账

C. 销售收入以报价入账　　　　　　D. 应收账款以报价入账

4. 如果带息票据的利率与贴现率相同，则贴现款（　　）。

A. 一定等于票面额　　　　　　　　B. 可能等于票面额

C. 可能小于票面额　　　　　　　　D. 与贴现期长短无关

5. 采用备抵法首先要按期估计坏账损失，在会计实务中，按期估计坏账损失的方法一般有（　　）。

A. 销货百分比法　　　　　　　　　B. 赊销百分比法

C.应收账款余额百分比法　　　　　　D.账龄分析法

三、判断题

1.按月计提应收票据利息时，应该借记"应收利息"，贷记"财务费用"。(　　)

2.无论应收票据是否记息，企业从银行获得的贴现款一定小于应收票据的面值。(　　)

3.在我国会计实务中，带息应收票据贴现时，应将其贴现息直接计入当期损益。(　　)

4.我国会计制度规定，应收账款的入账金额应该包括商业折扣，但不包括现金折扣。
(　　)

5.采用直接转销法和备抵法核算坏账损失，二者对当年损益的影响不同。(　　)

四、综合训练题

甲企业为增值税一般纳税人，增值税税率为17%。采用备抵法核算坏账。2016年12月1日，甲企业"应收账款"科目借方余额为500万元，"坏账准备"科目贷方余额为25万元，计提坏账准备的比例为期末应收账款余额的5%。12月份，甲企业发生如下相关业务：

(1)12月5日，向乙企业赊销商品—批，按商品价目表标明的价格计算的金额为1000万元(不含增值税)，由于是成批销售，甲企业给予乙企业10%的商业折扣；

(2)12月9日，一客户破产，根据清算程序，有应收账款40万元不能收回，确认为坏账；

(3)12月11日，收到乙企业的销货款500万元，存入银行；

(4)12月21日，收到2004年已转销为坏账的应收账款10万元，存入银行；

(5)12月30日，向丙企业销售商品一批，增值税专用发票上注明的售价为100万元，增值税额为17万元。甲企业为了及早收回货款而在合同中规定的现金折扣条件为2/10 - 1/20 - n/30。假定现金折扣不考虑增值税。

要求：

(1)编制甲企业上述业务的会计分录；

(2)计算甲企业本期应计提的坏账准备并编制会计分录。

项目九　施工企业财务报表分析

【项目导入】

湘西公司 2016 年 12 月 31 日的全部总分类账户和部分明细分类账户的余额如表 9－1 所示；公司的损益类发生账户发生额情况如表 9－2 所示。

表 9－1　账户余额表

账户名称	借方余额	贷方余额	账户名称	借方余额	贷方余额
库存现金	5000		短期借款		530000
银行存款	280000		应付账款－C 公司	80000	
短期投资	440000		－D 公司		297427
应收账款－A 公司	207000		其他应付款		5500
－B 公司		40000	应付工资		95000
其他应收款	3000		应付利润		23000
材料采购	450000		预提费用		15500
原材料	750000		应付票据		255000
包装物	320000		长期借款		200000
产成品	290500				
待摊费用	1200		实收资本		2050000
长期债权投资	550000		资本公积		439700
固定资产	642000		盈余公积		345000
减：累计折旧		250000	利润分配		230000
长期待摊费用	130200				
工程施工	672227				

表 9 - 2　损益类账户发生额

账户名称	借方本期发生额	贷方本期发生额
主营业务收入		1600000
主营业务成本	1054000	
税金及附加	120450	
其他业务收入		86000
其他业务支出	67900	
销售费用	43000	
管理费用	63000	
财务费用	9800	
投资收益		45680
营业外收入		98650
营业外支出	78500	
所得税	141000	

你知道如何编制财务报表吗？

【学有所获】

通过本项目的学习，你将收获：

➤理解资产负债表、利润表和现金流量表；

➤熟悉财务报表的基本列报要求；

➤会编制主要的财务报表；

➤会计算考核企业财务状况有关的财务指标；

➤会计算考核企业经营成果有关的财务指标；

➤会分析评价企业财务状况和经营成果。

任务一　认识资产负债表

【任务描述】

熟悉资产负债表的结构；掌握资产负债表项目的分类；掌握资产负债表的编制方法。

【知识准备】

资产负债表是反映企业某一特定日期全部资产、负债和所有者权益情况的会计报表。它表明企业在某一时点所拥有或控制的经济资源、所承担的债务和所有者对净资产的要求权。

一、资产负债表的结构

资产负债表是根据"资产 = 负债 + 所有者权益"的会计平衡式，将企业在一定日期的资产、负债、所有者权益的各项目，按照一定的分类标准和顺序排列而成的。其中，资产和负债主要是按流动性排列的。

资产负债表的格式主要有账户式、报告式两种,我国的资产负债表采用账户式。账户式资产负债表分为左右两方,左方列示资产,右方列示负债和所有者权益,左右两方明确地表现了资产与权益之间的平衡关系。其格式见表9-3所示。

二、资产负债表项目分类

我国《企业会计准则第30号—财务报表列报》中规定,企业资产负债表应该按资产、负债和所有者权益分类列报,其中资产和负债应按流动性列报、所有者权益应按来源的用途列报。

1. 资产项目的分类

企业的资产项目按流动性可分为流动资产项目和非流动资产项目,并在资产负债表中按流动性的强弱排列,流动性强的资产项目排在前面,流动性弱的资产项目排在后面。满足下列条件之一的资产,应当归类为流动资产:

(1)预计在企业正常营业周期中变现、出售或耗用;

(2)主要为交易目的,而持有(如交易性质的股票、债券等);

(3)预计在自资产负债表日起1年内(含1年,下同)变现;

(4)自资产负债日起1年内,用于交换其他资产或清偿负债的能力不受限制的现金或现金等价物。

除流动资产外的其他资产应归类为非流动资产,并按其性质分类列报。

其中,正常营业周期,通常是指企业从购买用于加工的资产起至实现现金或现金等价物的期间。施工企业正常营业周期通常长于一年,其承包的施工项目(房屋、道路、桥梁等),往往超过一年才能完工和出售(结算),应划分为流动资产。

在资产负债表中,资产类至少应单独列示反映以下信息的项目:①货币资金;②应收及预付款项;③交易性投资;④存货;⑤持有至到期投资;⑥长期股权投资;⑦投资性房产产;⑧固定资产;⑨生物资产;⑩递延所得税资产;⑪无形资产。

2. 负债项目的分类

企业的负债项目按流动性可分为流动负债项目和非流动负债项目,并在资产负债表中按到期日远近排列,到期日近的负债项目排在前面,到期日远的负债项目排在后面。满足下列条件之一的负债,应当归类为流动负债:

(1)预计在一个正常营业周期中清偿;

(2)主要为交易目的而持有;

(3)自资产负债日起1年内到期应予以清偿;

(4)企业无权自主地将清偿推迟至资产负债表日后1年以上。

流动负债以外的负债应当归类为非流动负债,并按其性质分类列示。

对于在资产负债表日起1年内到期的负债,企业预计能够自主地将清偿义务展期至资产负债表日后1年的,应当归类为非流动负债;不能自主的将清偿义务展期的,即使在资产负债表日后、财务报告批准报出日前签订了重新安排清偿计划协议,该负债仍应当归类为流动负债。企业在资产负债表日或之前违反了长期借款协议,导致贷款人可随时要求清偿的负债,应当归类为流动负债。贷款人在资产负债表日或之前同样提供在资产负债表日后1年以上的宽限期，企业能够在此期间内改正违约行为，且贷款人不能要求随时清偿，该项负债应当归类为非流动负债。

在资产负债表中，负债类至少应单独列示反映下列信息项目：①短期借款；②应付及预付款项；③应交税费；④应付职工薪酬；⑤预计负债；⑥长期借款；⑦长期应付款；⑧应付债券；⑨递延所得税负债。

3. 所有者权益项目的分类

一般地来说，在公司中所有者权益的分类依据是其不同来源和特定用途。所有者权益项目按永久性由高到低排列。在资产负债表中，所有者权益类至少应当单独列示反映下列信息的项目：①实收资本(或股本)；②资本公积；③盈余公积；④未分配利润。在合并资产负债表中，还应当在所有者权益类单独列示少数股东权益项目。

三、资产负债表的编制方法

资产负债表中各项目的"年初数"，应根据上年末资产负债表"期末数"栏内所列数字填列。如果本年度资产负债表规定的各个项目的名称和内容同上年度不相一致，应对上年末资产负债表各项目的名称和数字按照本年度的规定进行调整后填入本表的"年初数"栏内。各项目的"期末数"则根据账簿记录和项目的内容按下列方法分别填列：

1. 根据总账账户的期末余额直接填列

资产负债表中，应收票据、应收股利、应收利息、应收补贴款、工程施工、工程结算、固定资产原值、累计折旧、固定资产减值准备、工程物资、临时设施、临时设施摊销、递延税款借项、短期借款、应付票据、应付工资、应付福利费、应付股利、应交税金、其他应交款、其他应付款、预计负债、专项应付款、递延税款贷项、实收资本、资本公积、盈余公积等项目均应根据该项目对应的总账账户的期末余额直接填列。

2. 根据若干总账账户的期末余额计算填列

(1)"货币资金"项目。应根据"现金""银行存款""其他货币资金"账户的期末余额合计填列。

(2)"其他存货"项目。应根据"物资采购""采购保管费""库存材料""低值易耗品""周转材料""材料成本差异""委托加工物资""库存商品""工业生产""辅助生产"等账户的期末余额合计，减去"存货跌价准备"账户期末余额后的金额填列。

(3)"待摊费用"项目。应根据"待摊费用"账户的期末余额填列。"预提费用"账户期末如有借方余额，以及"长期待摊费用"账户中将于一年内到期的部分，也在该项目内反映。

(4)"预提费用"项目。应根据"预提费用"账户的期末贷方余额填列。如"预提费用"账户期末为借方余额，应合并在"待摊费用"项目内反映，不包括在本项目内。

(5)"未分配利润"项目。应根据"本年利润"账户和"利润分配"账户的余额计算填列。如为未弥补的亏损，在本项目内以"—"号填列。

3. 根据明细账户的期末余额直接填列

(1)"固定资产清理""临时设施清理"项目。应根据"固定资产清理""临时设施清理"账户所属的"固定资产清理""临时设施清理"明细账户的期末余额分别填列。如为贷方余额以"—"号填列。

(2)"公益金"项目。应根据"盈余公积"账户所属的"法定公益金"明细账户的期末余额填列。

4.根据明细账户的期末余额计算填列

（1）"预付账款"项目。应根据"预付账款""应付账款"账户所属各有关明细账户的期末借方余额合计填列，如"预付账款"账户所属有关明细账户期末有贷方余额，应在"应付账款"项目内填列。

（2）"应付账款"项目。应根据"应付账款""预付账款"账户所属各有关明细账户的期末贷方余额合计填列。如"应付账款"账户所属有关明细账户期末有借方余额，应在"预付账款"项目内填列。

（3）"预收账款"项目。应根据"预收账款""应收账款"账户所属各有关明细账户的期末贷方余额合计填列，如"预收账款"账户所属有关明细账户期末有借方余额的，应在"应收账款"项目内填列。

5.根据总账账户和明细账户余额分析计算填列

（1）"长期借款"项目。应根据"长期借款"账户的期末余额扣除将于1年内到期的长期借款后的余额填列。

（2）"应付债券"项目。应根据"应付债券"账户的期末余额扣除将于1年内到期的应付债券后的余额填列。

（3）"长期应付款"项目。应根据"长期应付款"账户的期末余额扣除将于1年内到期的长期应付款后的余额填列。

上述长期负债各项目中将于1年内（含1年）到期的部分，应在流动负债项目下"1年内到期的长期负债"项目内反映。

6.根据账户余额减去其备抵项目后的净额填列

（1）"短期投资"项目。应根据"短期投资"账户的期末余额减去"短期投资跌价准备"账户的期末余额后的金额填列。

（2）"应收账款"项目。应根据"应收账款""预收账款"账户所属各有关明细账户的期末借方余额合计，减去"坏账准备"账户中有关应收账款计提的坏账准备后的金额填列。如应收账款"账户所属有关明细账户期末有贷方余额，应在"预收账款"项目内填列。

（3）"其他应收款"项目。应根据"其他应收款"账户的期末余额减去"坏账准备"账户中有关其他应收款计提的坏账准备后的金额填列。

（4）"长期股权投资"项目。应根据"长期股权投资"账户的期末余额减去"长期投资减值准备"账户中有关股权投资减值准备后的金额填列。

（5）"长期债权投资"项目。应根据"长期债权投资"账户的期末余额减去"长期投资减值准备"账户中有关债权投资减值准备和1年内到期的长期债权投资后的金额填列。1年内到期的长期债权投资应在流动资产类下设的"1年内到期的长期债权投资"项目内反映。企业超过1年到期的委托贷款，其本金和利息减去已计提的减值准备后的净额，也在本项目内反映。

（6）"专项工程"项目。应根据"专项工程支出"账户的期末余额减去"专项工程减值准备"账户期末余额后的金额填列。

（7）"无形资产"项目。应根据"无形资产"账户的期末余额减去"无形资产减值准备"账户余额后的金额填列。

四、资产负债表编制示例

【例9-1】　A建筑公司2015年12月31日的资产负债表（年初余额略）及2016年12月31日的科目余额表分别见表9-3和表9-4。假设A建筑公司2015年度计提固定资产减值准备导致固定资产账面价值与其计税基础存在可抵扣性暂时性差异外，其他资产和负债项目的账面价值均等于其计税基础。假设甲公司未来很可能获得足够的应纳税所得额用来抵扣可抵扣性暂时性差异，适用所得税税率为25%。

表9-3　资产负债表

编制单位：A建筑公司　　　　　　　　　　2015年12月31日　　　　　　　　　　单位：元

资产	年初余额	期末余额	负债及所有者权益	年初余额	期末余额
流动资产：			流动负债：		
货币资金	1406300		短期借款	300000	
交易性金融资产	15000		交易性金融负债	0	
应收票据	246000		应付票据	200000	
应收账款	299100		应付账款	953800	
预付款项	100000		预收账款	0	
应收利息	0		应付职工薪酬	110000	
应收股利	0		应交税费	36600	
其他应收款	5000		应付利息	1000	
存货	2580000		应付股利	0	
一年内到期的非流动资产	0		其他应付款	50000	
其他流动资产	100000		一年内到期的非流动负债	1000000	
流动资产合计	4751400		其他流动负债	0	
非流动资产：			流动负债合计	2651400	
可供出售金融资产	0		非流动负债：		
持有至到期投资	0		长期借款	600000	
长期应收款	0		应付债券	0	
长期股权投资	250000		长期应付款	0	
投资性房地产	0		专项应付款	0	
固定资产	1100000		预计负债	0	
在建工程	1500000		递延所得税负债	0	
工程物资	0		其他非流动负债	0	
固定资产清理	0		非流动负债合计	600000	
生产性生物资产	0		负债合计	3251400	

资产	年初余额	期末余额	负债及所有者权益	年初余额	期末余额
油气资产	0		所有者权益：		
无形资产	600000		实收资本	5000000	
开发支出	0		资本公积	0	
商誉	0		减：库存股	0	
长期待摊费用	0		其他综合收益	0	
递延所得税资产	0		盈余公积	100000	
其他非流动资产	200000		未分配利润	50000	
非流动资产合计	3650000		所有者权益合计	5150000	
资产总计	8401400		负债和所有者权益总计	8401400	

表 9 – 4 科目余额表

编制单位：A 建筑公司　　　　　　　　2016 年 12 月 31 日　　　　　　　　单位：元

科目名称	借方余额	科目名称	贷方余额
库存现金	2000	短期借款	50000
银行存款	786135	应付票据	100000
其他货币资金	7300	应付账款	953800
交易性金融资产	0	其他应付款	50000
应收票据	66000	应付职工薪酬	180000
应收账款	- 1800	应交税费	226731
坏账准备	100000	应付利息	0
预付账款	100000	应付股利	32215
其他应收款	5000	一年内到期的非流动负债	0
材料采购	275000	长期借款	1160000
原材料	45000	实收资本	5000000
周转材料	38050	盈余公积	124770.40
库存商品	2122400	利润分配（未分配利润）	190718.60
材料成本差异	4250		
工程施工	90000		
长期股权投资	250000		
固定资产	2401000		
累计折旧	- 170000		
固定资产减值准备	- 30000		

续表 9 – 4

科目名称	借方余额	科目名称	贷方余额
工程物资	150000		
在建工程	578000		
无形资产	600000		
累计摊销	-60000		
递延所得税资产	9900		
长期待摊费用	200000		
合计	8068235	合计	8068235

根据上述资料，编制 A 建筑公司 2016 年 12 月 31 日的资产负债表，见表 9 – 5。

表 9 – 5　资产负债表

编制单位：A 建筑公司　　　　　　　2016 年 12 月 31 日　　　　　　　单位：元

资产	期末余额	年初余额	负债及所有者权益	期末余额	期初余额
流动资产：			流动负债：		
货币资金	793435	1406300	短期借款	50000	300000
交易性金融资产	0	15000	交易性金融负债	0	0
应收票据	66000	246000	应付票据	100000	200000
应收账款	598200	299100	应付账款	953800	953800
预付款项	100000	100000	预收账款	0	0
应收利息	0	0	应付职工薪酬	180000	110000
应收股利	0	0	应交税费	226731	36600
其他应收款	5000	5000	应付利息	0	1000
存货	2574700	2580000	应付股利	32215	0
一年内到期的非流资产	0	0	其他应付款	50000	50000
其他流动资产		100000	一年内到期的非流动负债	0	1000000
流动资产合计	4139335	4751400	其他流动负债	0	0
非流动资产：			流动负债合计	1592746	2651400
可供出售金融资产	0	0	非流动负债：		
持有至到期投资	0	0	长期借款	1160000	600000
长期应收款	0	0	应付债券	0	0
长期股权投资	250000	250000	长期应付款	0	0
投资性房地产	0	0	专项应付款	0	0

资产	期末余额	年初余额	负债及所有者权益	期末余额	期初余额
固定资产	2201000	1100000	预计负债	0	0
在建工程	578000	1500000	递延所得税负债	0	0
工程物资	150000	0	其他非流动负债	0	0
固定资产清理	0	0	非流动负债合计	1160000	600000
生产性生物资产	0	0	负债合计	2752746	3251400
油气资产	0	0	所有者权益:		
无形资产	540000	600000	实收资本	5000000	5000000
开发支出	0	0	资本公积	0	0
商誉	0	0	减:库存股	0	0
长期待摊费用	200000	0	其他综合收益	0	0
递延所得税资产	9900	0	盈余公积	124770.4	100000
其他非流动资产	0	200000	未分配利润	190718.6	50000
非流动资产合计	3928900	3650	所有者权益合计		5150000
资产总计	8068235	8401400	负债和所有者权益总计	8068235	8401400

【任务实施】

根据项目九【项目导入】的账户余额填列湘西公司 2016 年的资产负债表如表 9-6。

表 9-6 资产负债表

编制单位:湘西建筑工程公司　　　　　2016 年 12 月 31 日　　　　　单位:元

资产	期末余额	年初余额	负债及所有者权益	期末余额	期初余额
流动资产:			流动负债:		
货币资金	285000		短期借款	530000	
交易性金融资产	440000		交易性金融负债		
应收票据			应付票据	255000	
应收账款	207000		应付账款	297427	
预付款项	80000		预收账款	40000	
应收利息			应付职工薪酬	95000	
应收股利			应交税费		
其他应收款	3000		应付利息	23000	
存货	1810500		应付股利		
一年内到期的非流动资产			其他应付款	5500	

续表 9-6

资产	期末余额	年初余额	负债及所有者权益	期末余额	期初余额
其他流动资产	1200		一年内到期的非流动负债		
流动资产合计	2826700		其他流动负债	15500	
非流动资产：			流动负债合计		
可供出售金融资产			非流动负债：		
持有至到期投资			长期借款	200000	
长期应收款			应付债券		
长期股权投资	550000		长期应付款		
投资性房地产			专项应付款		
固定资产	392000		预计负债		
在建工程			递延所得税负债		
工程物资	627227		其他非流动负债		
固定资产清理			非流动负债合计		
生产性生物资产			负债合计	1461427	
油气资产			所有者权益：		
无形资产			实收资本	2050000	
开发支出			资本公积	439700	
商誉			减：库存股		
长期待摊费用	130200		其他综合收益		
递延所得税资产			盈余公积	345000	
其他非流动资产			未分配利润	230000	
非流动资产合计	1669427		所有者权益合计	3064700	
资产总计	4526127		负债和所有者权益总计	4526127	

任务二 认识利润表

【任务描述】

认识利润表的结构；掌握利润表的内容；掌握利润表的填列方法。

【知识准备】

利润表是反映企业一定期间经营成果的会计报表。利润表把一定期间的收入与其相关的费用进行配比，以计算企业一定时期的净利润(或净亏损)。

一、利润表的内容及结构

利润表有单步式和多步式两种，我国一般采用多步式利润表，。

多步式利润表通过多个步骤计算确定企业当期的净利润，其计算步骤如下：

第一步，以主营业务收入减去主营业务成本、税金及附加，得出主营业务利润。

第二步，以主营业务利润加上其他业务利润减去营业费用、管理费用和财务费用，得出营业利润。

第三步，以营业利润加上投资收益（减去投资损失）、补贴收入、营业外收入，减去营业外支出，得出利润总额。

第四步，以利润总额减去本期计入损益的所得税费用后得出本期净利润。

利润表其格式如表9-7所示。

二、利润表的填列方法

（1）报表中的"本月数"栏反映各项目的本月实际发生数，在编制年度报表时，"本月数"栏改为"上年数"，填列上年累计实际发生数。如果上年度利润表的项目名称和内容与本年度利润表不相一致，应对上年度报表项目的名称和数字按本年度的规定进行调整，填入本表的"上年数"栏。

（2）报表中的"本年累计数"栏各项目反映自年初起至本月末止的累计实际发生数，根据上月本表本栏数字与本月本表"本月数"栏数字合计填列。

（3）利润表"本月数"栏各项目的内容及填列方法如下：

①"主营业务收入"项目，反映企业经营主要业务所取得的收入总额。应根据"主营业务收入"账户的发生额分析填列。

②"主营业务成本"项目，反映企业经营主要业务发生的实际成本。应根据"主营业务成本"账户的发生额分析填列。

③"税金及附加"项目，反映企业经营主要业务应负担的城市维护建设税和教育费附加等。应根据"税金及附加"账户的发生额分析填列。

④"合同预计损失"项目，反映企业当期确认的合同预计损失。本项目应根据"合同预计损失"账户本年借方发生额填列。

⑤"其他业务利润"项目，反映企业除主营业务以外取得的收入，减去所发生的相关成本、费用，以及相关税金及附加等支出后的净额。本项目应根据"其他业务收入"和"其他业务支出"账户的发生额分析计算填列。

⑥"营业费用""管理费用""财务费用"各项目，分别反映企业发生的营业费用、管理费用、财务费用。应分别根据"营业费用""管理费用""财务费用"账户的发生额分析填列。

⑦"营业利润"项目，反映企业实现的营业利润。本项目应根据"主营业务利润"项目数加"其他业务利润"项目数减"营业费用""管理费用""财务费用"项目数后的金额填列，如为亏损应以"－"号填列。

⑧"投资收益"项目，反映企业对外投资取得的收益。本项目应根据"投资收益"账户的发生额分析填列；如为投资损失，以"－"号填列。

⑨"补贴收入"项目，反映企业取得的各种补贴收入以及退回的增值税等。本项目应根据"补贴收入"账户的发生额分析填列。

⑩"营业外收入"和"营业外支出"项目，反映企业发生的与其施工生产无直接关系的各项收入和支出。应分别根据"营业外收入"账户和"营业外支出"账户的发生额分析填列。

三、利润表编制示例

【例9-2】　A建筑公司2016年度有关损益类科目本年累计发生额见表9-7。

表9-7　损益类科目2016年度累计发生净额

科目名称	借方发生额	贷方发生额
主营业务收入		1250000
主营业务成本	750000	
税金及附加	37500	
管理费用	157100	
财务费用	41500	
资产减值损失	30900	
投资收益		
营业外收入		31500
营业外成本	19700	50000
所得税费用	112596	

根据上述资料，编制A建筑公司2016年度利润表，见表9-8。

表9-8　利润表

编制单位：A建筑公司　　　　　　　　　2016年　　　　　　　　　单位：元

项目	本期金额
一、营业收入	1250000
减：营业成本	750000
税金及附加	37500
销售费用	
管理费用	157100
财务费用	41500
资产减值损失	30900
加：公允价值变动收益（损失以"-"号填列）	0
投资收益（损失以"-"号填列）	31500
其中：对联营企业和合营企业的投资收益	0
二、营业利润（亏损以"-"号填列）	264500
加：营业外收入	50000

项目	本期金额
其中：非流动资产处置利得	
减：营业外支出	19700
其中：非流动资产处置损失	
三、利润总额(亏损以"－"号填列)	294800
减：所得税费用	112596
四、净利润(净亏损以"－"号填列)	182204
五、其他综合收益的税后净额	
(一)以后不能重分类进损益的其他综合收益	
(二)以后将重分类进损益的其他综合收益	
六、综合收益总额	
七、每股收益	
(一)基本每股收益	
(二)稀释每股收益	

【任务实施】

根据湘西公司的损益类科目账户余额，编制 2016 年度利润表，见表 9 - 9。

表 9 - 9 利润表

编制单位：湘西建筑工程公司　　　　　　2016 年　　　　　　　　　单位：元

项目	本期金额
一、营业收入	1600000
减：营业成本	1054000
税金及附加	120450
销售费用	43000
管理费用	63000
财务费用	9800
资产减值损失	
加：公允价值变动收益(损失以"－"号填列)	
投资收益(损失以"－"号填列)	45680
其中：对联营企业和合营企业的投资收益	
二、营业利润(亏损以"－"号填列)	355430
加：营业外收入	98650

续表 9 – 9

项目	本期金额
其中：非流动资产处置利得	
减：营业外支出	78500
其中：非流动资产处置损失	
三、利润总额（亏损以"－"号填列）	375580
减：所得税费用	141000
四、净利润（净亏损以"－"号填列）	234580
五、其他综合收益的税后净额	
（一）以后不能重分类进损益的其他综合收益	
（二）以后将重分类进损益的其他综合收益	
六、综合收益总额	
七、每股收益	
（一）基本每股收益	
（二）稀释每股收益	

任务三　认识现金流量表

【任务描述】

理解现金流量表的编制基础；熟悉现金流量及其分类；熟悉现金流量表的格式；掌握现金流量表的编制方法。

【知识准备】

现金流量表是反映企业一定期间现金流入和流出信息的会计报表。它是以现金为基础编制的反映企业财务状况变动情况的动态报表，用以表明企业获得现金和现金等价物的能力。

一、现金流量表的编制基础

现金流量表是以现金为基础编制的。这里的"现金"主要是指企业的现金及现金等价物，具体包括：

（1）库存现金。即指企业"库存现金"账户核算的金额。

（2）可随时用于支付的银行存款。如果存在银行或者其他金融机构的款项中有不能随时用于支付的存款（比如定期存款），则不能作为现金流量表中的现金。但提前通知金融机构便可支取的定期存款，则属于现金的范畴。

（3）其他货币资金。是指企业存放在银行有特定用途的资金，如：外埠存款、银行汇票存款、银行本票存款、信用证保证金存款、信用卡存款等。

（4）现金等价物。是指企业持有的期限短、流动性强、易于转换为已知金额现金、价值变动风险很小的投资。期限短，一般是指从购买日起三个月内到期。现金等价物通常包括三个月内到期的债券投资等。权益性投资变现的金额通常不确定，因而不属于现金等价物。企业应当根据具体情况，确定现金等价物的范围，一经确认不得随意变更。

二、现金流量及分类

现金流量，是指企业一定会计期间内现金流入和流出的数量。按照企业经济业务的性质，企业现金流量可分为以下几类：

1. 经营活动产生的现金流量

经营活动是指企业投资活动和筹资活动以外的所有交易和事项。承包工程、销售商品、提供劳务、经营性租赁等引起现金流入；发包工程、购买存货、接受劳务、交纳税金等引起现金流出。

2. 投资活动产生的现金流量

投资活动是指企业长期资产的购买和不包括在现金等价物范围内的投资及其处置活动。这里的"投资"，既包括对外投资，又包括企业内部投资，比如长期资产的购建与处置。投资活动包括取得和收回权益性投资、处置固定资产和无形资产等引起现金流入；进行投资、购买固定资产和无形资产等。通过投资活动产生的现金流量，可以判断投资活动对企业现金流量净额的影响程度。

3. 筹资活动产生的现金流量

筹资活动是指导致企业资本及债务规模和构成发生变化的活动。吸收投资、借入资金等引起现金流入；偿还债务、分配股利或利润、支付利息等引起现金流出。

企业编制现金流量表进行现金流量分类时，对于未特别指明的现金流量，应当按照现金流量的分类方法和重要性原则，判断某项交易或事项所产生的现金流量应当归属的类别或项目，对于重要的现金流入或流出项目应当单独反映。对于自然灾害损失、保险索赔等特殊项目，应当根据其性质，分别归并到经营活动、投资活动和筹资活动现金流量类别中单独列报。

三、影响现金流量的因素

企业日常经济活动是影响现金流量的重要因素，但并不是所有的经济业务都影响现金流量。影响或不影响现金流量增加流量的因素主要包括：

（1）现金各项目之间的增减变动，不会引起现金流量净额发生变动。如：从银行提取现金、将现金存入银行、用现金购买再有两个月即到期的债券等，不会影响现金流量净额的变动。

（2）非现金各项目之间的增减变动，不会影响现金流量净额的变动。如用固定资产清偿债务、用原材料对外投资等，不会影响现金流量净额的变动。

（3）现金各项目与非现金各项目之间的增减变动，会影响现金流量净额的变动。如果现金购买原材料、固定资产、用现金对外投资等，会影响现金流量净额的变动。

由此可见，只有现金项目与非现金各项目之间的增减变动，才影响现金流量净额的变动；因此，现金流量表主要反映现金各项目与非现金各项目之间的增减变动对现金流量净额的影响。

四、现金流量表的结构

我国现金流量表基本结构借鉴了国际会计惯例，其正表主要由三部分构成，即经营活动产生的现金流量、投资活动产生的现金流量、筹资活动产生的现金流量等三部分。除现金流量表正表反映的信息外，企业还应在现金流量表的补充资料中披露将净利润调节为经营活动现金流量、不涉及现金收支的重大投资和筹资活动、现金及现金等价物净变动情况等信息。其格式见表9－10。

表9－10　现金流量表

编制单位：　　　　　　　　　　　　　年　月　　　　　　　　　　　　计量单位：元

项目	本期金额
一、经营活动产生的现金流量	
销售商品、提供劳务收到的现金	
收到的税费返还	
收到其他与经营活动有关的现金	
经营活动现金流入小计	
购买商品、接受劳务支付的现金	
支付给职工以及为职工支付的现金	
支付的各项税费	
支付其他与经营活动有关的现金	
经营活动现金流出小计	
经营活动产生的现金流量净额	
二、投资活动产生的现金流量	
收回投资收到的现金	
取得投资收益收到的现金	
处置固定资产、无形资产和其他长期资产收回的现金净额	
处置子公司及其他营业单位收到的现金净额	
收到其他与投资活动有关的现金	
投资活动现金流入小计	
购建固定资产、无形资产和其他长期资产支付的现金	
投资支付的现金	
取得子公司及其他营业单位支付的现金净额	
支付其他与投资活动有关的现金	
投资活动现金流出小计	
投资活动产生的现金流量净额	
三、筹资活动产生的现金流量	
吸收投资收到的现金	

项目	本期金额
取得借款收到的现金	
收到其他与筹资活动有关的现金	
筹资活动现金流入小计	
偿还债务支付的现金	
分配股利、利润或偿付利息支付的现金	
支付其他与筹资活动有关的现金	
筹资活动现金流出小计	
筹资活动产生的现金流量净额	
四、汇率变动对现金及现金等价物的影响	
五、现金及现金等价物净增加额	
加：期初现金及现金等价物余额	
六、期末现金及现金等价物余额	

任务四 认识所有者权益变动表

【任务描述】

了解所有者权益变动表的内容和结构；掌握所有者权益变动表的填列方法。

【知识准备】

一、所有者权益变动表的内容及结构

所有者权益变动表，是指反映构成所有者权益各组成部分当期增减变动情况的报表。当期损益、直接计入所有者权益的利得和损失，以及与所有者的资本交易导致的所有者权益的变动，应当分别列示。

在所有者权益变动表中，企业至少应当单独列示反映下列信息的项目：①净利润；②直接计入所有者权益的利得和损失项目及其总额；③会计政策变更和差错更正的累积影响金额；④所有者投入资本和向所有者分配利润等；⑤提取的盈余公积；⑥实收资本或股本、资本公积、盈余公积、未分配利润的期初和期末余额及其调节情况。

二、所有者权益变动表的填列方法

1."上年年末余额"项目，反映企业上年资产负债表中实收资本（或股本）、资本公积、库存股、盈余公积、未分配利润的年末余额。

2."会计政策变更""前期差错更正"项目，分别反映企业采用追溯调整法处理的会计政策变更的累计影响金额和采用追溯重述法处理的会计差错更正的累计影响金额。

3."本年增减变动额"项目

294

（1）"净利润"项目，反映企业当年实现的净利润（或净亏损）金额。

（2）"直接计入所有者权益的利得和损失"项目，反映企业当年直接计入所有者权益的利得和损失金额。

①"可供出售金融资产公允价值变动净额"项目，反映企业持有的可供出售金融资产当年公允价值变动的金额。

②"权益法下被投资单位其他所有者权益变动的影响"项目，反映企业对按照权益法合算的长期股权投资，在被投资单位除当年实现的净损益以外其他所有者权益当年变动中应享有的份额。

③"与计入所有者权益项目相关的所得税影响"项目，反映企业根据《企业会计准则第18号——所得税》规定应计入所有者权益项目的当年所得税影响金额。

（3）"所有者投入和减少资本"项目，反映企业当年所有者投入的资本和减少的资本。

①"所有者投入资本"项目，反映企业接受投资者投入形成的实收资本（或股本）和资本溢价（或股本溢价）。

②"股份支付计入所有者权益的金额"项目，反映企业处于等待其中的权益结算的股份支付当年计入资本公积的金额。

（4）"利润分配"项目，反映企业当年的利润分配金额。

①"提取盈余公积"项目，反映企业按照规定提取的盈余公积

②"对所有者（或股东）的分配"项目，反映企业处于等待期中的权益结算的股份支付当年计入资本公积的金额。

（5）"所有者权益内部结转"项目，反映企业构成所有者权益的组成部分之间的增减变动情况。

①"资本公积转增资本（或股本）"项目，反映企业以资本公积转增资本或股本的金额。

②"盈余公积转增资本（或股本）"项目，反映企业以盈余公积转增资本或股本的金额。

③"盈余公积弥补亏损"项目，反映企业以盈余公积弥补亏损的金额。

三、所有者权益变动表示例

表9-11 所有者权益变动表

编制单位： 单位：元

	本年金额						上年金额					
	实收资本（或股本）	资本公积	减：库存股	盈余公积	未分配利润	所有者权益合计	实收资本（或股本）	资本公积	减：库存股	盈余公积	未分配利润	所有者权益合计
一、上年年末余额												
加：会计政策变更												
前期差错更正												
二、本年年初余额												

	本年金额						上年金额					
	实收资本（或股本）	资本公积	减：库存股	盈余公积	未分配利润	所有者权益合计	实收资本（或股本）	资本公积	减：库存股	盈余公积	未分配利润	所有者权益合计
三、本年增减变动金额（减少以"－"号填列）												
（一）净利润												
（二）直接计入所有者权益的利得和损失												
1.可供出售金融资产公允价值变动净额												
2.权益法下被投资单位其他所有者权益变动的影响												
3.与计入所有者权益项目有关的所得税影响												
4.其他												
上述（一）和（二）小计												
（三）所有者投入和减少资本												
1.所有者投入资本												
2.股份支付计入所有者权益的金额												
3.其他												
（四）利润分配												
1.提取盈余公积												
2.对所有者（或股东）的分配												
3.其他												
（五）所有者权益内部结转												
1.资本公积转增资本（或股本）												
2.盈余公积转增资本（或股本）												
3.盈余公积弥补亏损												
4.其他												
四、本年年末余额												

任务五　认识财务报表附注

【任务描述】

了解财务报表附注的作用；熟悉财务报表附注的主要内容。

【知识准备】

一、财务报表附注的作用

附注是资产负债表、利润表、现金流量表和所有者权益变动表等报表中列示项目的文字描述或明细资料，以及对未能在这些报表中列示的项目的说明等。附注是财务报表的重要组成部分。

二、财务报表附注的主要内容

1. 企业基本情况

（1）企业注册地、组织形式和总部地址；

（2）企业的业务性质和主要经营活动；

（3）母公司以及集团最终母公司的名称；

（4）财务报告的批准报出者和财务报告批准报出日。

2. 财务报表的编制基础

3. 遵循企业会计准则的声明

企业应当声明编制的财务报表符合企业会计准则的要求，真实、完整地反映了企业的财务状况、经营成果和现金流量等有关信息。

4. 重要会计政策和会计估计

企业应当披露采用的重要会计政策和会计估计，不重要的会计政策和会计估计可以不披露。在披露重要会计政策和会计估计时，应当披露重要会计政策的确定依据和财务报表项目的计量基础，以及会计估计中所采用的关键假设和不确定因素。

5. 会计政策和会计估计变更以及差错更正说明

6. 报表重要项目的说明

企业对报表重要项目的说明，应当按照资产负债表、利润表、现金流量表、所有者权益变动表及项目列示的顺序，采用文字和数字描述相结合的方式进行披露。报表重要项目的明细金额合计，应当与报表项目金额相衔接。

任务六　财务报表分析

【任务描述】

了解财务报表分析的意义；理解财务报表分析的内容；掌握财务报表分析的方法；会计算考核企业财务状况有关的财务指标；会计算考核企业经营成果有关的财务指标；会分析评价企业财务状况和经营成果。

【知识准备】

财务会计报表分析是以企业的各种会计报表所提供的核算资料为依据，对企业的财务状况和经营成果进行研究和评价的管理工作。

一、财务会计报表分析的意义与内容

财务会计报表分析的一般目的为：评价过去的经营业绩，判断现在的财务状况，预测未来的发展趋势。其意义主要表现在以下几个方面：

（1）企业所有者通过报表分析企业的资产和盈利能力，以决定是否投资；分析企业的盈利状况、股价变动和发展前景，以决定是否转让股份；分析资产的盈利水平、破产风险和竞争能力，以考查经营者的业绩；分析筹资状况，以决定股利分配政策。

（2）贷款人通过分析贷款的报酬和风险，以决定是否给企业贷款。债权人通过分析企业的流动资金状况，了解其短期偿债能力；分析企业的盈利状况，了解其长期偿债能力，从而判断其借出资金的安全程度，为是否转让债权提供依据。

（3）企业管理者通过报表分析总结经营管理的经验，发现经营管理的问题，以进一步改善财务决策和提高经营管理水平。

（4）政府有关部门通过报表分析，了解企业遵守财经政策和法律法规的情况，以进一步加强宏观管理和调控。根据不同信息使用者的要求，财务报告分析的主要内容可以归纳为三个方面，即偿债能力分析、营运能力分析和盈利能力分析。

二、财务会计报表分析的方法

财务会计报表分析的方法主要包括比较分析法、趋势分析法、因素分析法和比率分析法。

比较分析法是将企业相关指标进行对比，计算出财务指标变动的绝对数额和相对程度。如：将实际指标同计划指标对比、本期指标同上期指标对比、本企业指标同国内外先进企业指标对比等。

趋势分析法是将企业连续几期会计报表中相同的指标或比率进行对比，求出它们增减变动的方向、数额和幅度，以揭示企业财务状况和生产经营情况的变化趋势的一种方法。

因素分析法是用来分析受多因素影响的综合指标，各因素变动对综合指标影响的方向和程度的一种分析方法。具体做法是假定影响的诸因素中一种因素发生变化，其他因素固定不变，来分析该因素变动对综合指标的影响。

比率分析法是把同一期会计报表上具有相关关系的项目加以比较，求出比率，以反映企业经济活动情况的一种方法。

根据施工企业财务报告的结构与内容，现主要介绍以下指标的计算方法：

1. 偿债能力指标

偿债能力即企业清偿债务的能力，是债权人最关心的。反映偿债能力的指标主要有以下几个：

（1）流动比率。流动比率是指流动资产与流动负债的比率，反映企业以流动资产偿还流动负债的能力。计算公式为：

$$流动比率 = \frac{流动资产}{流动负债}$$

对债权人来说，流动比率越高，债权就越有保障。但是流动比率也不能过高，过高则表明企业流动资产占用较多，会影响资金的使用效率和企业的获利能力。一般认为 2:1 的比例比较适宜。

【例 9 – 3】 根据表 9 – 5，该企业的流动比率计算如下：

$$流动比率 = \frac{4139335}{1592746} = 2.6$$

（2）速动比率。速动比率是指速动资产与流动负债的比率，说明企业流动资产中可以立即用于偿还流动负债的能力。计算公式为：

$$速动比率 = \frac{速动资产}{流动负债}$$

速动资产是指那些几乎立即可以用来偿付流动负债的流动资产，包括现金、银行存款、有价证券、应收账款等，但不包括变现能力较差的存货。计算公式如下：

$$速动资产 = 流动资产 - 存货$$

因此，速动资产等于流动资产减去存货和待摊费用。一般认为，速动比率为 1:1 比较合理。如果速动比率过低，说明企业的偿债能力不够；如果速动比例过高，则说明企业拥有过多的货币性资产，而可能失去一些有利的投资和获利机会。

【例 9 – 4】根据表 9 – 5，该企业速动比率计算如下：

$$速动比率 = \frac{4139335 - 2484700}{1592746} = 1.04$$

（3）资产负债率。资产负债率是指负债总额与资产总额之比。它反映企业资产对债权人权益的保障程度，该比例越小，表明企业的长期偿债能力越强。计算公式为：

$$资产负债率 = \frac{负债总额}{资产总额} \times 100\%$$

【例 9 – 5】 根据表 9 – 5，该企业资产负债率计算如下：

$$资产负债率 = \frac{2752746}{8068235} \times 100\% = 34.12\%$$

（4）债务资本比率。债务资本比率是指企业负债总额与所有者权益总额之比。它反映投资者权益对债权人权益的保障程度。该比例越小，表明企业的长期偿债能力越强。计算公式为：

$$债务资本比率 = \frac{负债总额}{所有者权益总额} \times 100\%$$

【例 9 – 6】 根据表 9 – 5，该企业债务资本比率计算如下：

$$债务资本比率 = \frac{2752746}{5315489} \times 100\% = 51.79\%$$

2. 营运能力指标

营运能力是指通过企业生产经营资金周转速度的有关指标所反映出来的企业资金利用效率，它表明企业管理和运用资金的能力。

（1）流动资产周转率。流动资产周转率是指一定时期内营业收入净额与流动资产平均余额的比率，它说明企业流动资产的周转速度。计算公式为：

$$流动资产周转率（次数） = \frac{营业收入净额}{平均流动资产余额}$$

$$流动资产周转天数 = \frac{360}{流动资产周转率}$$

$$平均流动资产余额 = \frac{期初流动资产余额 + 期末流动资产余额}{2}$$

【例9-7】 根据表9-3和表9-5资料,计算该公司流动资产周转率如下:

$$流动资产周转次数 = \frac{1250000}{(4751400 + 4139335) \div 2} = 0.28(次)$$

$$流动资产周转天数 = \frac{360}{0.28} = 1286$$

(2)应收账款周转率。应收账款周转率是指一定时期内主营业务收入净额与平均应收账款余额的比率,它说明企业应收账款的流动程度。计算公式为:

$$应收账款周转率(次数) = \frac{营业收入净额}{应收账款平均余额}$$

$$应收账款周转天数 = \frac{360}{应收账款周转率}$$

$$应收账款平均余额 = \frac{期初应收账款余额 + 期末应收账款余额}{2}$$

【例9-8】 根据表9-5和表9-8资料,计算该公司应收账款周转率如下:

$$应收账款周转率(次数) = \frac{1250000}{(299100 + 598200) \div 2} = 2.79(次)$$

$$应收账款周转天数 = \frac{360}{2.79} = 129(天)$$

③存货周转率。存货周转率是指一定时期内营业成本与存货平均资金占用额的比率,它说明企业存货转换为现金或应收账款的速度。其计算公式为:

$$存货周转率(次数) = \frac{营业成本}{存货平均余额}$$

$$存货平均余额 = \frac{期初存货余额 + 期末存货余额}{2}$$

$$存货周转天数 = \frac{360}{存货周转率}$$

【例9-9】 根据表9-5和表9-8资料,计算该公司存货周转率如下:

$$存货周转率(次数) = \frac{750000}{(2580000 + 2484700) \div 2} = 0.3(次)$$

$$存货周转天数 = \frac{360}{0.3} = 1200(天)$$

3.盈利能力指标

盈利能力是指企业获取利润的能力。反映获利能力的指标通常有以下几项:

(1)营业利润率。营业利润率是指营业利润与营业收入的比率,说明企业营业收入的收益水平。计算公式为:

$$营业利润率 = \frac{营业利润}{营业收入} \times 100\%$$

【例9-10】 根据表9-8资料,计算该公司营业利润率如下:

$$营业利润率 = \frac{2645200}{12500000} \times 100\% = 21.16\%$$

（2）成本费用利润率。成本费用利润率是指利润总额与成本费用总额的比率，说明企业的成本费用与获得收益之间的关系。计算公式为：

$$成本费用利润率 = \frac{利润总额}{成本费用总额} \times 100\%$$

（3）总资产报酬率。总资产报酬率是指一定时期内获得的报酬总额与企业平均资产总额的比率，说明企业资产的综合利用效果。计算公式为：

$$总资产报酬率 = \frac{利润总额 + 利息支出}{总资产平均余额} \times 100\%$$

$$总资产平均余额 = \frac{期初资产余额 + 期末资产余额}{2}$$

【提示】 式中利息支出，不是指当期实际支付的利息，而是当期应承担的利息。

（4）净资产报酬率。净资产报酬率是指净利润与平均净资产的比率，说明净资产的获利能力，计算公式为：

$$净资产报酬率 = \frac{净利润}{平均净资产} \times 100\%$$

$$平均净资产 = \frac{期初所有者权益余额 + 期末所有者权益余额}{2}$$

【总结回顾】

施工企业的财务会计报告由会计报表、会计报表附注和财务情况说明书组成，其中，对外提供的会计报表主要有资产负债表、利润表、现金流量表和利润分配表；内部管理需要的会计报表主要有成本报表和费用报表。

编制财务会计报告的基本要求是数字真实、内容完整、报送及时。

资产负债表是反映企业某一特定日期全部资产、负债和所有者权益情况的会计报表。利润表是反映企业一定期间经营成果的会计报表。利润分配表是反映企业一定期间（通常为年度）利润分配或亏损弥补情况的会计报表。通过利润分配表，可以了解利润分配的去向，以及年末未分配利润的数额或未弥补亏损的数额。现金流量表用以表明企业获得现金和现金等价物的能力。

财务会计报表分析的方法主要有比较分析法、趋势分析法、比率分析法和因素分析法四种。其中，比率分析法主要是通过各种指标计算分析企业的偿债能力、营运能力和盈利能力，为有关各方研究和评价企业的财务状况和经营成果提供信息资料。

技能训练

一、单选题

1. 资产负债表中资产的排列是依据（　　）。

A. 项目收益性　　　　　　　　　　　　　B. 项目重要性

C. 项目流动性   D. 项目时间性

2. 根据《企业会计制度》的规定，中期财务会计报告不包括(   )。

A. 月报   B. 季报

C. 半年报   D. 年报

3. 以下项目中，属于资产负债表中流动负债项目的是(   )。

A. 长期借款   B. 长期应付款

C. 应付股利   D. 应付债券

4. "预付账款"科目明细账中若有贷方余额，应将其计入资产负债表中的(   )项目。

A. 应收账款   B. 预收款项

C. 应付账款   D. 其他应付款

5. 某企业期末"工程物资"科目的余额为 100 万元，"发出商品"科目的余额为 80 万元，"原材料"科目的余额为 100 万元，"材料成本差异"科目的借方余额为 10 万元。假定不考虑其他因素，该企业资产负债表中"存货"项目的金额为(   )万元。

A. 190   B. 180

C. 170   D. 290

二、多项选择题

1. 流动比率为 0.8，赊销一批货物，售价高于成本，则结果导致(   )。

A. 流动比率提高   B. 速动比率提高

C. 流动比率不变   D. 流动比率降低

2. 下列各资产负债表项目中，应根据明细科目余额计算填列的有(   )。

A. 应收票据   B. 预收款项

C. 应收账款   D. 应付账款

3. 下列各项，影响企业营业利润的项目有(   )。

A. 销售费用   B. 管理费用

C. 投资收益   D. 所得税费用

4. 下列交易和事项中，不影响当期经营活动产生的现金流量的有(   )。

A. 用产成品偿还短期借款   B. 支付管理人员工资

C. 收到被投资单位利润   D. 支付各项税费

三、判断题

1. "长期借款"项目，根据"长期借款"总账科目余额填列。(   )

2. 利润表是指反映企业在一定会计期间的经营成果的报表。(   )

3. 资产负债表中的应收账款项目应根据"应收账款"所属明细账借方余额合计数、"预收账款"所属明细账借方余额合计数和"坏账准备"总账的贷方余额计算填列。(   )

4. 增值税应在利润表的营业税金及附加项目中反映。(   )

5. "应付职工薪酬"项目，反映企业根据有关规定应付给职工的工资、职工福利、社会保险费、住房公积金、工会经费、职工教育经费，但不包括非货币性福利、辞退福利等薪酬。(   )

四、综合训练题

1. 甲公司 2016 年度"主营业务收入"科目的贷方发生额为 5000 万元，借方发生额为 100 万元(系 10 月发生的购买方退货)；"其他业务收入"科目的贷方发生额为 300 万元；"主营业务成本"科目的借方发生额为 4000 万元，2016 年 10 月 10 日，收到购买方退货，其成本为 60 万元；"其他业务成本"科目借方发生额为 200 万元；2016 年 12 月 10 日，收到销售给某单位的一批产品，由于质量问题被退回，其收入为 60 万元，成本为 40 万元。

要求：根据上述资料，计算利润表中的营业收入和营业成本项目金额。

2. 甲公司 2016 年 12 月 31 日结账后有关科目余额如下所示：

科目名称	借方余额	贷方余额
应收账款	600	40
坏账准备—应收账款		80
预收账款	100	800
应付账款	20	400
预付账款	320	60

要求：根据上述资料，计算资产负债表中下列项目的金额：

(1) 应收账款；

(2) 预付款项；

(3) 应付款项；

(4) 预收款项。

3. 东方公司 2016 年 10 月某种原材料费用的实际数是 462000 元，而其计划数是 400000 元。实际比计划增加 6200 元。由于原材料费用是由产品产量、单位产品材料消耗量和材料单价三个因素的乘积组成，三个因素的数值如下表所示。

项目	单位	计划数	实际数
产品产量	件	1000	1100
单位产品材料消耗量	千克	8	7
材料单价	元	50	60
材料费用总额	元	400000	462000

要求：分别运用因素分析法，计算下列各因素变动对材料费用总额的影响。

(1) 产量变动的影响

(2) 材料变动的影响

(3) 价格变动的影响

(4) 全部因素的影响

参考文献

［1］中华人民共和国财政部.施工企业会计核算办法（财会〔2003〕27 号）.2003

［2］中华人民共和国财政部.企业会计准则［M］.北京：中国财政经济出版社，2006

［3］中华人民共和国财政部.企业会计准则——应用指南［M］.北京：中国财政经济出版社，2006

［4］中国注册会计师协会.会计［M］.北京：中国财政经济出版社，2016

［5］中国注册会计师协会.税法［M］.北京：中国财政经济出版社，2016

［6］财政部会计资格评价中心.中级会计实务［M］.北京：经济科学出版社，2016

［7］全国会计从业资格考试辅导教材编写组.会计基础［M］.北京：经济科学出版社，2016

［8］中华人民共和国国务院.中华人民共和国增值税暂行条例（国务院令第 538 号）.2008

［9］中华人民共和国财政部.中华人民共和国增值税暂行条例实施细则（财政部国家税务总局令第 50
号）.2008

［10］全国人民代表大会常务委员会.中华人民共和国公司法.2013

［11］全国人民代表大会常务委员会.中华人民共和国招标投标法.1999

［12］曹锡锐、李志远、王磊.施工企业执行新会计准则讲解［M］.北京：中国财政经济出版社，2007

［13］李百兴.建筑企业会计［M］.北京：中国财政经济出版社，2012

［14］李赞祥、吕岩荣.施工企业会计（第 2 版）［M］.北京：北京理工大学出版社，2016

［15］代义国.建筑施工企业会计与纳税技巧［M］.北京：机械工业出版社，2012

［16］李跃珍.工程财务与会计［M］.武汉：武汉理工大学出版社，2008

［17］张流柱.行业会计比较（第 2 版）［M］.北京：高等教育出版社，2014

［18］孔德兰.会计基础［M］.北京：高等教育出版社，2014

［19］马元兴.财务管理（第 2 版）［M］.北京：高等教育出版社，2014

［20］盖地.建筑业"营改增"会计核算与税务管理操作指南［M］.北京：中国财政经济出版社，2015

［21］中华会计网校.http：//www.chinaacc.com/

［22］中国会计网.http：//www.canet.com.cn/

图书在版编目（CIP）数据

工程财务与会计 / 朱再英，吴文辉，李慰之主编. —长沙：中南大学出版社，2017.7（2020.8 重印）

ISBN 978 - 7 - 5487 - 2941 - 9

Ⅰ. ①工… Ⅱ. ①朱… ②吴… ③李… Ⅲ. ①建筑工程—财务管理—高等职业教育—教材②建筑企业—工业会计—高等职业教育—教材 Ⅳ. ①F406.72

中国版本图书馆 CIP 数据核字（2017）第 185971 号

工程财务与会计

朱再英　吴文辉　李慰之　主编

□责任编辑　周兴武
□责任印制　易红卫
□出版发行　中南大学出版社
　　　　　　社址：长沙市麓山南路　　　　邮编：410083
　　　　　　发行科电话：0731 - 88876770　　传真：0731 - 88710482
□印　　装　长沙印通印刷有限公司

□开　　本　787 mm × 1092 mm 1/16　□印张 19.75　□字数 502 千字
□版　　次　2017 年 7 月第 1 版　□2020 年 8 月第 2 次印刷
□书　　号　ISBN 978 - 7 - 5487 - 2941 - 9
□定　　价　45.00 元